三维立体动画游戏开发设计

——详解与经典案例

张金钊　张金锐　张金镝　杨昊诚　著

北京邮电大学出版社
www.buptpress.com

内容简介

本书全面介绍了计算机前沿科技三维立体动画游戏开发与设计，即三维立体网站、网页动画游戏设计，是目前计算机领域最前沿的一种新型开发技术，它是宽带网络、多媒体、游戏设计、移动通信设计、人工智能、信息地理、粒子烟火、电子商务、物流网络设计相融合的高科技产品。三维立体动画游戏开发与设计大有一统网络三维立体设计的趋势，具有划时代意义，是把握未来网络、多媒体、游戏设计及人工智能的关键技术，是21世纪计算机领域核心所在。全书内容丰富，叙述由浅入深，思路清晰，结构合理，实用性强。本书配有大量的三维立体动画游戏开发与设计源程序实例，从而使读者更加容易掌握Web互动游戏三维立体动画游戏开发与设计。

图书在版编目(CIP)数据

三维立体动画游戏开发设计：详解与经典案例/张金钊等著.--北京：北京邮电大学出版社，2013.1

ISBN 978-7-5635-3287-2

Ⅰ.①三… Ⅱ.①张… Ⅲ.①三维动画软件—高等学校—教材 Ⅳ.①TP391.41

中国版本图书馆CIP数据核字(2012)第269658号

书　　　名：三维立体动画游戏开发设计——详解与经典案例

著作责任者：张金钊　张金锐　张金镝　杨昊诚　著

责 任 编 辑：陈岚岚

出 版 发 行：北京邮电大学出版社

社　　　址：北京市海淀区西土城路10号(邮编：100876)

发　行　部：电话：010-62282185　传真：010-62283578

E-mail：publish@bupt.edu.cn

经　　　销：各地新华书店

印　　　刷：北京联兴华印刷厂

开　　　本：787 mm×1 092 mm　1/16

印　　　张：19.25

字　　　数：481千字

印　　　数：1—3 000册

版　　　次：2013年1月第1版　2013年1月第1次印刷

ISBN 978-7-5635-3287-2　　定　价：39.80元

· 如有印装质量问题，请与北京邮电大学出版社发行部联系 ·

前　言

21 世纪人类已经迈入数字化时代。三维立体动画游戏设计作为计算机的核心技术已广泛应用于社会生活的各个领域。动画游戏设计是目前计算机领域最前沿科技，其发展前景十分广阔，潜力巨大。三维立体动画游戏设计作为计算机的前沿科技，是宽带网络、多媒体、游戏设计、人性化动画设计、信息地理与人工智能相融合的高新技术，是把握未来网络、多媒体、游戏设计、人性化动画设计、信息地理及人工智能关键技术。

在 WWW 互联网发展的今天，随着人们生活水平的提高，对互联网提出了更高的要求。在互联网上，不但要查找资料、获取各种信息、交友、聊天、看电视电影等，还要在网上购物、电子商务、网上物流等。人们还要在网上浏览立体网站、网页，在网上逛商店、购物等。这就要求开发人员开发出具有立体网站的立体网页和购物环境，使浏览者在网上购物与在普通商场超市一样的购物感受，具有身临其境的真实感。虚拟现实技术就能为我们提供这一可能，开发设计出三维立体场景和动画游戏场景。

X3D 是互联网三维立体图形国际通用软件标准，定义了如何在多媒体中整合基于网络传播的动态交互三维立体效果。X3D 第二代三维立体网络程序设计语言在网络上创建逼真的三维立体场景，开发与设计三维立体网站和网页程序，利用它可以运行 X3D 程序直接进入 Internet。还可以创建虚拟数字城市、网络超市、虚拟网络法庭、网络选房与展销等。从而改变目前网络与用户交互的二维平面局限性，使用户在网络三维立体场景中，实现动态、交互和感知交流，体验具有身临其境的感觉和感知。2004 年 8 月，X3D 已被国际标准组织正式批准，成为国际通用标准。X3D 大有一统网络三维立体设计趋势，具有划时代意义。X3D 可以在不同的硬件设备中使用，并可用于不同的应用领域，如军事模拟仿真、科学可视化、航空航天模拟、多媒体再现、工程应用、信息地理、虚拟旅游、考古、虚拟教育、虚拟游戏娱乐等领域。

虚拟现实技术使读者了解计算机在软件开发和编程方面如何利用目前国际上最先进的开发工具和手段。从软件开发的角度编写本书，思路清晰，结构合理。本书全面、详细地阐述了 X3D 的语法结构、数据结构定义、概貌(profile)、组件(component)、等级(level)、节点(node)、域(field)等，突出语法定义中每个“节点”中域的域值描述，并结合具体的实例源程序深入浅出地进行引导和讲解，激发读者的学习兴趣。为了使读者能够更快掌握 X3D 虚拟现实三维立体网络程序设计语言，本书配有大量的编程实例源程序，而且都在计算机上经过严格的调试并通过，供读者参考。

本书在科研方面成功申报广东省自然基金项目“基于 GPU 并行计算的 3D 医学可视化引擎研究”(项目编号：S2011010002537)。“知识改变命运，教育成就未来”，只有不断的探索、学习和开发未知领域，才能有所突破和创新，为人类的进步做出应有的贡献。“知识是有限的，而想象力是无限的”，希望广大读者在三维立体动画游戏开发与设计中充分发挥自己的想象力，实现你的全部梦想。

由于时间仓促，水平有限，书中的缺点和不足在所难免，敬请读者把对本书的意见和建议告诉我们。

作　者

目　录

第1章 X3D虚拟现实概述

1.1 X3D虚拟现实技术

虚拟现实(Virtual Reality,VR)是一种以计算机技术为核心的前沿高新科技,可以生成逼真的视觉、听觉、嗅觉以及触觉等虚拟三维立体环境,用户可借助必要的虚拟现实硬件设备以自然的方式与虚拟环境中的对象进行交流、互动,从而产生身临其境的真实感受和体验。虚拟现实技术是利用计算机模拟产生一个三维空间的虚拟世界,并通过多种虚拟现实交互设备使参与者沉浸于虚拟现实环境中,在该环境中直接与虚拟现实场景中的事物交互,浏览者在虚拟三维立体空间,根据需要"自主浏览"三维立体空间的事物,从而产生身临其境的感受。使人在虚拟空间中得到与自然世界的同样感受,在虚拟现实环境中,真实感受视觉、听觉、味觉、触觉以及智能感知所带来的直观而又自然的效果。

虚拟现实是一项综合集成技术,涉及计算机图形学、人机交互技术、传感技术、人工智能等多个领域,它用计算机生成逼真的三维视觉、听觉、味觉、触觉等感觉,使人作为参与者通过适当虚拟现实装置,对虚拟三维世界进行体验和交互。使用者在虚拟三维立体空间进行位置移动时,计算机可以立即进行复杂的运算,将精确的3D世界影像传回产生临场感。该技术集成了计算机图形(CG)技术、计算机仿真技术、人工智能、传感技术、显示技术、网络并行处理等技术的最新发展成果,是一种由计算机技术辅助生成的高技术模拟系统。

虚拟现实技术是以计算机技术为平台,利用虚拟现实硬件、软件资源,实现的一种极其复杂的人与计算机之间的交互和沟通过程。利用虚拟现实技术为人类创建一个虚拟空间,并向参与者提供视觉、听觉、触觉、嗅觉、导航漫游等身临其境的感受,与虚拟现实环境中的三维造型和场景进行交互和感知,亲身体验在虚拟现实世界遨游的神秘、畅想、浩瀚感受。虚拟现实技术是通过计算机对复杂数据进行可视化操作与交互的一种全新方式,与传统的人机界面以及流行的视窗操作相比,虚拟现实在思想技术上有了质的飞跃。虚拟现实技术的出现大有一统网络三维立体设计的趋势,具有划时代意义。

计算机将人类社会带入崭新信息时代,尤其是计算机网络的飞速发展,使地球变成了一个地球村。早期的网络系统主要传送文字、数字等信息,随着多媒体技术在网络上的应用,使目前计算机网络无法承受如此巨大的信息量,为此,人们开发出信息高速公路,即宽带网络系统,而在信息高速公路上驰骋的高速跑车就是X3D增强现实/虚拟现实技术,即第二代三维立体网络程序设计。使用计算机前沿科技增强现实/虚拟现实技术开发设计生动、鲜活的三维立体软件项目，使读者能够真正体会到软件开发的实际意义和真实效果，从中获得无穷乐趣。

1. 虚拟现实技术及基本特性

虚拟现实技术是指利用计算机系统、多种虚拟现实专用设备和软件构造一种虚拟环境，实现用户与虚拟环境直接进行自然交互和沟通的技术。人类是世界的主宰，人通过虚拟现实硬件设备(如三维头盔显示器、数据手套、三维语音识别系统等)与虚拟现实计算机系统进行交流和沟通，使人亲身感受到虚拟现实空间真实的身临其境的快感。

虚拟现实系统与其他计算机系统的最本质区别是“模拟真实的环境”。虚拟现实系统模拟的是“真实环境、场景和造型”，把“虚拟空间”和“现实空间”有机地结合形成一个虚拟的时空隧道，即虚拟现实系统。

虚拟现实技术的特点主要体现在虚拟现实技术多感知性、沉浸感、交互性、想象力、强大的网络功能、多媒体功能、人工智能、计算机图形学、动态交互智能感知和程序驱动三维立体造型与场景等基本特征。

(1) 多感知性：是指除了一般计算机技术所具有的视觉感知之外，还有听觉感知、力觉感知、触觉感知、运动感知，甚至包括味觉感知、嗅觉感知等一切人类所具有的感知功能。

(2) 沉浸感：又称临场感，指用户感到作为主角存在于模拟环境中的真实程度。理想的模拟环境应该使用户难以分辨真假，使用户全身心地投入到计算机创建的三维虚拟环境中，该环境中的一切看上去是真实的，听上去是真实的，动起来是真实的，甚至闻起来、尝起来等一切感觉都是真实的，如同在现实世界中的感觉一样。

(3) 交互性：指用户对模拟环境内物体的可操作程度和从环境得到反馈的自然程度(包括实时性)。用户可以用手去直接抓取模拟环境中虚拟的物体，这时手有握着东西的感觉，并可以感觉物体的重量，视野中被抓的物体也能立刻随着手的移动而移动。

(4) 想象力：强调虚拟现实技术应具有广阔的可想象力和创造力，充分发挥人们想象空间，拓宽人类未知领域的潜能，使之发挥到极致。在虚拟空间不仅可再现真实存在的环境，也可以随意构想客观不存在的甚至是不可能发生的环境。充分发挥人类的想象力和创造力，在虚拟多维信息空间中，依靠人类的认识和感知能力获取知识，发挥主观能动性，去拓宽知识领域，开发新的产品，把“虚拟”和“现实”有机地结合起来，使人类的生活更加富足、美满和幸福。

(5) 具有强大的网络功能：可以通过运行 X3D 程序直接接入 Internet 上网，可以创建三维立体网页与网站。

(6) 具有多媒体功能：能够实现多媒体制作，将文字、语音、图像、影片等融入三维立体场景，并合成声音、图像以及影片达到舞台影视效果。

(7) 具有人工智能：主要体现在 X3D 具有感知功能。利用感知传感器节点，来感受用户以及造型之间的动态交互感觉。

(8) 配备虚拟现实硬件设备和程序驱动技术：一般来说，一个完整的虚拟现实系统由高性能计算机为核心的虚拟环境处理器，以头盔显示器为核心的视觉系统，以语音识别、声音合成与声音定位为核心的听觉系统，以立体鼠标、跟踪器、数据手套和数据衣为主体的身体方位姿态跟踪设备，以及味觉、嗅觉、触觉以及力觉反馈系统等增强现实功能单元构成。

2. 虚拟现实技术分类

虚拟现实技术分类主要包括:沉浸式虚拟现实技术、分布式虚拟现实技术、桌面式虚拟现实技术、纯软件虚拟现实技术和增强虚拟现实技术等。

(1) 沉浸式虚拟现实技术,也称最佳虚拟现实技术模式,选用了完备、先进的虚拟现实硬件设备和虚拟现实的软件技术支持。在虚拟现实硬件和软件投资方面规模比较大,效果自然丰厚,适合于大中型企业使用。

(2) 分布式虚拟现实技术,是指基于网络虚拟环境,它将位于不同物理位置的多个用户或多个虚拟现实环境通过网络连接,并共享信息资源,使用户在虚拟现实的网络空间更好地协调工作。这些人既可以在同一个地方工作,也可以在世界各个不同的地方工作,彼此之间可以通过分布式虚拟网络系统联系在一起,共享计算机资源。分布式虚拟现实环境,可以利用分布式计算机系统提供强大的计算能力,又可以利用分布式本身的特性,再加之虚拟现实技术,使人们真正感受虚拟现实网络所带来的巨大潜力。

(3) 桌面式虚拟现实技术,也称基本虚拟现实技术模式,使用最基本的虚拟现实硬件和软件设备和技术,以达到一个虚拟现实技术的最基本的配置,特点是投资较少,效率可观。属于经济型投资范围,适合于中小企业投资使用。

(4) 纯软件虚拟现实技术,也称大众化模式,是在无虚拟现实硬件设备和接口的前提下,利用传统的计算机、网络和虚拟现实软件环境实现的虚拟现实技术。特点是投资最少,效果显著,属于民用范围。适合于个人、小集体开发使用,是既经济又实惠的一种虚拟现实的开发模式。

(5) 增强现实(Augmented Reality,AR)虚拟现实技术,也被称为混合现实。它通过电脑技术,将虚拟的信息应用到真实世界,真实的环境和虚拟的物体实时地叠加到同一个画面或空间同时存在。增强现实提供了在一般情况下,不同于人类可以感知的信息。它不仅展现了真实世界的信息,而且将虚拟的信息同时显示出来,两种信息相互补充、叠加。在视觉化的增强现实中,用户利用头盔显示器,把真实世界与计算机图形多重合成在一起,便可以看到真实的世界围绕着它。

虚拟现实技术的发展、普及要从最廉价的纯软件虚拟现实开始逐步过渡到桌面式基本虚拟现实系统,然后,进一步发展为完善沉浸式硬件虚拟现实,最终实现真正具有真实交互、动态和感知的真实和虚拟环境相融合的增强现实系统。实现人类真实的视觉、听觉、触觉、嗅觉、漫游、移动以及装配的三维立体造型和场景等,将"虚拟的"和"真实的"三维立体场景有机结合,使用户产生身临其境和虚幻的真实感受。

3. 虚拟现实系统组成

一个典型虚拟现实系统包括:高性能计算机为核心的虚拟环境处理器、虚拟现实软件系统、虚拟现实硬件设备、计算机网络系统和人类活动。完整计算机系统包括:计算机硬件设备、软件产品、多媒体设备以及网络设施,可以是一台大型计算机、工作站或PC。虚拟现实软件系统:虚拟现实/增强现实软件 X3D、VRML、JAVA3D、OpenGL、Vega、ARDK、AR-ToolKit 等,主要用于软件项目开发与设计。虚拟现实硬件设备:虚拟现实三维动态交互感知硬件设备,主要用于将各种控制信息传输到计算机,虚拟现实计算机系统再把处理后的信息反馈给参与者,实现"人"与"虚拟现实计算机系统"真实动态、交互和感知的效果。

虚拟现实硬件设备可以实现虚拟现实场景中“人”、“机”的动态交互感觉，充分体验虚拟现实中的沉浸感、交互性、想象力，例如，三维立体眼镜、数据手套、数据头盔、数据衣服以及各种动态交互传感器设备等。介绍主要虚拟现实系统，典型的包括桌面虚拟现实系统、沉浸式虚拟现实、分布式虚拟现实系统、增强现实虚拟现实系统以及纯软件虚拟现实系统。

增强虚拟现实系统是近年来国内外众多研究机构和知名大学的研究热点之一。增强现实技术不仅在与虚拟现实(Virtual Reality，VR)技术相类似的应用领域(诸如尖端武器和飞行器的研制与开发、数据模型的可视化、虚拟训练、娱乐与艺术等领域)具有广泛的应用，而且由于其具有能够对真实环境进行增强显示输出的特性，在精密仪器制造和维修、军用飞机导航、工程设计、医疗研究与解剖以及远程机器人控制等领域，具有比虚拟现实技术更加明显的优势，是虚拟现实技术的一个重要前沿分支。

在视觉化的增强现实中，用户利用头盔显示器，把真实世界与计算机图形多重合成在一起，便可以看到真实的世界围绕着虚拟世界。

增强现实借助 X3D 虚拟现实技术、计算机图形技术和可视化技术产生现实环境中不存在的虚拟对象，并通过传感技术将虚拟对象准确“放置”在真实环境中，借助显示设备将虚拟对象与真实环境融为一体，并呈现给使用者一个感官效果真实的全新环境。因此增强现实系统具有虚实结合、实时交互、三维注册等新特点。

增强现实技术是采用对真实场景利用虚拟物体进行“增强”显示的技术，与虚拟现实相比，具有更强的真实感受、建模工作量小等优点。可广泛应用于航空航天、军事模拟、教育科研、工程设计、考古、海洋、地质勘探、旅游、现代展示、医疗以及娱乐游戏等领域。美国巴特尔研究所在一项研究报告中列出 10 个 2020 年最具战略意义的前沿技术发展趋势，其中增强现实技术排名前 10 位。

虚拟现实与增强现实技术有着密不可分的联系，增强现实技术致力于将计算机产生的虚拟环境与真实环境融为一体。使浏览者对增强现实环境有更加真实、贴切、鲜活的交互感受。在增强现实环境中，计算机生成的虚拟造型和场景要与周围真实环境中的物体相匹配。使增强虚拟现实效果更加具有临场感、交互感、真实感和想象力。

① 虚实结合：增强现实是把虚拟环境与用户所处的实际环境融合在一起，在虚拟环境中融入真实场景部分，通过对现实环境的增强来强化用户的感受与体验。

② 实时交互：增强现实系统提供给用户一个能够实时交互的增强环境，即虚实结合的环境，该环境能根据参与者的语音和关键部位的位置、状态、操作等相关数据，为参与者的各种行为提供自然、实时的反馈。实时性非常重要，如果交互时存在较大的延迟，会严重影响参与者的行为与感知能力。

③ 三维注册技术，是增强现实系统最为关键的技术之一，其原理是将计算机生成的虚拟场景造型和真实环境中的物体进行匹配的过程。在增强现实系统中绝大多数是利用动态的三维注册技术。动态三维注册技术分两大类，即基于跟踪器的三维注册技术和基于视觉的三维注册技术。

• 基于跟踪器的三维注册技术主要记录真实环境中观察者的方向和位置，保持虚拟环境与真实环境的连续性，实现精确注册。通常的跟踪注册技术包括：飞行时间定位跟踪系统、相差跟踪系统、机构联接跟踪系统、场跟踪系统和复合跟踪系统。

• 基于视觉的三维注册技术主要通过给定的一幅图像来确定摄像机和真实环境中目标的相对位置和方向。典型的视觉三维注册技术有:仿射变换注册和相机定标注册。仿射注册技术的原理是至少给定三维空间中任何 4 个不共面的点,空间中任何一个点的投影变换都可以用这 4 个点的变换结果的树形组合来表示。仿射变换注册是增强现实三维注册技术的一个突破,解决了传统的跟踪、定标等繁琐的注册方法,实现通过视觉的分析进行注册。相机定标注册则是一个从三维场景到二维成像平面的转换过程,即通过获取相机内部参数计算相机的位置和方向。

可扩展 3D(Extensible 3D,X3D)增强现实技术是计算机的前沿科技,是 21 世纪三维立体网络开发的关键技术。增强现实 X3D 技术融合 VRML 技术与可扩展标记语言(Extensible Markup Language,XML)技术,X3D 标准是 XML 标准与 3D 标准的有机结合,X3D 被定义为可交互操作、可扩展、跨平台的网络 3D 内容标准。2004 年 8 月,X3D 已被国际标准组织(ISO)批准通过为国际标准 ISO/IEC 19775,X3D 正式成为国际通用标准。Web3D 联盟是致力于研究和开发 Internet 上的虚拟现实技术的国际性的非盈利组织,主要任务是制定互联网 3D 图形的标准与规范。Web3D 联盟已经完成可扩展的三维图形规范(Extensible 3D Specification),称为 X3D 规范。X3D 规范使用 XML 表达对 VRML 几何造型和实体行为的描述能力,缩写 X3D 就是为了突出新规范中 VRML 与 XML 的集成。

X3D 增强现实技术是下一代具有扩充性的三维图形规范,并且延伸了 VRML97 的功能。从 VRML97 到 X3D 是三维图形规范的一次重大变革,而最大的改变之处,就是 X3D 结合了 XML 和 VRML97。X3D 将 XML 的标记式语法定为三维图形的标准语法,已经完成了 X3D 的文件格式定义(Document Type Definition,DTD)。目前世界上最新的网络三维图形标准——X3D——已成为网络上制作三维立体设计的新宠。Web3D 联盟得到了包括 Sun、Sony、Shout3D、Oracle、Philips、3Dlabs、ATI、3Dfx、Autodesk/Discreet、ELSA、Division、MultiGen、Elsa、NASA、Nvidia、France Telecom 等多家公司和科研机构的有力支持。可以相信 X3D 增强现实技术必将对未来的 Web 应用产生深远的影响。

X3D 增强现实技术是互联网 3D 图形国际通用软件标准,定义了如何在多媒体中整合基于网络传播的交互三维内容。X3D 技术可以在不同的硬件设备中使用,并可用于不同的应用领域中。如科学可视化、航空航天模拟、虚拟战场、多媒体再现、教育、娱乐、网页设计、共享虚拟世界等方面。X3D 也致力于建立一个 3D 图形与多媒体的统一的交换格式。X3D 是 VRML 的继承,VRML 是原来的网络 3D 图形的 ISO 标准(ISO/IEC 14772)。X3D 标准是 XML 标准与 3D 标准的有机结合,X3D 相对 VRML 有重大改进,提供了以下的新特性:更先进的应用程序界面,新增添的数据编码格式,严格的一致性,组件化结构用来允许模块化的支持标准的各部分。

X3D 增强现实技术系统特征在语义学上描述了基于时间的行为、交互 3D、多媒体信息的抽象功能。X3D 标准和规范不定义物理设备或任何依靠特定设备执行的概念,如屏幕分辨率和输入设备。只考虑到广泛的设备和应用,在解释和执行上提供很大的自由度。从概念上说,每一个 X3D 技术开发设计和应用都是一个包含图形和听觉对象的三维立体时空,并且可以用不同的机制动态地从网络上读取或修改。每个 X3D 技术开发设计和应用:为所有已经定义的对象建立一个隐含的环境空间坐标;该技术由一系列 3D 和多媒体定义及组件组成;可以为其他文件和应用指定超链接;可以定义程序化或数据驱动的对象行为;可以通过程序或脚本语言连接到外部模块或应用程序。

4. X3D 增强现实软件建模技术

从可视化输出的角度来看，主要是图像与几何模型相结合的建模方法。基于图像的建模方法全景图生成技术是基于图像建模方法的关键技术，其原理是空间中一个视点对周围环境的 360°全封闭视图。全景图生成方法涉及基于图像无缝连接技术和纹理映射技术。基于图像的三维重建和虚拟浏览是基于图像建模的关键技术。基于几何模型的建模方法是以几何实体建立虚拟环境，其关键技术包括：三维实体建模技术、干涉校验技术、碰撞检测技术以及关联运动技术等。在计算机中通过 X3D 或 VRML 可以高效地完成几何建模、虚拟环境的构建以及用户和虚拟环境之间的复杂交互，并满足虚拟现实系统的本地和网络传输。

在平面印刷品上叠加展品的三维虚拟模型或动画，通过显示设备呈现，以独特的观赏体验吸引用户深入了解产品。浏览者可以 360°自助观赏三维立体场景，在三维立体场景中对文字、视频、三维模型进行叠加，支持互动游戏，支持网页发布，适用于展览会、产品展示厅、公共广告、出版、网络营销等应用场合。

X3D 增强现实显示技术，X3D 增强现实系统设计最基本的问题就是实现虚拟信息和现实世界的融合。显示技术是增强现实系统的关键技术之一。通常把增强现实的显示技术分为以下几类：头盔显示器、投影式显示、手持式显示器显示和普通显示器显示。

① 头盔显示器(Head-Mounted Display，HMD)，现有的虚拟现实技术的人机界面中大多采用头盔显示器。主要原因是头盔显示器较其他几种显示技术而言沉浸感最强。因为用于增强显示系统的头盔显示器能够看到周围的真实环境，所以叫做透视式(see-through)头盔显示器。透视式头盔显示器分为视频透视式和光学透视式两种。前者是利用摄像机对真实世界进行同步拍摄，将信号送入虚拟现实工作站，在虚拟工作站中将虚拟场景生成器生成的虚拟物体同真实世界中采集的信息融合，然后输出到头盔显示器。而后者则是利用光学组合仪器直接将虚拟物体同真实世界在人眼中融合。还有一种更为奇特的方法是虚拟视网膜显示技术，华盛顿大学的人机界面实验室研究出的虚拟视网膜显示是通过将低功率的激光直接投射到人眼的视网膜上，从而将虚拟物体添加到现实世界中来。

② 投影式显示(Projection Display)是将虚拟的信息直接投影到要增强的物体上，从而实现增强。日本 Chuo 大学研究出的 PARTNER 增强现实系统可以用于人员训练，并且使一个没有受过训练的试验人员通过系统的提示，成功地拆卸了一台便携式 OHP(Over Head Projector)。另外一种投影式显示方式是采用放在头上的投影机(Head-Mounted Projective Display，HMPD)来进行投影。美国伊利诺斯州立大学和密歇根州立大学的一些研究人员研究出一种 HMPD 的原型系统。该系统由一个微型投影镜头、一个戴在头上的显示器和一个双面自反射屏幕组成。由计算机生成的虚拟物体显示在 HMPD 的微型显示器上，虚拟物体通过投影镜头折射后，再由与视线成 45°的分光器反射到自反射的屏幕上面。自反射的屏幕将入射光线沿入射角反射回去，进入人眼中，从而实现了虚拟物体与真实环境的重叠。

③ 手持式显示器(Hand Held Display，HHD)显示采用摄像机等辅助部件，一些增强现实系统采用了手持式显示器。美国华盛顿大学人机界面技术实验室设计出了一个便携式的 MagicBook 增强现实系统。该系统采用一种基于视觉的跟踪方法，把虚拟的模型重叠在真实的书籍上，产生一个增强现实的场景，同时该界面也支持多用户的协同工作。日本的 SONY 计算机科学实验室也研究出一种手持式显示器，利用这种显示器，构建了 Trans Vision

协同式工作环境。

④ 普通显示器显示(Monitor-based Display)增强现实系统也可以采用普通显示器显示。在这种系统中,通过摄像机获得的真实世界的图像与计算机生成的虚拟物体合成之后在显示器输出,在需要时也可以输出为立体图像,这时需要用户戴上立体眼镜。

1.2 计算机游戏动画设计

动漫游戏产业被视为21世纪知识经济的核心产业,给网络游戏和动画制作行业带来巨大的发展空间。近年来,中国的动漫游戏产业取得了长足的进步。1993—2003年,中国国产动画片的生产数量仅为46 000分钟,平均每年动画片的产量不到4 200分钟;2006年82 000分钟;2011年,中国动画片产量已经达到261 244分钟。据统计,动漫产品本身有巨大的市场空间,加上动漫产品的衍生产品,市场空间巨大。研究证实,我国每年文具的销售额为600亿元,儿童食品每年的销售额为350亿元,玩具每年的销售额为200亿元,儿童服装每年的销售额达900亿元,儿童音像制品和各类儿童出版物每年的销售额达100亿元,这些行业都有赖于动漫产业的链接带动,因此,中国动漫产业将拥有超千亿元产值的巨大发展空间。

目前,国内动漫游戏产业发展迅速,初步形成上海、北京、广州、深圳等动漫游戏产业生产基地。很多省市将动漫游戏产业作为新的经济增长点,如北京、上海、深圳、广州、西安、成都等地都将动漫游戏产业作为新兴支柱产业给予大力扶持。

计算机动画(Computer Animation)是借助计算机来制作动画的技术。计算机的普及和发展使动画制作和表现方式产生巨大变化。由于计算机动画可以快速完成一些中间帧绘制,使得动画的制作得到了简化,这种只需要制作关键帧(Keyframe)的制作方式被称为“Pose to pose”。计算机动画也有非常多的形式,但大致可以分为二维动画和三维动画两种。

二维动画也称为2D动画,借助计算机2D位图或者是矢量图形来创建、修改以及编辑动画。制作上和传统动画比较类似,许多传统动画的制作技术被移植到计算机上,如渐变、变形、洋葱皮技术、转描机等。二维电影动画在影像效果上有非常巨大的改进,制作时间上却相对以前有所缩短。现在2D动画在前期上往往仍然使用手绘然后扫描至计算机或者是用数写板直接绘制在计算机上,然后在计算机上对作品进行上色的工作。而特效、音响音乐效果、渲染等后期制作则几乎完全使用计算机来完成。一些可以制作二维动画的软件包括Flash、After Effects、Premiere等。

三维动画也称为3D动画,基于3D计算机图形来表现。有别于二维动画,三维动画提供三维数字空间利用数字建模来制作动画。这个技术有别于以前所有的动画技术,给予动画创作者更大的创作空间。精美的建模和照片质量的渲染使动画的各方面水平都有了全新的突破和提升,也使其被大量的用于现代电影之中。3D动画几乎完全依赖于计算机制作,在制作时,大量的图形计算机工作会因为计算机性能的不同而不同。3D动画可以通过计算机渲染来实现各种不同的最终影像效果,包括逼真的图片效果,以及2D动画的手绘效果。

三维动画主要的制作技术有:建模、渲染、灯光阴影、纹理材质、动力学、粒子效果、布料效果、毛发效果等。

游戏动画产业方向包括影视动漫制作及电视传媒行业,广告传播等商业制作公司,网络动漫游戏,互动游戏娱乐领域,手机游戏、手机动漫等无线娱乐领域等。

游戏动画专业是依托数字化技术、网络化技术和信息化技术对媒体从形式到内容进行改造和创新的技术,覆盖计算机图形图像、动画、音效、多媒体等技术和艺术设计学科,是技术和艺术的融合和升华,是一个综合性行业,是民族文化传统、人类文明成果和时尚之间的纽带,游戏动漫又是一个青春与活力迸发的艺术,是一种传统与创新交融的艺术,更是广大青少年寻梦的舞台。

在游戏的制作中要将游戏角色的性格和情绪活灵活现地表现出来,需要通过动作来实现,而动作的流畅与否,会直接影响游戏的效果,这时候就要通过设计出一系列游戏动画来实现完美的游戏表达效果,可见游戏动画在整个游戏的设计及制作的过程中是非常重要的。

游戏动画的构思与设计:在设计和制作游戏动画的过程中,动画师必须要考虑以下两点,首先要构思出角色将要表现出来的动作,一旦构思确定了角色,实际的行动才能被设计出来。在这个阶段,动画师应该十分熟悉角色的造型,设计制作的游戏动画看上去才能显得真实流畅。其次对关键的姿态要做到心中有数,如果可能,先要把姿态画出来,这些关键的姿态将被用作制作动画的参照。总之游戏动画的构思与设计包括预期动作设计和跟随、关联动作、次要动作和浪形原理等内容。

游戏动画的设计步骤具体如下。

① 绘制设计图:首先要有原画设计图,动画师根据设计图制作出 3D 人物和场景。然后利用电脑进行三维立体建模,使用鼠标和键盘创建虚拟三维人物和场景造型。

② 给原画着色:当角色形态基本形成之后,动画师要对三维人物或造型进行“着色”。所谓“着色”,就是对三维物体进行颜色或纹理绘制。动画师使用 3D 制作软件,需要不断修改、细致绘画,反复的在 3D 模型上绘制。

③ 动画绑定骨骼:着色做好后,下一步工作则是“绑定骨骼”。“绑定骨骼”顾名思义,就是给做好的 3D 模型安上骨骼,让 3D 模型运动起来。着色后完成的只是一个上了色的三维造型,它是无法移动的。动画师变成了一名三维动画设计者为 3D 模型安装能动的关节和骨骼。

④ 调节动画环节:骨骼“装”好之后,就是“调动画”。直到这时,动画师才开始制作动画片的精髓,让“静态”造型变成“动态”。如何让动画角色的运动更加自然合理,动画师应该亲自把动作演练一番,让自己感受角色并与角色融为一体,用细腻的感觉和精湛的技艺细心调制模型的各种动作。

⑤ 3D 动画渲染:当动作基本完成之后,要进行的最后一步工作是把模型放在高配置的机器上“渲染”,就是让计算机把 3D 模型和场景变成一帧帧静止图片的过程。这是一个相当耗时的过程,动画模型做得越精细,渲染一帧的时间也就越长。待一帧帧的静止图片被渲染出来后,再用软件把它们播放出来,一部 3D 动画基本上就呈现在我们眼前了。

1.3 X3D软件开发环境

X3D系统开发与运行环境主要涵盖X3D系统的开发环境和运行环境。X3D系统的开发环境包括记事本X3D编辑器和X3D-Edit专用编辑器开发环境，利用它们可以开发X3D源代码和目标程序。X3D系统的运行环境主要指X3D浏览器的安装和运行，主要包含Xj3D浏览器安装和使用以及BS Contact X3D 7.2浏览器安装及使用。

X3D软件开发环境主要指X3D编辑器，它是用来编写X3D源代码的有效开发工具，是开发设计X3D源代码的有利工具。X3D源文件使用UTF-8编码的描述语言，国际UTF-8字符集包含任何计算机键盘上能够找到的字符，而多数计算机使用的ASCII字符集是UTF-8字符集的子集。可以用一般计算机中提供的文本编辑器编写X3D源代码，也可以使用X3D的专用编辑器来编写源代码。

最简单的X3D编辑器可以使用Windows系统提供的记事本工具编写X3D源代码，但软件开发效率较低。使用X3D-Edit专用编辑器编写源代码，会使软件项目开发的效率获得极大提高，同时可以转换成其他形式的代码执行。

1.3.1 记事本X3D编辑器

编写X3D源代码有多种方法，其中最简单、快捷的编辑方式就是使用Windows系统提供的记事本工具编写X3D源代码。

在Windows 2000/XP操作系统中，选择【开始】|【程序】|【附件】|【记事本】，然后在记事本编辑状态下，创建一个新文件，开始编写X3D源文件。注意，所编写的X3D源文件程序的文件名要符合X3D程序名(文件名)的命名规则，即在X3D文件中要求文件的扩展名必须是以*.x3d或*.x3dv结尾，否则X3D的浏览器是无法识别的。

利用文本编辑器对X3D源代码进行创建、编写、修改和保存工作，还可以对X3D源文件进行查找、复制、粘贴以及打印等。使用文本编辑器可以完成X3D的中小型软件项目开发、设计和编码工作，方便、灵活、快捷和有效，但对大型软件项目的开发编程效率较低。

1.3.2 X3D-Edit 3.2专用编辑器

X3D-Edit 3.2是一个X3D文件编辑器。使用X3D-Edit 3.2编辑器编辑X3D文件时，可以提供简化的、无误的创作和编辑方式。X3D-Edit 3.2通过XML文件定制了上下文相关的工具提示，提供了X3D每个节点和属性的概要，以方便程序员对场景图的创作和编辑。

使用X3D-Edit 3.2专用编辑器编写X3D源代码文件，对中大型软件项目的开发和编程具有高效、方便、快捷且灵活等特点，可根据需要输出不同格式文件供浏览器浏览。利用XML和Java的优势，同样的XML、DTD文件将可以在其他不同的X3D应用中使用，如X3D-Edit 3.2中的工具提示为X3D-Edit提供了上下文敏感的支持，提供了每个X3D节点(元素)和域(属性)的描述、开发和设计，此工具提示也通过自动的XML转换工具转换为

X3D 开发设计的网页文档，而且此工具提示也将整合到将来的 X3D Schema 中。

1. X3D-Edit 编辑器的特点

①具有直观的用户界面；②建立符合规范的节点文件，节点总是放置在合适的位置；③验证 X3D 场景是否符合 X3D 概貌或核心(Core)概貌；④自动转换 X3D 场景到 *.x3dv 和 *.wrl 文件，并启动浏览器自动察看结果；⑤提供 VRML97 文件的导入与转换；⑥大量的 X3D 场景范例；⑦每个元素和属性的弹出式工具提示，帮助了解 X3D/VRML 场景图如何建立和运作，包括中文在内的多国语言提示；⑧使用 Java 保证的平台通用性；⑨使用扩展样式表(XSL)自动转换：X3dToVrml97.xsl(VRML97 向后兼容性)、X3dToHtml.xsl(标签集打印样式)、X3dWrap.xsl/X3dUnwrap.xsl(包裹标签的附加/移除)；⑩支持 DIS-Java-VRML 工作组测试和评估、DIS-Java-VRML 扩展节点程序设计测试和评估；⑪支持 GeoVRML 节点和 GeoVRML 1.0 概貌；⑫支持起草中的 H-Anim 2001 人性化动画标准和替身的 Humanoid Animation 人性化动画节点的编辑，同时也支持 H-Anim 1.1 概貌；⑬支持新提议的 KeySensor 节点和 StringSensor 节点；⑭支持提议的 Non-Uniform Rational B-Spline (NURBS)Surface 扩展节点的评估和测试；⑮使用标签和图标的场景图打印。

X3D-Edit 3.2 编辑器安装，X3D-Edit 3.2 可在多种操作系统中运行，包括 Windows、Linux、Mac OS X PPC、Solaris 运行环境等。X3D 的运行环境主要指 Windows 操作系统运行环境、Mac OS X PPC 操作系统运行环境、Linux 操作系统运行环境、Solaris 操作系统运行环境。用户根据软件项目开发与设计需求选用相应的 X3D 系统的运行环境。

X3D 系统 Windows 运行环境安装需求：包括安装 Xj3D 浏览器或 BS_Contact_VRML-X3D_72 浏览器，Java 虚拟机安装环境支持，还需要安装 Xeena 1.2EA 扩展标记语言 XML 编辑工具环境，最后安装 X3D-Edit 专用编辑器开发 X3D 源代码文档。

X3D-Edit 3.2 专用编辑器安装是自动完成 Java 虚拟机安装、Xeena 1.2EA XML 编辑工具安装以及 X3D-Edit 3.2 中文版专用编辑器的安装工作。

(1) X3D-Edit 专用编辑器下载

在 http://www.x3d.com 网站下载 X3D-Edit3.2 专用编辑器。

(2) X3D-Edit 3.2 专用编辑器安装

X3D-Edit 专用编辑器全部安装过程如下。

① 双击图标，开始自动安装，首先安装程序正在做安装的准备工作。

② 在完成安装准备工作后，在显示的安装画面，选择“中文简体”，然后单击“OK”按钮继续安装。

③ 显示 X3D-Edit 专用编辑器全部安装过程，包括：简介、选择安装文件夹、选择快捷键文件夹、预安装摘要、正在安装以及安装完毕等信息。在显示 X3D-Edit 专用编辑器简介时单击“下一步”按钮继续安装。

④ 显示 X3D-Edit 专用编辑器安装画面，提示“在安装和使用 X3D-Edit 专用编辑器之前，您必须接受下列许可协议”，选择“本人接受许可协议条款”，单击“下一步”按钮继续安装。

⑤ 显示选择安装文件夹，可以选择默认路径和文件夹(C:\)，也可以选择指定路径和文件。选择“选择默认路径和文件夹”，单击“下一步”按钮继续安装。

⑥ 显示预安装摘要，包括产品名、安装文件夹、快捷文件夹、安装目标的磁盘空间信息

等。如果想返回上一级菜单进行相应修改，单击“上一步”按钮，如果不需要改动，单击“安装”按钮开始安装 X3D-Edit 专用编辑器。

⑦ 显示正在安装 X3D-Edit 专用编辑器。首先，安装 Java 运行环境、Xeena 1. 2EA XML 编辑工具、X3D-Edit 专用编辑器等，直到完成整个程序的安装。

⑧ 在完成全部 X3D-Edit 专用编辑器安装工作后，显示安装完毕，单击“完成”按钮，结束全部安装工作。

在完成 X3D-Edit 专用编辑器安装工作后，需要启动 X3D-Edit 专用编辑器来编写 X3D 源代码，并进行相应软件项目的开发与设计。

2. X3D-Edit 专用编辑器启动

(1) 首先，进入 C:\WINNT\Profiles\All Users\Start Menu\Programs\X3D Extensible 3D Graphics\X3D-Edit 目录下，找到 X3D-Edit-Chinese 快捷文件，即图标，也可以把它放在桌面上。

(2) 启动 X3D-Edit 专用编辑器，双击图标，即可运行 X3D-Edit 专用编辑器，进行编程和 X3D 虚拟现实项目开发与设计。显示出现 X3D-Edit 3.2 专用场景编辑器启动主界面。

3. X3D-Edit 3.2 版本专用编辑器安装运行

X3D-Edit 3.2 版本专用编辑器不需安装便可运行。下载 X3D-Edit 3.2 中文版专用编辑器后便可运行 X3D-Edit 3.2 专用编辑器。在 X3D-Edit3.2 目录下，双击“runX3dEditWin.bat”文件，可以启动 X3D-Edit 3.2 专用编辑器。

X3D-Edit 3.2 编辑器使用在正确安装 X3D-Edit 专用编辑器的情况下，双击“runX3dEditWin.bat”文件，可以启动 X3D-Edit 3.2 专用编辑器。启动 X3D-Edit 3.2 专用编辑器主界面，如图 1-1 所示。

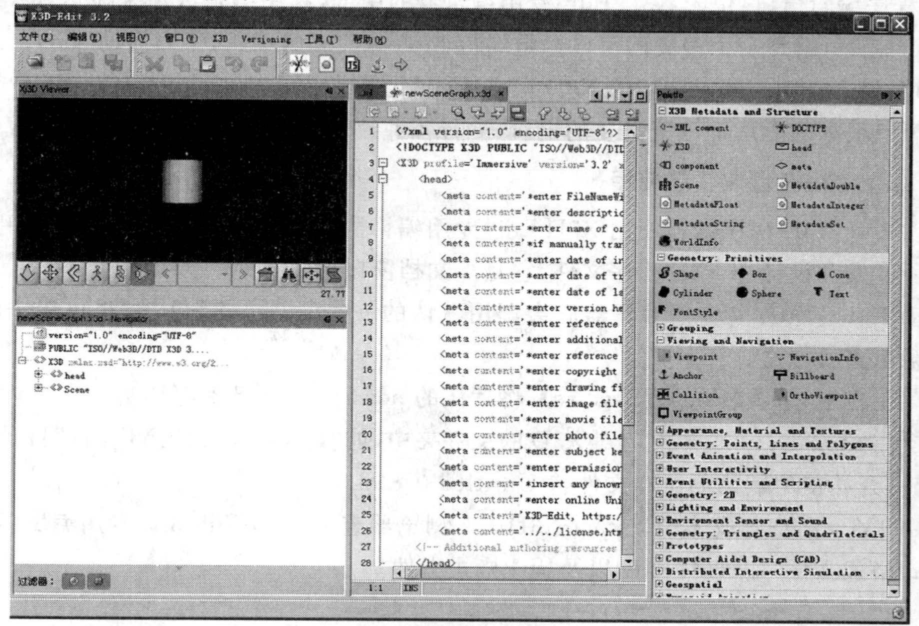

图 1-1 X3D-Edit 专用编辑器主界面

4. X3D-Edit 专用编辑器主界面使用功能

X3D-Edit 编辑器开发环境由标题栏、菜单栏、工具栏、节点功能窗口、节点属性功能窗口、程序编辑窗口以及信息窗口等组成。

① 标题栏：位于整个 X3D-Edit 专用编辑器的第一行，显示 X3D-Edit 场景图编辑器（版本 3.2）文字。

② 菜单栏：位于 X3D-Edit 专用编辑器的第二行，包括：文件、编辑、视图、窗口、X3D、Versioning、工具和帮助。

文件选项包含创建一个新文件、打开一个已存在文件、存储一个文件等；编辑选项包含复制、剪切、删除以及查询等功能；视图选项包含 Toolbars、显示行号、显示编辑器工具栏等；窗口选项包含 Xj3dViewer、Output、Favorites 等；X3D 选项包含 Examples、Quality Assurance、Conversions；Versioning 选项包含 CVS、Mercurial、Subversion 等；工具选项包含 Java Platforms、Templates、Plugins 等；帮助选项包含相关帮助信息等。

③ 工具栏：位于 X3D-Edit 专用编辑器的第三行，主要包括：文件的新建、打开、存盘、Save All、查找、删除、剪切、复制、new X3D scene 以及选项等常用快捷工具。

④ 节点功能窗口：节点区位于界面的右侧，包括所有节点（all nodes）、新节点（new nodes）、二维几何节点（Geometry2D）、Immersive profile、Interactive profile 、Interchange profile、GeoSpatial1.1、DIS protocol、H-Anim2.0 节点等。节点功能窗口包括 X3D 目前所支持的所有特性节点，是标签操作方式，单击相应的标签将在下方显示出相应的节点，凡是不可添加的节点均以灰色显示。

⑤ 浏览器窗口：位于界面的左上方，在编程的同时可以查看编辑效果，随时调整各节点程序功能，及时进行调整和修改。

⑥ 程序编辑窗口：位于 X3D-Edit 专用编辑器的中部，程序编辑区用来显示和编辑所设计的 X3D 程序，它是一个多文档窗口。是编写 X3D 源代码的场所，每当启动 X3D-Edit 专用编辑器时，就会自动打开一个新的 X3D 源文件，在此基础上可以编写 X3D 源代码。

还可以根据需要增加一下必要的窗口，进行各种编辑工作，以提高开发和工作效率。

5. X3D 专用开发编辑器使用

开发设计 X3D 程序推荐使用 X3D-Edit 专用编辑器。X3D-Edit 专用编辑器是用来显示和编辑所开发和设计的 X3D 程序文件，它是多文档窗口形式。

启动 X3D-Edit 3.2 专用编辑器后会调用默认的 newScene.x3d 文件，也可单击【File】|【New】菜单重新创建。

在菜单栏中，单击【File】|【Save as】，将默认的 newScene.x3d 保存为另一个文件 *.x3d 格式，文件为 px3d1.x3d，并指定到 X3D 的文件夹中，如“D:\X3d 案例源代码\”目录下。注意：系统一开始使用默认的保存文件名 Untitled-0.x3d。

使用 Xj3D 浏览器或 BS Contact X3D 7.2 浏览器查看 X3D-Edit 3.2 专用编辑器编写的各种形式格式文件，如 x3d、x3dv 以及 wrl 格式文件。

1.3.3 Xj3D 浏览器安装运行

X3D 系统运行环境主要指 X3D 浏览器安装和运行，X3D 浏览器主要分为：使用独立应用程序、插件式应用程序和 Java 技术 3 种类型的 X3D 浏览器，来浏览 X3D 文件中的内容。

1. Xj3D 浏览器安装使用

在 X3D 浏览器中，Xj3D 是一种开放源代码与 X3D-Edit 编辑器匹配的、无版权纠纷的专业 X3D 浏览器。Xj3D 可以浏览 *.x3d 文件、*.x3dv 文件、*.wrl 文件等，它是 X3D-Edit 编辑器首选开发工具。

Xj3D 浏览器的下载地址为 http://www.x3dvr.com，可用各种下载软件进行下载，如迅雷下载、网络蚂蚁等。

Xj3D 浏览器安装：获取 Xj3D 浏览器程序后，双击“Xj3D-2-M1-DEV-20090518-windows.jar”或“Xj3D-2-M1-DEV-20090518-windows-full.exe”程序，开始自动安装，按提示要求正确安装 Xj3D 浏览器。

(1) 双击 Xj3D 安装图标，显示画面安装 Xj3D2.0 版运行程序，选择“是(Y)”，开始安装 Xj3D 浏览器。

(2) 开始安装，释放 Xj3D 程序并开始安装程序。显示 Java2 Runtime Environment，SE v1.6.0_8 安装 Java2 运行环境，如果用户的操作系统中没有安装过 Java2 运行环境，则直接安装，如果用户的操作系统中已经安装了 Java2 运行环境，则单击“下一步”按钮继续安装。

(3) 如果用户的操作系统中已经安装了 Java2 运行环境，显示 Java2 运行环境维护，选择“修改”，单击“下一步”按钮继续安装。

(4) 显示自定义安装，根据需要可以选择 Java2 运行环境、其他语言支持、其他字体和媒体支持。单击“下一步”按钮继续安装。

(5) 开始安装 Java2 运行环境程序，注册产品、安装程序等。

(6) 显示完成 Java2 运行环境程序安装，单击“完成”按钮。

(7) 完成 Java2 运行环境程序安装后，接着开始安装 Xj3D 浏览程序，单击“下一步”按钮继续安装 Xj3D 浏览程序。

(8) 显示 Xj3D 浏览器程序许可协议信息，选择“本人接受许可协议条款”，单击“下一步”按钮继续安装。

(9) 显示 Xj3D 安装路径和文件夹，可以选择默认路径和文件夹(C:\Program Files\Xj3D)，也可以选择指定路径和文件。选择“选择默认路径和文件夹”，单击“下一步”按钮继续安装。

(10) 单击“下一步”按钮继续安装。

(11) 选择一般用户或所有用户。选择默认一般用户。单击“下一步”按钮继续安装。自动安装 Xj3D 程序包。

(12) 完成全部 Xj3D 浏览器程序的安装工作，单击“完成”按钮结束全部安装工作。

2. 启动 Xj3D 浏览器

Xj3D 浏览器使用：在正确安装 Xj3D 浏览器后，在“开始”→“所有程序”→

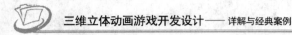

"Xj3DBrowser"或创建快捷方式为 Xj3DBrowser 放在桌面上选择。

运行 Xj3D 浏览器:在桌面上双击，启动 Xj3D 浏览器，然后运行 X3D 程序，如图 1-2 所示。

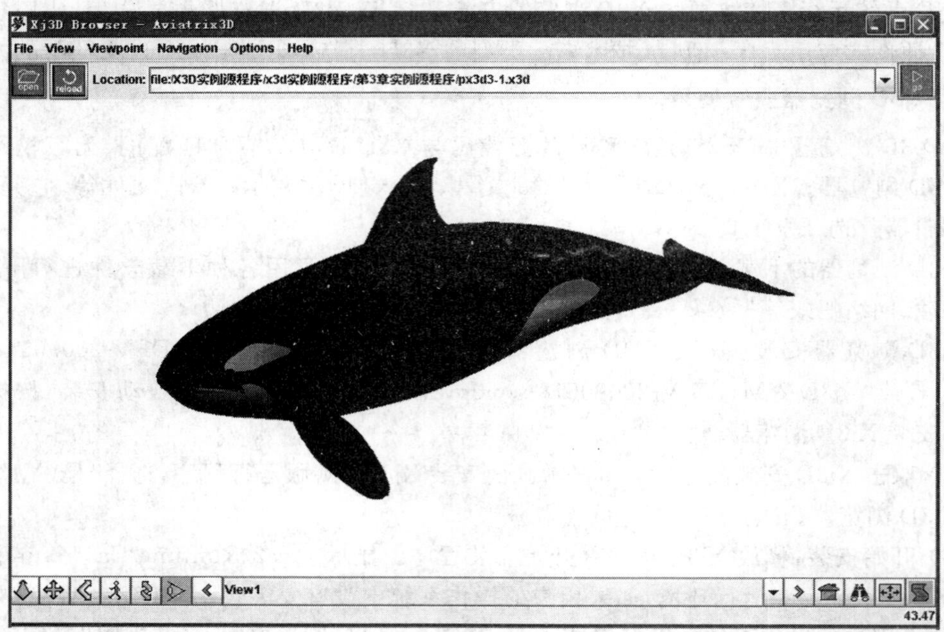

图 1-2　启动 Xj3D 浏览器运行 X3D 程序

第2章 X3D文件架构

X3D 文件架构包括 X3D 节点、XML 标签、X3D 文档类型声明、Head(头文件)节点、component(组件)标签节点、meta 节点以及 Scene(场景)节点等。X3D 节点是 X3D 文件中最高一级的 XML 节点，包含概貌(Profile)、版本(Version)、命名空间(xmlns:xsd)等信息。Head 头文件标签节点包括 component(组件)、metadata(元数据)或任意作者自定的标签。Head 标签节点是 X3D 标签的第一个子对象，放在场景的开头。如果想使用指定概貌的集合范围之外的节点，可以在头文件中加入组件语句，用以描述场景之外的其他信息。另外，可以在头文件元素中加入 meta 子元素描述说明，表示文档的作者、说明、创作日期或著作权等的相关信息。Scene 节点是包含所有 X3D 场景语法结构的根节点，根据此根节点增加需要的节点和子节点以创建三维立体场景和造型，在每个文件里只允许有一个 Scene 根节点。

2.1 X3D 节点

X3D 节点设计包括 X3D 节点与 Scene 节点的语法和定义。任何 X3D 场景或造型都由 X3D 节点与 Scene 根节点开始的，在此基础上开发设计软件项目所需要的各种场景和造型。X3D 与 XML 关联术语，X3D 节点(nodes)被表示为 XML 元素(element)，X3D 节点中的域(field)被表示为 XML 中的属性(attributes)，例如，name="value"(域名="值")字符串对。

X3D 节点语法定义，X3D(Extensible 3D)场景图文件是最高一级的 X3D/XML 节点。X3D 标签包含一个 Scene 节点，Scene 节点是三维场景图的根节点。选择或添加一个 Scene 节点可以编辑各种三维立体场景和造型。X3D 节点语法包括域名、域值、域数据类型以及存储/访问类型等，X3D 节点语法定义如下：

```
<X3D        域名(属性名)      域值(属性值)      域数据类型
             Profile          [Full|
                                    Immersive|
                                    Interactive|
                                    Interchange|
                                    Core|
                                    MPEG4Interactive]
             Version           3.2                      SFString
```

```
    xmlns:xsd          http://www.w3d.org/2001/XMLSchema-instance
    xsd:noNamespace
    SchemaLocation   http://www.w3d.org/specifications/x3d-3.2.xsd>
</X3D>
```

X3D 节点包含 Profile、Version、xmlns:xsd 以及 xsd:noNamespace SchemaLocation 4 个域。其中，Profile 又包含几个域值：Full、Immersive、Interactive、Interchange、Core、MPEG4Interactive，默认值为“Full”。

在 X3D 场景中需要支持的概貌作用：Full 概貌包括 X3D/2000x 规格中的所有节点；在 Immersive 概貌中加入“GeoSpatial”地理信息支持；Interchange 概貌负责相应的基本场景内核(Core)并符合只输出的设计；Interactive 概貌或 MPEG4Interactive 概貌负责相应的 KeySensor 类的交互；Extensibility 概貌负责交互、脚本、原型、组件等；VRML97 概貌符合 VRML97 规格的向后兼容性。

X3D 版本号：相应版本 X3D version 3.2 对应 X3D/VRML2000x，表示字符数据，总是使用固定值，是一个单值字符串类型 SFString。

xmlns:xsd 表示 XML 命名空间概要定义，其中，xmlns 为 XML namespace 缩写；xsd 为 XML Schema Definition 缩写。

xsd:noNamespaceSchemaLocation：表示 X3D 概要定义的 X3D 文本有效 URL，即 URL (Uniform Resource Locator)称为统一资源定位码(器)，是指标有通信协议的字符串(如 HTTP、FTP、GOPHER)，通过其基本访问机制的表述来标识资源。

2.1.1 X3D 语法格式

在每一个 X3D 文件中，文件头是必需的，位于 X3D 文件的第一行。X3D 文件是以 UTF-8 编码字符集用 XML 技术编写的文件。每一个 X3D 文件的第一行应该有 XML 的声明语法格式(文档头)表示。

在 X3D 文件使用 XML 语法格式声明：

```
<? xml version="1.0" encoding="UTF-8"? >
```

语法说明：

① 声明从“<? xml”开始，到“? >”结束。

② version 属性指明编写文档的 XML 的版本号，该项是必选项，通常设置为“1.0”。

③ encoding 属性是可选项，表示使用编码字符集。省略该属性时，使用默认编码字符集，即 Unicode 码，在 X3D 中使用国际 UTF-8 编码字符集。

UTF-8 的英文全称是 UCS Transform Format，而 UCS 是 Universal Character Set 的缩写。国际 UTF-8 字符集包含任何计算机键盘上能够找到的字符，而多数计算机使用的 ASCII 字符集是 UTF-8 字符集的子集，因此使用 UTF-8 书写和阅读 X3D 文件很方便。UTF-8 支持多种语言字符集，由 ISO 10646-1:1993 标准定义。

2.1.2 X3D 文档类型声明

X3D 文档类型声明用来在文档中详细地说明文档信息，必须出现在文档的第一个元素前，文档类型采用 DTD 格式。<! DOCTYPE…>描述以指定 X3D 文件所采用的 DTD，文档类型声明对于确定一个文档的有效性、良好结构性是非常重要的。X3D 文档类型声明（内部 DTD 的书写格式）：

```
<! DOCTYPE X3D PUBLIC "ISO//Web3D//DTD X3D 3.2//EN"
"http://www.web3d.org/specifications/x3d-3.2.dtd">
```

DTD 可分为外部 DTD 和内部 DTD 两种类型，外部 DTD 存放在一个扩展名为.DTD 的独立文件中，内部 DTD 和它描述的 XML 文档存放在一起，XML 文档通过文档类型声明来引用外部 DTD 和定义内部 DTD。X3D 使用内部 DTD 的书写格式：<! DOCTYPE 根元素名[内部 DTD 定义…]>。X3D 使用外部 DTD 的书写格式：<! DOCTYPE 根元素名 SYSTEM DTD 文件的 URI>。

URL(Uniform Resource Locator)称为统一资源定位码(器)，是指标有通信协议的字符串(如 HTTP、FTP、GOPHER)，通过其基本访问机制的表述来标识资源，其范围涵盖了 URL 和 URN。URN(Uniform Resource Name)称为统一资源名称，用来标识由专门机构负责的全球唯一的资源。

2.1.3 X3D 主程序概貌

X3D 主程序概貌(Profile)涵盖了组件、说明以及场景中的各个节点等信息，用来指定 X3D 文档所采用的概貌属性。概貌中定义了一系列内建节点及其组件的集合，X3D 文档中所使用的节点，必须在指定概貌的集合的范围之内。概貌的属性值可以是 Core、Interchange、Interactive、MPEG4Interactive、Immersive 及 Full。X3D 主程序概貌(profile)采用：

```
<X3D profile='Immersive' version='3.2'
xmlns:xsd='http://www.w3.org/2001/XMLSchema-instance'
xsd:noNamespaceSchemaLocation='http://www.web3d.org/specifications/x3d-3.2.xsd'>
</X3D>
```

X3D 根文档标签包含概貌信息和概貌验证，在 X3D 根标签中 XML 概貌和 X3D 命名空间也可以用来执行 XML 概貌验证。主程序概貌又包含头元素和场景主体，头元素又包含组件和说明信息，场景中可以创建需要的各种节点。头元素(Head)用以描述场景之外的其他信息，如果想使用指定概貌的集合范围之外的节点，可以在头元素中加入组件(Component)语句，表示额外使用某组件及支援等级中的节点。如在 Immersive 概貌中加入"GeoSpatial"地理信息支持。另外，可以在头元素元素中加入 meta 子元素描述说明，表示文档的作者、说明、创作日期或著作权等的相关信息。

2.2 Head 节点

Head 标签节点也称为头文件，包括 component、metadata 或任意作者自定的标签。

Head 标签节点是 X3D 标签的第一个子对象，放在场景的开头，在网页中与<head>标签匹配。它主要用以描述场景之外的其他信息，如果想使用指定概貌的集合范围之外的节点，可以在头文件中，加入组件语句，表示额外使用某组件及支援等级中的节点。Head 标签节点语法定义如下：

```
<head>
        <meta 子元素描述说明 />
              ⋮
        <meta 子元素描述说明/>
</head>
```

Head 标签节点语法结构，如图 2-1 所示。

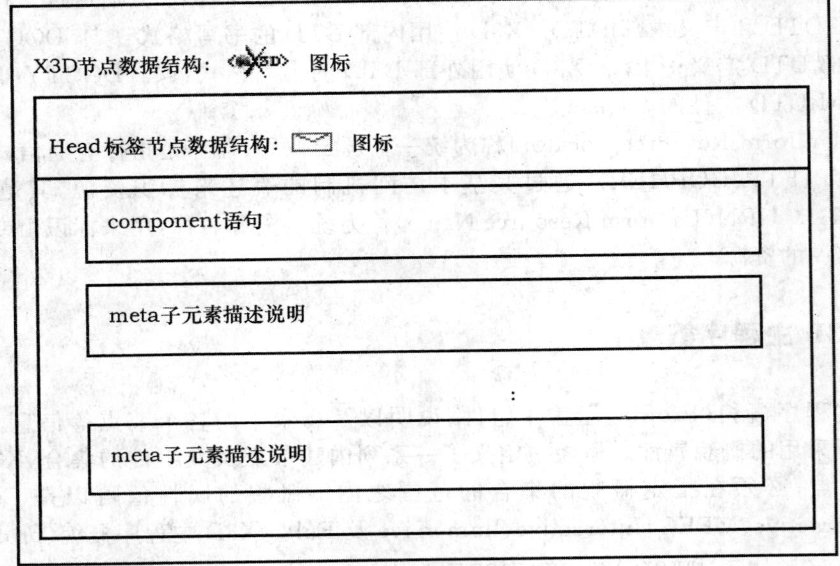

图 2-1　Head 标签节点语法定义

2.3　Component 节点

Component 标签节点指出场景中需要的超出给定 X3D 概貌的功能。Component 标签是 Head 头文件标签里首选的子标签，即先增加一个 Head 文件标签，然后根据设计需求增加组件。Component 标签节点语法定义如下：

```
<component
    name       [Core |CADGeometry|
                   CubeMapTexturing|DIS|
                   EnvironmentalEffects|
                   EnvironmentalSensor|
                   EventUtilities|
```

```
                Geometry2D|Geometry3D|
                Geospatial |Grouping|
                H-Anim |Interpolation|
                KeyDeviceSensor|
                Lighting |Navigation|
                Networking |NURBS|
                PointingDeviceSensor|
                Rendering|Scripting|
                Shaders |Shape|Sound|
                Text |Texturing|
                Texturing3D|Time]
      level     [1|2|3|4]
  />
```

Component 标签节点包含两个域，一个是 name(名字)，另一个是 level(支持层级)。Component 标签节点 name 在指定的组件中，即包含在 Profile 域 Full 中涵盖了 Core、CADGeometry、CubeMapTexturing、DIS、EnvironmentalEffects、EnvironmentalSensor、EventUtilities、GeoData、Geometry2D、Geometry3D、Geospatial、Grouping、H-Anim、Interpolation、KeyDeviceSensor、Lighting、Navigation、Networking、NURBS、PointingDeviceSensor、Rendering、Scripting、Shaders、Shape、Sound、Text、Texturing、Texturing3D、Time 等组件的名称，level(支持层级)表示每一个组件所支持层级，支持层级一般分为 4 级，分别为 1、2、3、4 个等级。

2.4 meta 节点

meta(metadata)子节点是在头文件节点中，加入 meta 子节点描述说明，表示文档的作者、说明、创作日期或著作权等的相关信息。meta 节点数据为场景提供信息，使用与网页的 meta 标签一样的方式，通过 attribute=value 进行字符匹配，提供名称和内容属性。X3D 所有节点语法均包括域名、域值、域数据类型以及存储/访问类型等，以后不再赘述。meta (metadata)子节点语法定义：

```
<meta 域名(属性名)  域值(属性值)  域数据类型  存储/访问类型
      name           Full        SFString    InputOutput
      content
      xml:lang
      dir  [ltr|rtl]
      http-equiv
      scheme
/>
```

meta 子节点包含 name(名字)、content(内容)、xml:lang(语言)、dir、http-equiv、scheme

等域。

name(名字)域:是一个单值字符串类型,表示属性是可选的,在此输入元数据属性的名称。

content(内容)域:是一个必须提供的属性值,用来描述节点必须提供该属性值,在此输入元数据的属性值。

xml:lang(语言)域:表示字符数据的语言编码,表示该属性是可选项。

dir 域:表示从左到右或从右到左的文本的排列方向,可选择[ltr|rtl],即 ltr=left-to-right,rtl=right-to-left,表示该属性是可选项。

http-equiv 域:表示 HTTP 服务器可能用来回应 HTTP headers,该属性是可选项。

scheme 域:允许作者提供用户更多的上下文内容以正确地解释元数据信息,该属性是可选项。

1. MetadataDouble 节点

MetadataDouble(双精度浮点数)节点为其父节点提供信息,此 Metadata 节点更进一步的信息可以由附带 containerField="metadata"的子 Metadata 节点提供。IS 标签先于任何 Metadata 标签,Metadata 标签先于其他子标签。MetadataDouble 双精度浮点数节点语法定义如下:

```
<MetadataDouble
    DEF              ID
    USE              IDREF
    name                 SFString  InputOutput
    value                MFDouble      InputOutput
    reference        SFString    InputOutput
    containerField   "metadata"
/>
```

MetadataDouble 节点包含 name(名字)、value(值)、reference(参考)、containerField(容器域)、DEF(定义节点)以及 USE(使用节点)等域。

value(值)域:是一个多值双精度浮点类型,表示该属性是可选的,访问类型是输入/输出类型。此处输入 metadata 元数据的属性值。

name(名字)域:是一个单值字符串类型,访问类型是输入/输出类型,表示字符数据该属性是可选的。此处输入 metadata 元数据的属性名。

reference(参考)域:是一个单值字符串类型,访问类型是输入/输出类型,表示字符数据该属性是可选的,作为元数据标准或特定元数据值定义的参考。

containerField(容器域)域:是 field 标签的前缀,表示了子节点和父节点的关系。如果是作为 MetadataSet 元数据集的一部分,则设置 containerField="value",否则只作为父元数据节点自身提供元数据时,使用默认值"metadata"。containerField 属性只有在 X3D 场景用 XML 编码时才使用。

DEF 为节点定义一个名字,给该节点定义了唯一的 ID,在其他节点中就可以引用这个节点。用 DEF 为节点命名时,使用有意义的描述性的名称可以规范文件,以提高文件可读性。

USE 用来引用 DEF 定义的节点 ID,即引用 DEF 定义的节点名字,同时忽略其他的属

性和子对象。使用 USE 来引用其他的节点对象而不是复制节点可以提高性能和编码效率。

2. MetadataFloat 节点

MetadataFloat(单精度浮点数)节点为其父节点提供信息,此 Metadata 节点更进一步的信息可以由附带 containerField="metadata"的子 Metadata 节点提供。IS 标签先于任何 Metadata 标签,Metadata 标签先于其他子标签。MetadataFloat 单精度浮点数节点语法定义如下:

```
<MetadataFloat
    DEF              ID
    USE              IDREF
    name                          SFString  InputOutput
    value                         MFFloat  InputOutput
    reference                   SFString  InputOutput
    containerField   "metadata"
/>
```

MetadataFloat 节点包含 name(名字)、value(值)、reference(参考)、containerField(容器域)、DEF(定义节点)以及 USE(使用节点)等域。

value(值)域:是一个多值单精度浮点类型,表示该属性是可选的,访问类型是输入/输出类型。此处输入 metadata 元数据的属性值。

MetadataFloat 节点的其他"域"详细说明与 MetadataDouble 节点"域"相同,请参照 MetadataDouble 节点域、域名和域值描述。

3. MetadataInteger 节点

MetadataInteger(整数)节点为其父节点提供信息,此 Metadata 节点更进一步的信息可以由附带 containerField="metadata"的子 Metadata 节点提供。IS 标签先于任何 Metadata 标签,Metadata 标签先于其他子标签。MetadataInteger 整数节点语法定义如下:

```
<MetadataInteger
    DEF              ID
    USE              IDREF
    name                        SFString  InputOutput
    value                       MFInt32  InputOutput
    reference                SFString  InputOutput
    containerField   "metadata"
/>
```

MetadataInteger 节点包含 name(名字)、value(值)、reference(参考)、containerField(容器域)、DEF 以及 USE 等域。

value(值)域:是一个多值整数类型,表示该属性是可选的,访问类型是输入/输出类型。此处输入 metadata 元数据的属性值。

MetadataInteger 节点的其他"域"详细说明与 MetadataDouble 节点"域"相同,请参照 MetadataDouble 节点域、域名和域值描述。

4. MetadataString 节点

MetadataString 节点为其父节点提供信息，此 Metadata 节点更进一步的信息可以由附带 containerField=“metadata”的子 Metadata 节点提供。IS 标签先于任何 Metadata 标签，Metadata 标签先于其他子标签。MetadataString 节点语法定义如下：

```
<MetadataString
    DEF                 ID
    USE                 IDREF
    name                            SFString  InputOutput
    value                           MFString  InputOutput
    reference                   SFString  InputOutput
    containerField      “metadata”
/>
```

MetadataString 节点包含 name(名字)、value(值)、reference(参考)、containerField(容器域)、DEF(定义节点)以及 USE(使用节点)等域。

value(值)域:是一个多值字符串类型,表示该属性是可选的,访问类型是输入/输出类型。此处输入 metadata 元数据的属性值。

MetadataString 节点的其他“域”详细说明与 MetadataDouble 节点“域”相同,请参照 MetadataDouble 节点域、域名和域值描述。

5. MetadataSet 节点

MetadataSet 集中一系列的附带 containerField=“value”的 Metadata 节点，这些子 Metadata 节点共同为其父节点提供信息。此 MetadataSet 节点更进一步的信息可以由附带 containerField=“metadata”的子 Metadata 节点提供。IS 标签先于任何 Metadata 标签，Metadata 标签先于其他子标签。MetadataSet 节点语法定义如下：

```
<MetadataSet
    DEF                 ID
    USE                 IDREF
    name                            SFString  InputOutput
    reference                   SFString  InputOutput
    containerField      “metadata”
/>
```

MetadataSet 节点包含 DEF(定义节点)、USE(使用节点)、name(名字)、reference(参考)、containerField(容器域)等域。

DEF 为节点定义一个名字,给该节点定义了唯一的 ID,在其他节点中就可以引用这个节点。用 DEF 为节点命名时,使用有意义的描述性的名称可以规范文件,以提高文件可读性。

USE 用来引用 DEF 定义的节点 ID,即引用 DEF 定义的节点名字,同时忽略其他的属性和子对象。使用 USE 来引用其他的节点对象而不是复制节点可以提高性能和编码效率。

name(名字)域:是一个单值字符串类型,访问类型是输入/输出类型,表示字符数据该

属性是可选的。此处输入 metadata 元数据的属性名。

reference(参考)域:是一个单值字符串类型,访问类型是输入/输出类型,表示字符数据该属性是可选的,作为元数据标准或特定元数据值定义的参考。

containerField(容器域)域:是 field 标签的前缀,表示了子节点和父节点的关系。如果是作为 MetadataSet 元数据集的一部分,则设置 containerField="value",否则只作为父元数据节点自身提供元数据时,使用默认值"metadata"。containerField 属性只有在 X3D 场景用 XML 编码时才使用。

2.5 Scene 节点

Scene(场景)节点是包含所有 X3D 场景语法定义的根节点。以此根节点增加需要的节点和子节点以创建场景,在每个文件里只允许有一个 Scene 根节点。Scene fields 体现了 Script 节点 Browser 类的功能,浏览器对这个节点 fields 的支持还在实验性阶段。用 Inline 引用场景中的 Scene 节点和 Scene 根节点产生相同效果的值。

2.5.1 Scene 节点设计

Scene 节点设计包括 Scene 节点定义、Scene 节点语法结构图以及 Scene 节点详解等。Scene(场景)根节点语法定义如下:

```
<Scene>
    <! -- Scene graph nodes are added here -- >
</Scene>
```

Scene 根节点语法结构图如图 2-2 所示。

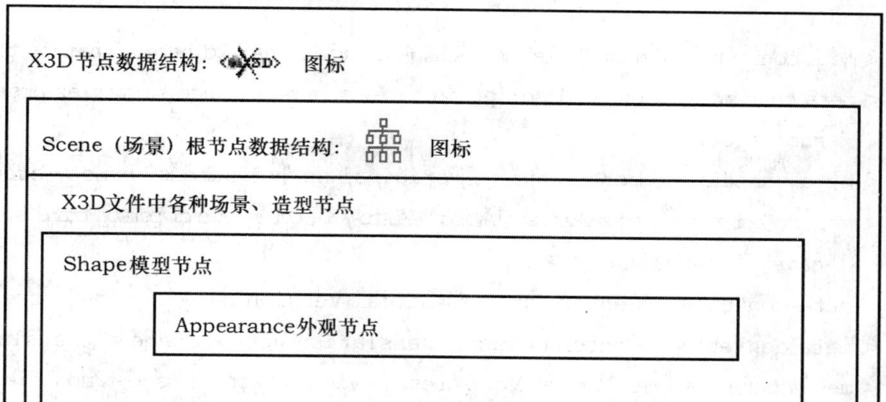

X3D节点数据结构: 图标

Scene(场景)根节点数据结构: 图标

X3D文件中各种场景、造型节点

Shape模型节点

Appearance外观节点

Geometry 几何节点

图 2-2 Scene 节点语法结构图

2.5.2 X3D 文件注释

X3D 文件注释在编写 X3D 源代码时，为了使源代码结构更合理、更清晰和层次感更强，经常在源程序中添加注释信息。在 X3D 文档中允许程序员在源代码中的任何地方进行注释说明，以进一步增加源程序的可读性，使 X3D 源文件层次清晰、结构合理，形成好文档资料，符合软件开发要求。在 X3D 文档中加入注释的方式与 XML 的语法相同。例如：

```
<Scene>
    <! -- Scene graph nodes are added here -- >
</Scene>
```

其中<！ ——Scene graph nodes are added here——>即一个注释。X3D 文件注释部分，以一个符号"<！ ——"开头，以"——>"结束于该行的末尾，文件注释信息可以是一行，也可以是多行，但不允许嵌套。同时，字符串"——"、"<"和">"不能出现在注释中。

浏览器在浏览 X3D 文件时将跳过注释部分的所有内容。另外，浏览器在浏览 X3D 文件时将自动忽略 X3D 文件中的所有空格和空行。

一个 X3D 元数据与结构源程序案例框架，主要利用 X3D 节点、Head 文件节点、component 组件标签节点、meta 节点、Scene 节点以及几何节点等构成一个 X3D 程序框架。

X3D 文件案例源程序框架展示如下：

```
<? xml version = "1.0" encoding = "UTF-8"? >
<! DOCTYPE X3D PUBLIC "ISO//Web3D//DTD X3D 3.2//EN"
"http://www.web3d.org/specifications/x3d-3.2.dtd">
<X3D            profile = 'Immersive'          version = '3.2'
xmlns:xsd = 'http://www.w3.org/2001/XMLSchema-instance'
xsd:noNamespaceSchemaLocation = 'http://www.web3d.org/specifications/x3d-3.2.xsd'>
 <head>
   <meta content = ' * enter FileNameWithNoAbbreviations.x3d here * ' name = 'title'/>
   <meta content = ' * enter description here, short-sentence summaries preferred * '
      name = 'description'/>
   <meta content = ' * enter name of original author here * ' name = 'creator'/>
   <meta content = ' * if manually translating VRML-to-X3D, enter name of person translating here * '
      name = 'translator'/>
   <meta content = ' * enter date of initial version here * ' name = 'created'/>
   <meta content = ' * enter date of translation here * ' name = 'translated'/>
   <meta content = ' * enter date of latest revision here * ' name = 'modified'/>
   <meta content = ' * enter version here, if any * ' name = 'version'/>
   <meta content = ' * enter reference citation or relative/online url here * '
      name = 'reference'/>
   <meta content = ' * enter additional url/bibliographic reference information here * '
      name = 'reference'/>
```

```
    <meta content='*enter reference resource here if required to support function, delivery, or
        coherence of content*' name='requires'/>
    <meta content='*enter copyright information here* Example: Copyright (c) Web3D Consortium
        Inc. 2008' name='rights'/>
    <meta content='*enter drawing filename/url here*' name='drawing'/>
    <meta content='*enter image filename/url here*' name='image'/>
    <meta content='*enter movie filename/url here*' name='MovingImage'/>
    <meta content='*enter photo filename/url here*' name='photo'/>
    <meta content='*enter subject keywords here*' name='subject'/>
    <meta content='*enter permission statements or url here*' name='accessRights'/>
    <meta content='*insert any known warnings, bugs or errors here*' name='warning'/>
    <meta content='*enter online Uniform Resource Identifier (URI) or Uniform Resource Locator
        (URL) address for this file here*' name='identifier'/>
    <meta content='X3D-Edit, https://savage.nps.edu/X3D-Edit' name='generator'/>
    <meta content='../../license.html' name='license'/>
  </head>
  <Scene>
    <!-- Scene graph nodes are added here -->
  </Scene>
</X3D>
```

2.6 WorldInfo 节点

WorldInfo(信息化)节点是提供X3D程序的标题和认证信息。标题信息可以表达程序的意义,而认证信息则可以提供软件开发作者的信息、完成时间、版本、版权等信息。WorldInfo节点有利于软件开发规范化、信息化以及工程化。在软件的开发中应该经常使用WorldInfo节点与程序注释,使开发者与读者都能很流畅地阅读和理解X3D程序,有利于软件开发文档形成与规范。WorldInfo节点语法定义了一个用于确定信息化的属性名和域值,利用WorldInfo节点的域名、域值、域的数据类型以及事件的存储访问权限的定义来创建一个效果更加理想的X3D信息化节点效果。WorldInfo节点语法定义如下:

```
<WorldInfo
    DEF             ID
    USE             IDREF
    title                       SFString   initializeOnly
    info                        MFString   initializeOnly
    containerField  children
    class
```

/>

节点各参数说明：WorldInfo 节点包含 DEF、USE、title、info、containerField 以及 class 域等；域数据类型描述 SFString 域包含一个字符串，是用双引号括起来的字符串；MFString 域是一个含有零个或多个单值的多值域字符串；事件的存储/访问类型描述表示域（属性）的存储/访问类型，包括 inputOnly（输入类型）、outputOnly（输出类型）、initializeOnly（初始化类型）以及 inputOutput（输入/输出类型）等，用来描述该节点必须提供该属性值。

DEF 为节点定义一个名字，给该节点定义了唯一的 ID，在其他节点中就可以引用这个节点。用 DEF 为节点命名时，使用有意义的描述性的名称可以规范文件，以提高 X3D 文件可读性，该属性是可选项。

USE 用来引用 DEF 定义的节点 ID，即引用 DEF 定义的节点名字，同时忽略其他的属性和子对象。使用 USE 来引用其他的节点对象而不是复制节点可以提高性能和编码效率，该属性是可选项。

title 域：定义了一个用于展示 X3D 场景的标题，默认值为空字符串“”。

info 域：定义了 X3D 场景中有关该程序的相关信息，如版本号、作者、日期等信息。

containerField 域：表示容器域是 field 域标签的前缀，表示了子节点和父节点的关系。该容器域名称为 children，包含几何节点，如 geometry Box、children Group、proxy Shape。containerField 属性只有在 X3D 场景用 XML 编码时才使用。

class 域：是用空格分开的类的列表，保留给 XML 样式表使用。只有 X3D 场景用 XML 编码时才支持 class 属性。

第3章 X3D三维建模分析与实现

X3D 三维建模分析与实现主要完成基本三维立体场景和造型的开发与设计，它包含基本立体几何节点 Sphere(球体)节点、Box(盒子)节点、Cone(圆锥体)节点、Cylinder(圆柱体)节点以及 Text(文本造型)节点等。利用 X3D 立体几何节点创建的造型编程简洁、快速、方便，有利于浏览器的快速浏览，提高软件编程和运行的效率。本章重点介绍简单三维立体几何节点设计语法定义，并结合案例源程序理解软件开发与设计全过程。在 X3D 三维立体网页互动游戏动画设计中，X3D 文件由各种各样节点组成，节点之间可以并列或层层嵌套使用。节点在 X3D 文件中起着主导的作用，它贯穿于 X3D 开发技术的始终。理解和掌握 X3D 技术的"节点"是至关重要的，因为它是 X3D 编程设计的灵魂，是 X3D 编程的精髓，X3D 三维立体空间造型就是由许许多多"节点"构成并创建的。X3D 简单三维立体几何节点设计主要由 shape(模型)节点、三维立体造型节点以及相关几何节点组成。

3.1 X3D 三维建模分析

X3D 三维建模分析与设计，是对 X3D 基本几何节点(如球体、圆柱体、立方体、椎体、长方体、椭球体以及文字造型等)进行算法分析、结构分析以及语法剖析等。从理论和实际各个层面进行分析和设计，算法分析是运用数学公式对三维立体几何造型进行设计，提高对三维几何体更深层次的理解，通过结构分析提升对三维几何体有一个宏观理解掌握，通过语法剖析对几何节点有更深刻理解，最终实现对 X3D 三维几何造型的开发与设计。

3.1.1 X3D 三维几何建模算法分析

X3D 三维几何建模算法分析，对球体、圆柱体、立方体以及长方体等用数学方法来分析和设计，实现计算机编程来实现三维几何体造型。

(1) 长方体算法：根据长、宽、高，三个参数设计一个长方体。若一个长方体的长、宽、高相等，则为一个立方体，如图 3-1 所示。

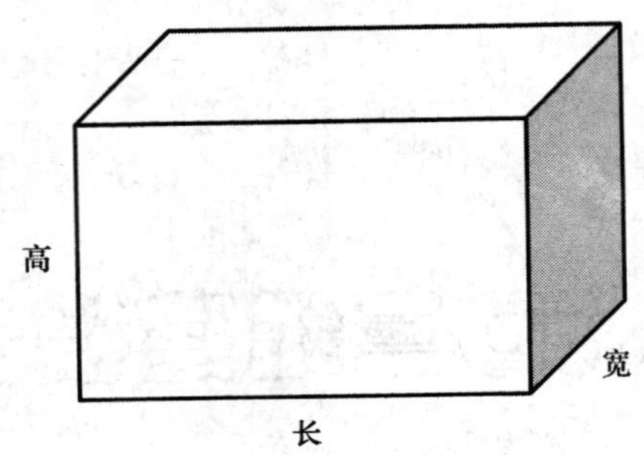

图 3-1　长方体算法分析

(2) Sphere 表面映射算法分析与实现。

球体表面坐标算法。设球体的球心坐标为 $M_0(X_0, Y_0, Z_0)$，已知球体半径为 R，如果 $M(X, Y, Z)$ 为球体表面上任意一点，则有 $|M_0M| = R$。

得到球体表面通用坐标方程：

$$(X - X_0)^2 + (Y - Y_0)^2 + (Z - Z_0)^2 = R^2 \tag{3-1}$$

当球体的球心坐标为 $M_0(0,0,0)$ 时，得到球体表面特殊坐标方程为：

$$X^2 + Y^2 + Z^2 = R^2 \tag{3-2}$$

对三维球体坐标进一步细化，将球体在 XY 平面进行极限分割，形成无数截面，截面圆的半径为 r，球心到截面的距离为 d，所得截面圆的半径取值[0,R]之间。

$$r = \sqrt{R^2 - d^2} \qquad r \in [-R, +R] \tag{3-3}$$

把复杂三维运算简化为二维运算。得到三维球体坐标简化公式，其中 X、Y 为截面圆上的坐标，球心到截面的距离为 d，r 为截面圆半径，Z 为球体的三维坐标为一个常量，取值范围在[$-R$,$+R$]，R 为球体半径，如图 3-2 所示。

$$\begin{cases} X^2 + Y^2 = r^2 & r \in [-R, +R] \\ Z = d & d \in [-R, +R] \end{cases} \tag{3-4}$$

(3) Cylinder 算法分析与实现在虚拟现实立体空间建立三维坐标系(X,Y,Z)，将圆柱体的中心线作为虚拟空间三维坐标的中轴线，对圆柱体表面的算法进行分析和设计，如图 3-3所示。

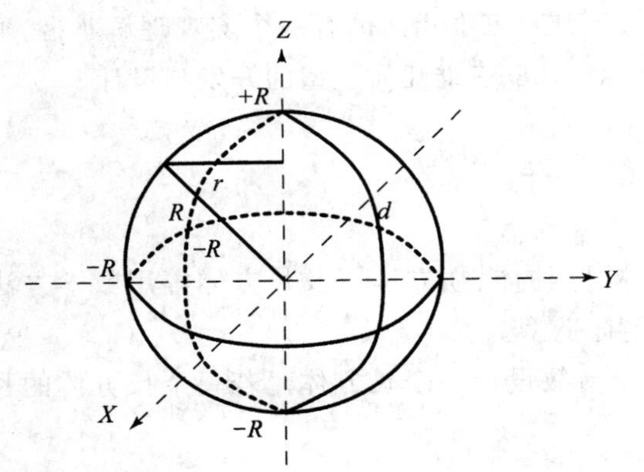

图 3-2　球体算法分析与现实

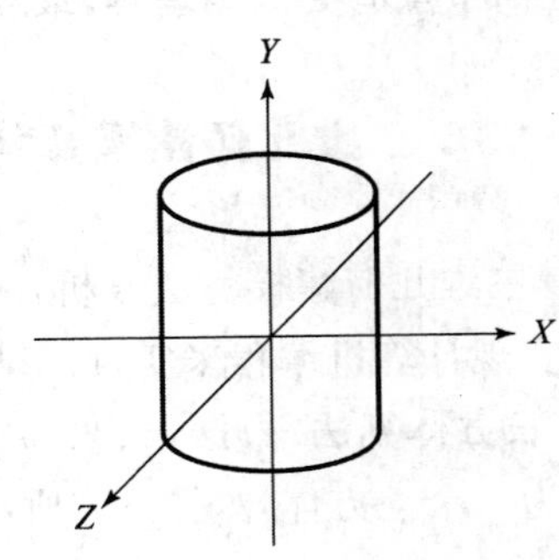

图 3-3　圆柱体三维坐标系

假设圆柱体的重心点在坐标原点(0,0,0)上,圆柱体与圆柱体表面构成三维立体空间造型。在三维立体坐标系中,设圆柱表面上任意一点(θ,γ,δ)在圆柱体表面上的投影坐标为(x,y,z)。设圆柱体中心点为O,圆柱体的半径为R,照片宽度为W,高度为H。运用空间解析几何的方法建立数学模型。

$$\begin{cases} x^2 + z^2 = R^2 \\ y = h, h[-H/2, H/2] \\ x/\theta = y/\gamma = z/\delta \end{cases} \tag{3-5}$$

求得圆柱体表面上的坐标为(x,y,z)。

$$\begin{cases} x = \pm R \cdot \theta / \sqrt{R^2 + \theta^2} \\ y = \pm R \cdot \gamma / \sqrt{R^2 + \theta^2} \\ z = \pm R \cdot \delta / \sqrt{R^2 + \theta^2} \end{cases} \tag{3-6}$$

3.1.2 X3D三维几何建模结构分析

X3D三维几何建模结构分析指对基本几何体进行分析设计,包括球体、圆柱体、立方体、椭球体以及圆锥体等。根据球体的半径设计一个球体;编写圆柱的底半径、高确定一个圆柱体;根据长、宽、高创建一个长方体;通过圆锥的底半径和高编写一个圆锥体造型,如图3-4所示。

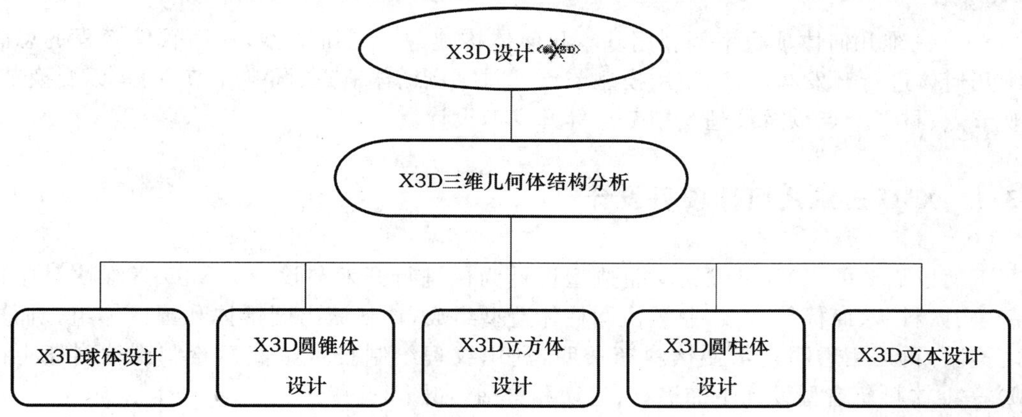

图3-4 X3D几何体结构分析与设计

X3D三维几何体建模结构分析与设计包括:利用球节点创建球体造型需要设计给出球体半径,生成一个三维立体球;使用X3D圆锥体节点设计,提供圆锥的半径、高、侧面等信息,创建一个三维立体圆锥体;利用Box节点设计立方体和长方体,只需要给出长、宽、高等信息,生成一个三维立体的立方体或长方体造型;使用X3D圆柱体节点,需要提供半径和高以及侧面等参数来创建一个圆柱体;利用文本节点创建三维立体文字造型等。

3.2 X3D三维建模剖析

X3D三维建模语法剖析主要涵盖Shape节点、Sphere节点、Box节点、Cone节点、Cylinder

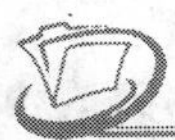

节点、Text 节点等语法定义、解释和分析。Shape 节点设计在 X3D 文件 Scene 根节点中，添加开发与设计所需要的三维立体场景和造型时，在 Shape 节点中包含两个子节点分别为 Appearance(外观)节点与 Geometry(几何造型)节点。Appearance 子节点定义了物体造型的外观，包括纹理映像、纹理坐标变换以及外观的材料节点，Geometry 子节点定义了立体空间物体的几何造型，如 Box 节点、Cone 节点、Cylinder 节点和 Sphere 节点等原始的几何结构。

Scene 节点表示包含所有 X3D 场景语法结构的根节点。在此根节点下增加 Shape 节点和子节点以创建三维立体场景和造型，在每个文件里只允许有一个 Scene 根节点。Shape 节点是建立在 Scene 根节点之下的模型节点，在 Shape 节点下，可以创建外观子节点和几何造型子节点，对三维立体空间场景和造型进行外观和几何体描述。

Shape 节点是在 X3D 文件中(Scene)根场景节点基础上，选择或添加一个 Shape 节点或其他节点可以编辑各种三维立体场景和造型。Shape 节点定义了一个 X3D 立体空间造型所具有的几何尺寸、材料、纹理和外观特征等，这些特征定义了 X3D 虚拟空间中创建的空间造型。Shape 节点是 X3D 的内核节点，X3D 的所有立体空间造型均使用 Shape 节点创建，所以 Shape 节点在 X3D 文件中显得尤为重要。

3.3 X3D 三维几何体项目案例

X3D 三维几何体项目案例利用基本几何体构建一个三维造型，利用软件工程的思想对三维几何体进行开发与设计，使用模型节点、圆柱节点、球节点、圆锥体节点、坐标变换节点、外观节点、材料节点以及纹理绘制节点等开发与设计。

3.3.1 X3D 三维几何体项目设计

下面以简单的 X3D 三维饮料瓶造型设计为例进行开发与设计。X3D 三维饮料瓶造型由瓶盖、饮料瓶、商标等构成，瓶盖由圆柱体造型组成，饮料瓶由圆锥体和圆柱体组合而成并使之透明，再运用透明技术使饮料瓶透明，利用纹理绘制技术将商标绘制到饮料瓶上。使 X3D 三维饮料瓶造型设计更加逼真、生动和鲜活，如图 3-5 所示。

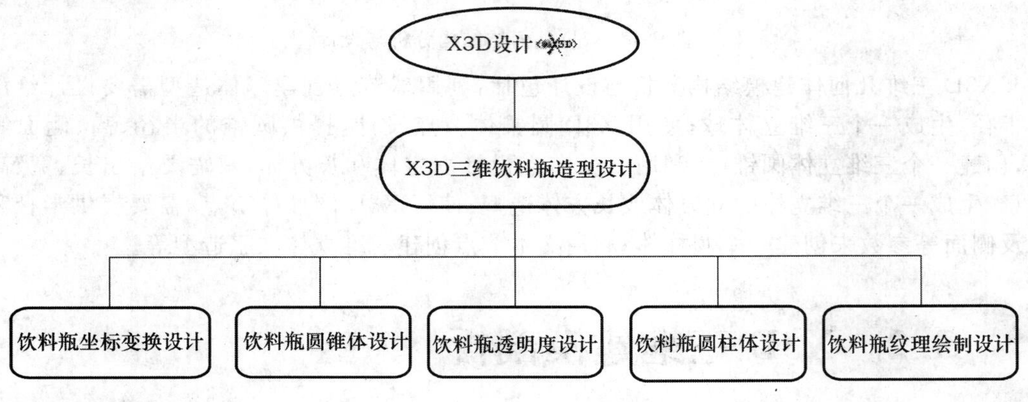

图 3-5 X3D 三维饮料瓶造型开发与设计

3.3.2 X3D三维几何体项目源代码

X3D三维饮料瓶造型开发设计，利用Shape节点中的Geometry子节点创建各种几何造型，使三维立体空间场景和造型更具真实感。虚拟现实瓶子三维立体造型设计利用X3D虚拟现实程序设计进行设计、编码和调试。利用现代软件开发的极端编程思想，采用绝对编程、自动测试、简单设计以及先测试后设计开发理念。融合结构化、组件化和模块化的设计思想，使软件开发设计层次清晰、结构合理。利用虚拟现实语言的各种简单节点创建生动、逼真的瓶子三维立体造型。使用X3D节点、背景节点、简单几何节点以及坐标变换节点进行设计和开发。

【实例3-1】 利用Shape节点、背景节点、基本几何节点、坐标变换节点等在三维立体空间背景下，创建一个逼真鲜活的饮料瓶造型。X3D三维饮料瓶造型三维立体场景设计X3D文件px3d3-1.x3d源程序展示如下：

```
<Scene>
    <Background DEF="_Background" skyColor="0.98 0.98 0.98"/>
    <Viewpoint DEF="_Viewpoint" jump='false' position='0 -2 12' description="View1">
        </Viewpoint>
    <Transform translation="0 2 0">
        <Shape>
            <Appearance>
                <Material ambientIntensity="0.1" diffuseColor="0.2 0.8 0.2"
shininess="0.15" specularColor="0.8 0.8 0.8" transparency="0" />
            </Appearance>
            <Cylinder height="0.5" radius="0.5"/>
        </Shape>
    </Transform>
    <Transform translation="0 1.8 0">
        <Shape>
            <Appearance>
                <Material ambientIntensity="0.1" diffuseColor="0.2 0.8
0.2" shininess="0.15" specularColor="0.8 0.8 0.8" transparency="0" />
            </Appearance>
            <Cylinder height="0.25" radius="0.35"/>
        </Shape>
    </Transform>

        <Transform translation="0 1.65 0">
        <Shape>
            <Appearance>
                <Material ambientIntensity="0.1" diffuseColor="0.2
0.8 0.2" shininess="0.15" specularColor="0.8 0.8 0.8" transparency="0" />
```

```
                </Appearance>
                <Cylinder height = "0.1" radius = "0.48"/>
            </Shape>
        </Transform>

        <Transform translation = "0 1.55 0">
            <Shape>
                <Appearance>
                    <Material ambientIntensity = "0.1" diffuseColor = "0.
2 0.8 0.2" shininess = "0.15" specularColor = "0.8 0.8 0.8" transparency = "0" />
                </Appearance>
                <Cylinder height = "0.05" radius = "0.6"/>
            </Shape>
        </Transform>
        <Transform translation = "0 1 0">
            <Shape>
                <Appearance>
                    <Material ambientIntensity = "0.1" diffuseColor = "0.
2 0.8 0.2" shininess = "0.15" specularColor = "0.8 0.8 0.8" transparency = "0.5" />
                </Appearance>
                <Cone height = "2" bottomRadius = "1.5"/>
            </Shape>
        </Transform>

        <Transform translation = "0 -6 0">
            <Shape>
                <Appearance>
                    <Material ambientIntensity = "0.1" diffuseColor = "
0.2 0.8 0.2" shininess = "0.15" specularColor = "0.8 0.8 0.8" transparency = "0.5" />
                </Appearance>
                <Cylinder height = "0.01" radius = "1.5" />
            </Shape>
        </Transform>

        <Transform translation = "0 -3 0">
            <Shape>
                <Appearance>
                    <ImageTexture  url = "b.jpg"/>
                    <Material ambientIntensity = "0.1" diffuseColor = "0.
2 0.8 0.2" shininess = "0.15" specularColor = "0.8 0.8 0.8" transparency = "0.5" />
```

```
                </Appearance>
                <Cylinder height="6" radius="1.5" top="false" bottom="false"/>
            </Shape>
        </Transform>
    </Scene>
```

在 X3D 源文件中，在 Scene 根节点下添加 Background 节点和 Shape 节点，背景节点的颜色取白色，以突出三维立体几何造型的显示效果。利用坐标变换节点和三维立体几何节点创建三维立体饮料瓶造型。

X3D 三维饮料瓶造型开发设计运行程序如下，首先，启动 xj3d-browser 浏览器，然后在浏览器中，单击“Open”按钮，打开“X3D 案例源程序/第 3 章案例源程序/px3d3-1. x3d”，即可运行 X3D 三维饮料瓶造型开发设计程序运行结果，如图 3-6 所示。

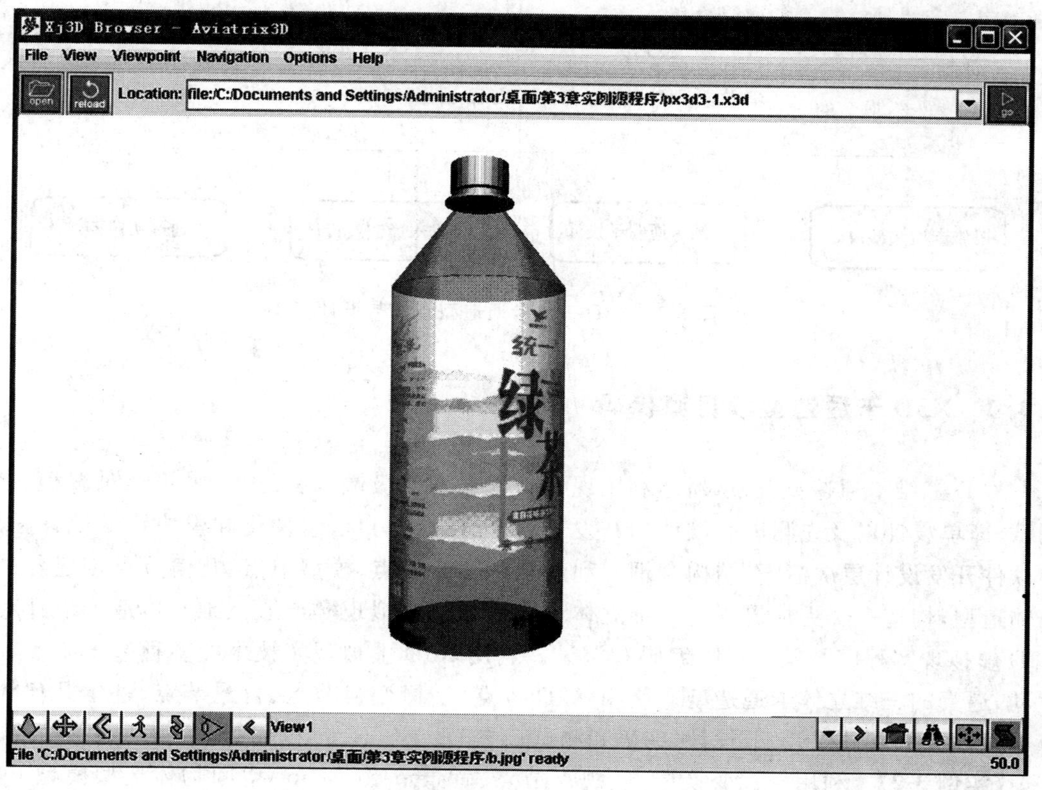

图 3-6 X3D 三维饮料瓶造型开发设计效果图

3.4 X3D 卡通造型项目案例

X3D 卡通造型项目案例利用基本几何体构建一个三维卡通造型，利用 X3D 虚拟现实技术在三维立体空间创建一个生动鲜活的卡通人物。采用软件工程的思想对三维卡通造型项目进行开发与设计，由总体设计、详细设计、编码测试以及运行维护等环节组成。使用坐标变换节点、背景节点、视点节点、模型节点、圆柱节点、立方体节点、球节点、外观节点以及材料节点等进行开发与设计。

3.4.1 X3D 卡通造型项目设计

X3D 三维卡通造型开发设计由卡通头部、卡通躯干、卡通四肢、透明立方体等构成，卡通头部由球体、圆柱体造型组成，卡通躯干由圆柱体组合，卡通四肢由球体、圆柱体造型构成，再运用透明技术创建一个透明长方体来衬托三维卡通造型，使 X3D 三维卡通造型设计更加生动和可爱，如图 3-7 所示。

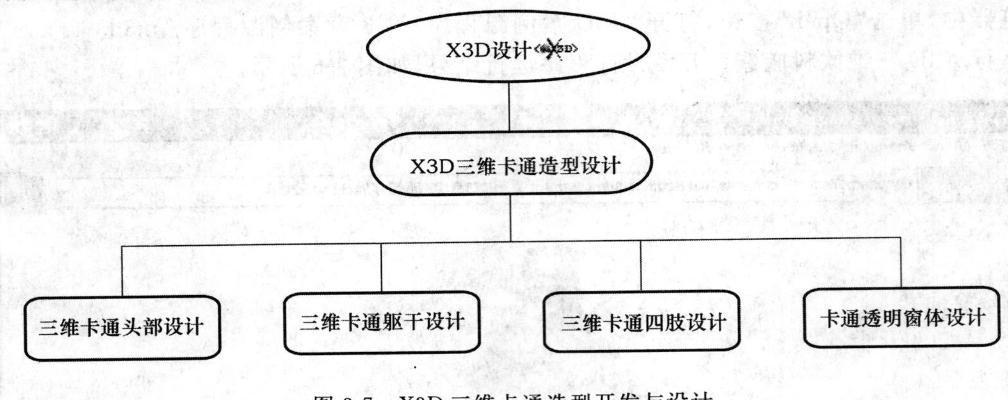

图 3-7　X3D 三维卡通造型开发与设计

3.4.2 X3D 卡通造型项目源代码

X3D 三维卡通造型开发设计，利用现代软件开发的极端编程思想，采用绝对编程、自动测试、简单设计以及先测试后设计的开发理念。融合结构化、组件化和模块化的设计思想，使软件开发设计层次清晰、结构合理。利用坐标变换节点、模型节点、几何节点创建各种几何体造型，构造一个更加逼真的三维立体卡通造型。虚拟现实卡通三维立体造型设计利用 X3D 虚拟现实程序开发、设计、编码和调试。利用 X3D 虚拟现实技术的各种基本节点创建生动、逼真的三维立体卡通造型。使用 X3D 节点、坐标变换节点、背景节点、基本几何体节点以及视点节点进行开发、设计、编码和测试。

【实例 3-2】 利用坐标变换节点、视点节点、背景节点、Shape 空间物体造型模型节点、基本几何体节点等在三维立体空间背景下，创建一个逼真鲜活的卡通三维造型。X3D 三维卡通造型三维立体场景设计 X3D 文件 px3d3-2. x3d 源程序展示如下：

```
<Scene>
  <Background skyColor="0.8 0.8 0.8"/>
  <Viewpoint DEF="_Viewpoint" description="Camera" jump='false' position='0 0 10' >
  </Viewpoint>
  <Transform translation="0 -2 0">
  <Shape>
```

```
    <Appearance>
      <Material ambientIntensity="0.1" diffuseColor="0.0 1.0 1.0"
        shininess="0.15" specularColor="0.8 0.8 0.8" transparency="0"/>
    </Appearance>
    <Box size="5 0.5 5"/>
  </Shape>
  </Transform>
  <Transform translation="0 0.5 0">
  <Shape>
    <Appearance>
      <Material ambientIntensity="0.1" diffuseColor="0.0 1.0 1.0"
        shininess="0.15" specularColor="0.8 0.8 0.8" transparency="0.5"/>
    </Appearance>
    <Box size="5 5 5"/>
  </Shape>
  </Transform>

  <Transform translation="0 0 0">
  <Shape>
    <Appearance>
      <Material ambientIntensity="0.1" diffuseColor="0.0 1.0 0.0"
        shininess="0.15" specularColor="0.8 0.8 0.8" transparency="0"/>
    </Appearance>
    <Cylinder height="2.2" radius="1.5"/>
  </Shape>
  </Transform>
  <Transform translation="0 1.1 0" scale="1 1 1">
  <Shape>
    <Appearance>
      <Material ambientIntensity="0.1" diffuseColor="0.0 1.0 0.0"
        shininess="0.15" specularColor="0.8 0.8 0.8" transparency="0"/>
    </Appearance>
    <Sphere radius="1.5"/>
  </Shape>
  </Transform>
  <Transform translation="-0.6 -1.1 0">
  <Shape>
    <Appearance>
      <Material ambientIntensity="0.1" diffuseColor="0.0 1.0 0.0 0.0"
        shininess="0.15" specularColor="0.8 0.8 0.8" transparency="0"/>
```

```
    </Appearance>
    <Cylinder radius = "0.4" height = "1"/>
  </Shape>
  </Transform>
  <Transform translation = "0.6 -1.1 0">
  <Shape>
    <Appearance>
      <Material ambientIntensity = "0.1" diffuseColor = "0.0 1.0 0.0"
        shininess = "0.15" specularColor = "0.8 0.8 0.8" transparency = "0"/>
    </Appearance>
    <Cylinder radius = "0.4" height = "1"/>
  </Shape>
  </Transform>
  <Transform translation = "-0.6 -1.6 0" >
  <Shape>
    <Appearance>
      <Material ambientIntensity = "0.1" diffuseColor = "0.0 1.0 0.0"
        shininess = "0.15" specularColor = "0.8 0.8 0.8" transparency = "0"/>
    </Appearance>
    <Sphere radius = "0.4"/>
  </Shape>
  </Transform>
  <Transform translation = "0.6 -1.6 0" >
  <Shape>
    <Appearance>
      <Material ambientIntensity = "0.1" diffuseColor = "0.0 1.0 0.0"
        shininess = "0.15" specularColor = "0.8 0.8 0.8" transparency = "0"/>
    </Appearance>
    <Sphere radius = "0.4"/>
  </Shape>
  </Transform>
  <Transform translation = "-1.7 0.1 0" >
  <Shape>
    <Appearance>
      <Material ambientIntensity = "0.1" diffuseColor = "0.0 1.0 0.0"
        shininess = "0.15" specularColor = "0.8 0.8 0.8" transparency = "0"/>
    </Appearance>
    <Cylinder height = "1.2" radius = "0.32"/>
  </Shape>
```

```
</Transform>
<Transform translation = "-1.7 0.7 0" >
<Shape>
  <Appearance>
    <Material ambientIntensity = "0.1" diffuseColor = "0.0 1.0 0.0"
      shininess = "0.15" specularColor = "0.8 0.8 0.8" transparency = "0"/>
  </Appearance>
  <Sphere radius = "0.32"/>
</Shape>
</Transform>
<Transform translation = "-1.7 -0.5 0" >
<Shape>
  <Appearance>
    <Material ambientIntensity = "0.1" diffuseColor = "0.0 1.0 0.0"
      shininess = "0.15" specularColor = "0.8 0.8 0.8" transparency = "0"/>
  </Appearance>
  <Sphere radius = "0.32"/>
</Shape>
</Transform>
<Transform translation = "1.7 0.1 0" >
<Shape>
  <Appearance>
    <Material ambientIntensity = "0.1" diffuseColor = "0.0 1.0 0.0"
      shininess = "0.15" specularColor = "0.8 0.8 0.8" transparency = "0"/>
  </Appearance>
  <Cylinder height = "1.2" radius = "0.32"/>
</Shape>
</Transform>
<Transform translation = "1.7 0.7 0" >
<Shape>
  <Appearance>
    <Material ambientIntensity = "0.1" diffuseColor = "0.0 1.0 0.0"
      shininess = "0.15" specularColor = "0.8 0.8 0.8" transparency = "0"/>
  </Appearance>
  <Sphere radius = "0.32"/>
</Shape>
</Transform>
<Transform translation = "1.7 -0.5 0" >
<Shape>
```

```
    <Appearance>
      <Material ambientIntensity="0.1" diffuseColor="0.0 1.0 0.0"
        shininess="0.15" specularColor="0.8 0.8 0.8" transparency="0"/>
    </Appearance>
    <Sphere radius="0.32"/>
  </Shape>
  </Transform>

  <Transform translation="-0.5 1.5 1.2" scale="1 1.2 1">
  <Shape>
    <Appearance>
      <Material ambientIntensity="0.1" diffuseColor="1.0 0.0 0.0"
        shininess="0.15" specularColor="0.8 0.8 0.8" transparency="0"/>
    </Appearance>
    <Sphere radius="0.15"/>
  </Shape>
  </Transform>
  <Transform translation="0.5 1.5 1.2" scale="1 1.2 1">
  <Shape>
    <Appearance>
      <Material ambientIntensity="0.1" diffuseColor="1.0 0.0 0.0"
        shininess="0.15" specularColor="0.8 0.8 0.8" transparency="0"/>
    </Appearance>
    <Sphere radius="0.15"/>
  </Shape>
  </Transform>
  <Transform translation="-0.7 2.6 0" rotation="0 0 1 0.524">
  <Shape>
    <Appearance>
      <Material ambientIntensity="0.1" diffuseColor="0.0 1.0 0.0 "
        shininess="0.15" specularColor="0.8 0.8 0.8" transparency="0"/>
    </Appearance>
    <Cylinder height="0.6" radius="0.04"/>
  </Shape>
  </Transform>
  <Transform translation="0.7 2.6 0" rotation="0 0 1 2.618">
  <Shape>
    <Appearance>
      <Material ambientIntensity="0.1" diffuseColor="0.0 1.0 0.0 "
```

```
          shininess = "0.15" specularColor = "0.8 0.8 0.8" transparency = "0"/>
      </Appearance>
      <Cylinder height = "0.6" radius = "0.04"/>
    </Shape>
    </Transform>
    <Transform translation = "0 1.08 0">
    <Shape>
      <Appearance>
        <Material ambientIntensity = "0.1" diffuseColor = "0.0 0.0 0.0"
          shininess = "0.15" specularColor = "0.8 0.8 0.8" transparency = "0"/>
      </Appearance>
      <Cylinder height = "0.07" radius = "1.52"/>
    </Shape>
    </Transform>
  </Scene>
```

在 X3D 源代码文件中，利用背景节点的颜色取灰白色，以突出三维立体几何造型的显示效果。利用坐标变换节点和三维立体几何体节点创建三维立体卡通造型，使用透明度窗体衬托三维立体卡通造型渲染效果。

X3D 三维卡通造型开发设计运行程序如下，首先，启动 xj3d-browser 浏览器，然后在浏览器中，单击“Open”按钮，打开“X3D 案例源程序/第 3 章案例源程序/px3d3-2. x3d”，即可运行 X3D 三维卡通造型开发设计程序运行结果，如图 3-8 所示。

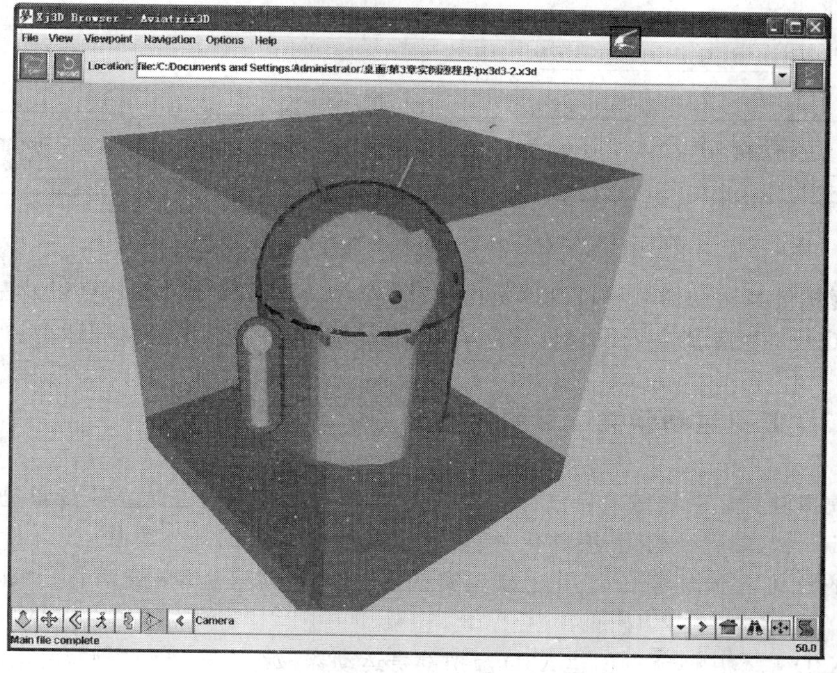

图 3-8　X3D 三维卡通造型设计效果图

3.5 X3D 健身运动器械项目案例

X3D 虚拟健身运动器械项目案例利用基本几何体节点、视点节点以及坐标变换节点等进行开发、设计、编程。采用先进渐进式软件开发模式，对虚拟现实场景和造型进行开发、设计、编程及调试。利用计算机前沿技术 X3D 虚拟现实技术开发三维立体健身运动器械场景和造型。利用结构化、模块化、组件化以及面向对象的开发设计思想，采用循序渐进、由浅入深的策略，开发虚拟现实软件工程项目。

3.5.1 X3D 健身运动器械项目设计

X3D 虚拟健身运动器械项目开发与设计：包括 X3D 头节点与场景(Scene)根节点的语法结构定义。X3D 健身运动器械项目开发设计由健身运动器械主体设计、手柄设计、滚轮造型设计等构成，利用结构化、模块化以及组件化思想设计和开发。在虚拟健身运动器械项目设计中，采用浅灰色为背景来突出健身运动器械造型设计效果。X3D 虚拟健身运动器械项目设计层次结构，如图 3-9 所示。

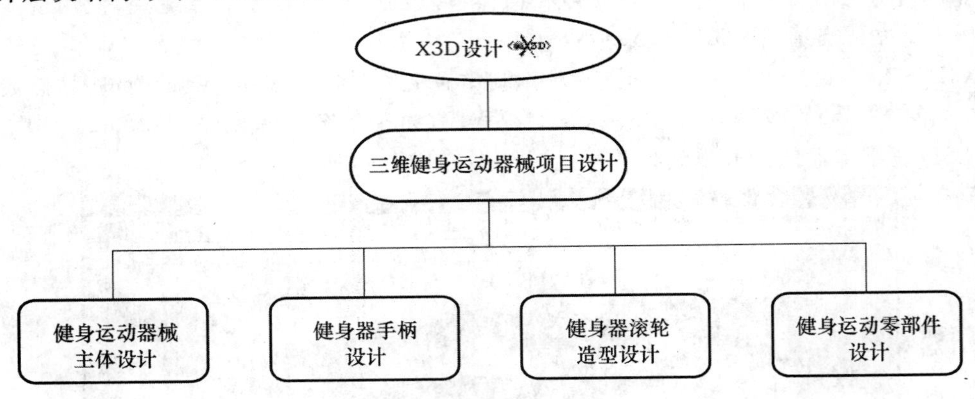

图 3-9 X3D 健身运动器械设计层次结构图

X3D 虚拟健身运动器械项目设计是由 X3D 节点、场景(Scene)根节点以及基本几何体节点构成，也可在此基础上开发设计软件项目所需要的各种复杂的场景和造型。

3.5.2 X3D 健身运动器械项目源代码

X3D 虚拟健身运动器械项目设计利用 X3D 虚拟现实技术对三维立体场景进行开发、设计、编码和调试。采用结构化、组件化、模块化以及面向对象的开发思想，设计出层次清晰、结构合理的三维立体场景。利用虚拟现实的各种节点创建生动、鲜活、逼真的三维立体场景。

利用 X3D 基本几何节点创建 X3D 虚拟健身运动器械组合场景和造型，使用坐标变换节点、视点节点对健身运动器械进行组合设计。采用背景节点衬托 X3D 虚拟健身运动器械造

型设计，使 X3D 虚拟健身运动器械组合造型更加栩栩如生。

利用 X3D-Edit 专用编辑器或记事本编辑器直接编写 *.x3d 源程序，在正确安装 X3D-Edit 专用编辑器的前提下，启动 X3D-Edit 专用编辑器进行编程。利用 X3D 基本几何节点、背景节点、模型节点以及视点节点等编写 X3D 源代码。

【实例 3-3】 X3D 虚拟健身运动器械三维立体场景造型设计 px3d3-3.x3d 源程序，利用 X3D 几何体节点、坐标变换节点、模型节点等进行开发与设计编写源程序，使用 X3D 背景节点、视点节点、圆柱节点、球体节点、坐标变换节点等设计编写，px3d3-3.x3d 源程序展示如下：

```
<Scene>
    <Background DEF="_Background" skyColor="0.98 0.98 0.98"/>
    <Viewpoint DEF="2_Viewpoint" jump='false' orientation='0 1 0 0'
position='5 0 20' description="View1">
      </Viewpoint>
    <Viewpoint DEF="1_Viewpoint" jump='false' orientation='0 1 0 0'
position='0 0 15' description="View2">
      </Viewpoint>

    <Viewpoint DEF="3_Viewpoint_1" jump='false' orientation='0 1 0 0'
position='10 0 50' description="View3">
      </Viewpoint>
  <Transform translation="10 0 0 ">
    <Shape>
    <Appearance>
      <Material ambientIntensity="0.1" diffuseColor="0.2 0.2 0.8"
        shininess="0.15" specularColor="0 0  0.8" transparency="0"/>
    </Appearance>
    <Cylinder height="12" radius="0.5"/>
  </Shape>
  </Transform>
  <Transform rotation="0 0 1 0" translation="10 6 0">
  <Shape>
      <Appearance>
        <Material ambientIntensity="0.1" diffuseColor="0.8 0.8 0.0"
          shininess="0.2" specularColor="0.8 0.8 0.8" transparency="0"/>
      </Appearance>
      <Sphere radius="0.5"/>
    </Shape>
    </Transform>
    <Transform translation="10 -2.5 0 ">
```

```
<Shape>
<Appearance>
   <Material ambientIntensity="0.1" diffuseColor="0.8 0.8 0.2"
    shininess="0.15" specularColor="0 0  0.8" transparency="0"/>
  </Appearance>
  <Cylinder height="0.5" radius="0.6"/>
 </Shape>
 </Transform>
 <Transform translation="0 0 0 ">
   <Shape>
   <Appearance>
    <Material ambientIntensity="0.1" diffuseColor="0.2 0.2 0.8"
     shininess="0.15" specularColor="0 0  0.8" transparency="0"/>
   </Appearance>
   <Cylinder height="12" radius="0.5"/>
 </Shape>
 </Transform>
 <Transform rotation="0 0 1 0" translation="0 6 0">
 <Shape>
   <Appearance>
    <Material ambientIntensity="0.1" diffuseColor="0.8 0.8 0.0"
     shininess="0.2" specularColor="0.8 0.8 0.8" transparency="0"/>
   </Appearance>
   <Sphere radius="0.5"/>
 </Shape>
  </Transform>
  <Transform translation="0 -2.5 0 ">
   <Shape>
   <Appearance>
    <Material ambientIntensity="0.1" diffuseColor="0.8 0.8 0.2"
     shininess="0.15" specularColor="0 0  0.8" transparency="0"/>
   </Appearance>
   <Cylinder height="0.5" radius="0.6"/>
  </Shape>
  </Transform>
  <Transform rotation="0 0 1 1.571" translation="5 5 0">
   <Shape>
   <Appearance>
    <Material ambientIntensity="0.1" diffuseColor="0.2 0.2 0.8"
```

```
      shininess = "0.15" specularColor = "0.8 0.8 0.8" transparency = "0"/>
    </Appearance>
    <Cylinder height = "10" radius = "0.2"/>
  </Shape>
  </Transform>

  <! -- lun llllllllllllllllllllllllllllllllllllllllllllllllllll -->
  <Transform rotation = "0 0 1 1.571" translation = "9.2 -2.5 0">
    <Shape>
    <Appearance>
      <Material ambientIntensity = "0.1" diffuseColor = "0.8 0.8 0.2"
        shininess = "0.15" specularColor = "0.8 0.8 0.8" transparency = "0"/>
    </Appearance>
    <Cylinder height = "0.6" radius = "0.2"/>
  </Shape>
  </Transform>

  <Transform rotation = "0 0 1 1.571" translation = "0.8 -2.5 0">
    <Shape>
    <Appearance>
      <Material ambientIntensity = "0.1" diffuseColor = "0.8 0.8 0.2"
        shininess = "0.15" specularColor = "0.8 0.8 0.8" transparency = "0"/>
    </Appearance>
    <Cylinder height = "0.6" radius = "0.2"/>
  </Shape>
  </Transform>
  <Transform rotation = "0 0 1 1.571" translation = "9 -2.5 0">
    <Shape>
    <Appearance>
      <Material ambientIntensity = "0.1" diffuseColor = "0.8 0.8 0.2"
        shininess = "0.15" specularColor = "0.8 0.8 0.8" transparency = "0"/>
    </Appearance>
    <Cylinder height = "0.2" radius = "2.5"/>
  </Shape>
  </Transform>
  <Transform rotation = "0 0 1 1.571" translation = "1 -2.5 0">
    <Shape>
    <Appearance>
      <Material ambientIntensity = "0.1" diffuseColor = "0.8 0.8 0.2"
```

```
      shininess = "0.15" specularColor = "0.8 0.8 0.8" transparency = "0"/>
    </Appearance>
    <Cylinder height = "0.2" radius = "2.5"/>
  </Shape>
  </Transform>

  <Transform DEF = "Cylinder-r" rotation = "0 0 1 1.571" translation = "5 -0.2 0">
    <Shape>
    <Appearance>
      <Material ambientIntensity = "0.1" diffuseColor = "0.8 0.8 0.2"
        shininess = "0.15" specularColor = "0.8 0.8 0.8" transparency = "0"/>
    </Appearance>
    <Cylinder height = "8" radius = "0.2"/>
  </Shape>
  </Transform>
  <Transform translation = '0 -4.6 0'>
      <Transform USE = "Cylinder-r"/>
  </Transform>
  <Transform translation = '0 -2.5 2.3'>
      <Transform USE = "Cylinder-r"/>
  </Transform>
  <Transform translation = '0 -2.5 -2.3'>
      <Transform USE = "Cylinder-r"/>
  </Transform>
  <Transform translation = '0 -1.3 2.1'>
      <Transform USE = "Cylinder-r"/>
  </Transform>
  <Transform translation = '0 -1.3 -2.1'>
      <Transform USE = "Cylinder-r"/>
  </Transform>
  <Transform translation = '0 -0.4 1.25'>
      <Transform USE = "Cylinder-r"/>
  </Transform>
  <Transform translation = '0 -0.4 -1.25'>
      <Transform USE = "Cylinder-r"/>
  </Transform>
  <Transform translation = '0 -3.6 1.9'>
      <Transform USE = "Cylinder-r"/>
  </Transform>
```

```
    <Transform translation='0 -3.6 -1.9'>
        <Transform USE="Cylinder-r"/>
    </Transform>
    <Transform translation='0 -4.3 1.1'>
        <Transform USE="Cylinder-r"/>
    </Transform>
    <Transform translation='0 -4.3 -1.1'>
        <Transform USE="Cylinder-r"/>
    </Transform>
</Scene>
```

X3D 虚拟健身运动器械三维立体场景造型设计运行程序如下，首先，启动 xj3d-browser 浏览器，然后打开“X3D 源程序案例/第 3 章源程序案例/px3d3-3. x3d”，即可运行虚拟现实 X3D 虚拟健身运动器械三维立体场景程序，如图 3-10 所示。

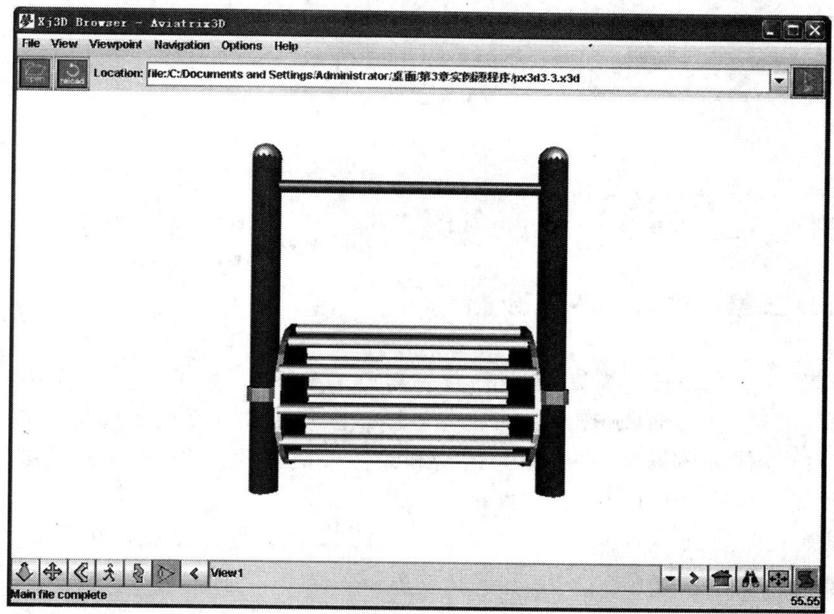

图 3-10 X3D 健身运动器械造型设计效果图

第4章 X3D三维场景建模分析与实现

X3D 三维场景建模分析与实现利用该节点可以创建 X3D 立体空间的复杂造型，可以将所有“子节点”包含其中，看成一个整体对象造型。在 X3D 三维场景建模组件组节点中“节点”可以是基本节点、子节点或者组节点本身。组节点的种类很多，有 Transform（空间坐标变换）节点、Group（编组）节点、StaticGroup（静态组）节点、Inline（内联）节点、Switch（开关）节点以及 LOD（细节层次）节点等。

4.1 X3D 三维场景建模分析

X3D 三维场景建模算法分析主要涵盖 X3D 三维场景建模结构分析、X3D Transform、group 语法剖析、X3D StaticGroup、Inline 语法剖析、X3D Switch、LOD 语法剖析等。

4.1.1 X3D 三维场景建模算法分析

要进行 X3D 三维场景建模算法分析，首先需要了解 X3D 空间坐标系，以及在空间坐标系下三维物体的定位、移动、旋转以及缩放等。X3D 在三维立体空间创建各种立体场景和造型，如创建三维立体环境场景、立体空间造型和景物就需要定位，需要建立三维立体空间坐标系、空间计量单位中相应的长度、角度单位以及颜色等。

X3D 三维立体空间坐标系统采用三维立体的笛卡儿坐标系统。屏幕的正右方设置为 $+X$ 轴，屏幕的正上方设置为 $+Y$ 轴，屏幕向外设置为 $+Z$ 轴。在笛卡儿坐标系统使用米制作为场景坐标系统的测量单位，所有其他的坐标系统根据基准的场景坐标系统的变换确定坐标方位。

X3D 三维造型定位分析依靠 X3D 立体空间坐标系实现，其中 X 轴、Y 轴、Z 轴为每个空间物体的造型定义了一个坐标系。在三维立体空间中，X 轴、Y 轴和 Z 轴相交的点构成了该坐标系的原点，空间物体的造型在该坐标系中的位置由相对于该坐标原点的三维坐标来确定，如图 4-1 所示。

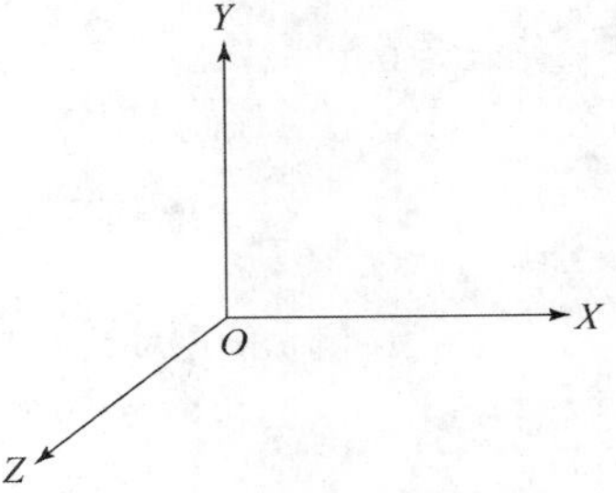

图 4-1　X3D 三维立体空间基准坐标系

X3D 三维立体造型移动原理分析，三维物体从坐标原点(X_0, Y_0, Z_0)，沿 X 轴向右移动至(X', Y', Z')。移动的位移公式为：$\Delta X = X' - X_0$；$\Delta Y = Y' - Y_0$，$\Delta Z = Z' - Z_0$。

X3D三维立体造型旋转原理分析，三维物体沿着 X,Y,Z 三个方向根据需要进行相应的旋转，旋转范围从 0°～360°。

X3D三维立体造型缩放原理分析，即改变三维立体造型的尺寸大小，缩放变换是关于原点的缩放，即把当前矩阵与一个表示沿各个坐标轴对物体进行拉伸、收缩和反射的矩阵相乘。缩放矩阵的数学表述为：$\begin{pmatrix} x & 0 & 0 & 0 \\ 0 & y & 0 & 0 \\ 0 & 0 & z & 0 \\ 0 & 0 & 0 & 1 \end{pmatrix}$，它包含 3 个缩放因子 x、y 和 z，分别对应 X 轴、Y 轴、Z 轴。

利用三维立体空间的笛卡儿右手坐标系统，三维模型的定位、移动、旋转、缩放等，使用场景建模分析组组件 Grouping component 中的 Transform 和 Billboard 节点类进行坐标定位；取景器变换使用导航组件 Navigation component 中的 Viewpoint 节点可以改变观察视点角度和距离。

4.1.2 X3D三维场景建模结构分析

X3D三维场景建模结构分析指对三维立体空间场景进行分析设计，包括 Transform、group、StaticGroup、Inline、Switch 以及 LOD 等。根据坐标变换节点设计三维立体场景，对三维物体进行定位变换；利用编组节点对重复的造型进行重定义、重新使用，可以极大地提高软件开发效率；利用内联节点可以实现模块化、组件化设计；通过开关节点对不同场景和造型进行调试等。X3D三维场景建模结构分析，如图 4-2 所示。

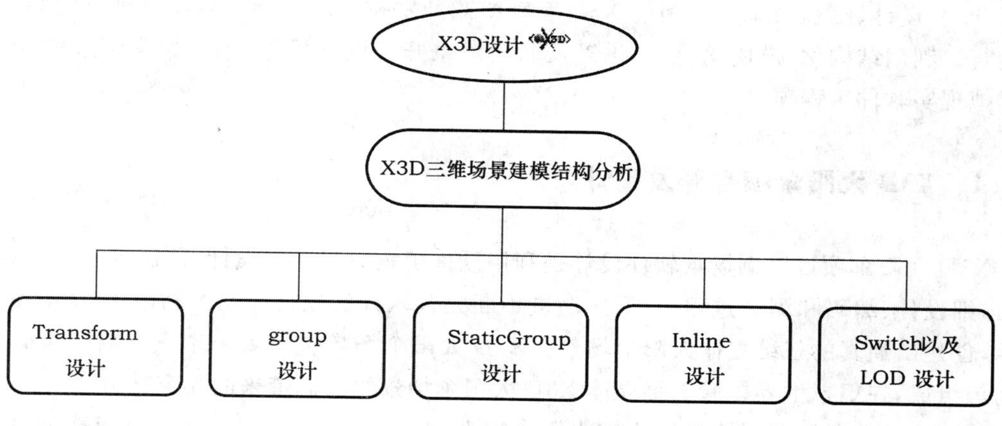

图 4-2 X3D三维场景建模结构分析

4.2 X3D三维场景建模剖析

X3D三维场景建模语法剖析主要包括 Transform、Group、StaticGroup、Inline、Switch

以及 LOD 等语法定义、功能以及作用。

Transform 节点是一个可以包含其他节点的组节点。该节点方位的确定：$+X$ 是指屏幕的正右方；$+Y$ 是指屏幕的正上方；$+Z$ 是指屏幕正对浏览者方向，设定 $+Y$ 为正上方以保持场景的兼容性和浏览器的正常浏览。Transform 节点可在 X3D 立体空间创建一个新的空间坐标系。程序中的每一个 Transform 节点都创建一个相对已有坐标系的局部坐标系统，该节点所包含的空间物体造型都是在这个局部坐标系统上建立的。利用 Transform 节点，可以在 X3D 场景中创建多个局部坐标，而这些坐标系可随意平移定位、旋转和缩放，使坐标系上的造型实现平移定位、旋转和缩放。

4.3 X3D 太阳伞项目案例

太阳伞种类有大小之分，小太阳伞的直径一般在 130 cm 以内，轻巧方便，手柄便于手握，用于单人旅行中的遮阳防雨；大太阳伞的直径一般在 130～600 cm 之间，一般固定在地面，用于货物或多人的遮阳、防雨。

大型太阳伞功能一般指非手持类的太阳伞，主要固定在地面使用。大型太阳伞的抗风能力主要由伞座、伞柱及伞骨决定，伞座一般有多铁件、水泥、大理石等类伞座。伞柱伞骨用料一般分五种包括木质、铁质、铝合金合、不锈钢和新型复合材料等。伞的面料主要表现在伞面厚的布料比薄的抗紫外线性能好，此外，防紫外线性能颜色越深越好，以缎纹织物最佳，其次依次是斜纹、平纹。

X3D 太阳伞项目案例设计是采用先进的渐进式软件开发模式，对虚拟现实场景和造型进行开发、设计、编程及调试。利用 X3D 互动游戏开发技术对三维立体场景进行编码、测试和运行。利用结构化、模块化、组件化以及面向对象开发设计思想，采用循序渐进的策略开发虚拟现实软件工程项目。

4.3.1 X3D 太阳伞项目开发设计

X3D 太阳伞项目案例场景软件设计是利用软件工程思想开发设计，从需求分析、总体设计、详细设计、编码和测试过程中，循序渐进不断完善软件的项目开发。利用 X3D 虚拟现实技术，创建出逼真的三维立体太阳伞场景。X3D 太阳伞场景包括太阳伞座、伞柱、伞骨以及伞面等组成，在虚拟世界体验三维立体 X3D 太阳伞场景给人们带来的无穷魅力。

X3D 太阳伞场景设计由三维立体太阳伞座造型、伞柱造型、伞骨造型、伞面造型以及动画设计过程组成，创建逼真的三维太阳伞项场景。采用 X3D 先进的前沿技术以及面向对象的设计思想，设计层次清晰、结构合理的三维立体 X3D 太阳伞场景。X3D 太阳伞三维立体场景设计层次结构，如图 4-3 所示。

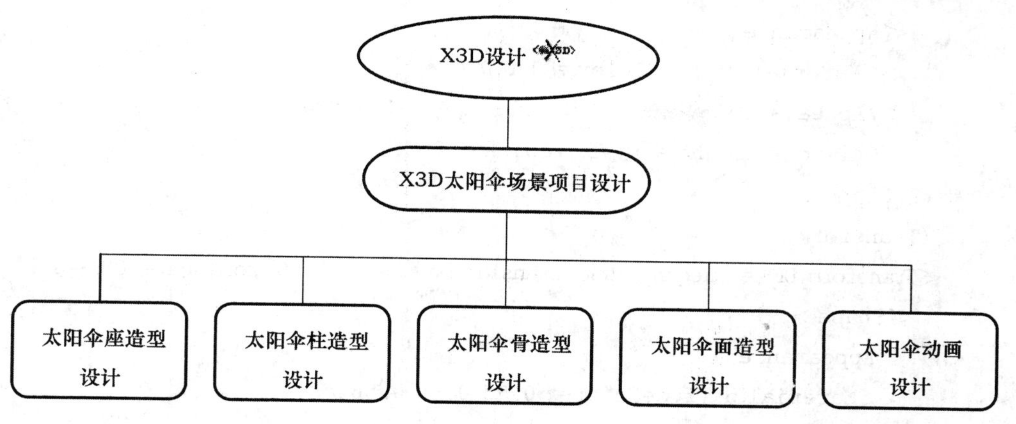

图 4-3　X3D 太阳伞三维立体场景设计层次结构图

4.3.2　X3D 太阳伞项目源代码

利用 X3D 场景建模技术中的坐标变换节点实现立体空间物体造型的移动和定位，在三维立体坐标系 X、Y、Z 轴上实现任意位置的移动或定位效果。在 X3D 场景中，如果有多个造型不进行移动处理，则这些造型将在坐标原点重合，这是设计者不希望的。使用 Transform节点，可以实现 X3D 场景中各个造型的有机结合，达到设计者理想的效果。利用虚拟现实 X3D 的各种节点创建生动、逼真的空间坐标变换组合的三维立体造型。使用 X3D 节点、坐标变换节点、背景节点、几何节点、组节点以及动画设计节点进行设计和开发。

【实例 4-1】　利用 Transform 节点、Shape 节点、Appearance 节点和 Material 节点、动画设计节点以及组节点在三维立体空间背景下，创建一个复杂三维立体复合造型。X3D 虚拟现实复杂三维立体场景设计 X3D 文件 px3d4-1. x3d 源程序展示如下：

```
<Scene>
  <Background DEF="_Background" skyColor="0.98 0.98 0.98"/>
  <PointLight on="true" color="1.0 1.0 1.0" location="0.0 0.0 0.0" intensity="0.5"
        ambientIntensity="0.5" radius="100" attenuation="1.0 0 0" global="false"/>
  <Transform DEF="total">
    <Transform DEF="zhugan" translation="0 0 0" rotation="0 0 1 0">
      <Shape>
       <Appearance>
        <Material diffuseColor="0.0 0.5 0.0"/>
       </Appearance>
       <Cylinder height="4.0" radius="0.05"/>
     </Shape>
   </Transform>
   <Transform DEF="tuobing" translation="0 -2 0" rotation="0 0 1 0">
     <Shape>
```

```
        <Appearance>
          <Material diffuseColor="1 0 0"/>
        </Appearance>
        <Cylinder height="0.75" radius="0.065"/>
      </Shape>
    </Transform>
     <Transform DEF="xiegan_right" translation="1.75 1.5 0" rotation="0 0 1 1.31">
       <Shape>
        <Appearance>
          <Material diffuseColor="0.75 0.65 0.56"/>
        </Appearance>
        <Cylinder height="3.6" radius="0.025"/>
      </Shape>
    </Transform>
     <Transform DEF="xiegan_left" translation="-1.75 1.5 0 " rotation="0 0 -1 1.31">
       <Shape>
        <Appearance>
          <Material diffuseColor="0.75 0.65 0.56"/>
        </Appearance>
        <Cylinder height="3.6" radius="0.025"/>
      </Shape>
    </Transform>
     <Transform DEF="xiegan_back" translation="0 1.5 -1.75 " rotation="1 0 0 1.31">
       <Shape>
        <Appearance>
          <Material diffuseColor="0.75 0.65 0.56"/>
        </Appearance>
        <Cylinder height="3.6" radius="0.025"/>
      </Shape>
    </Transform>
    <Transform DEF="xiegan_front" translation="0 1.5 1.75" rotation="-1 0 0 1.31">
       <Shape>
        <Appearance>
          <Material diffuseColor="0.75 0.65 0.56"/>
        </Appearance>
        <Cylinder height="3.6" radius="0.025"/>
      </Shape>
    </Transform>
    <Transform DEF="xiegan_right_back" translation="1.25 1.5 -1.25" rotation="1 0 1 1.31">
```

```
      <Shape>
       <Appearance>
         <Material diffuseColor="0.75 0.65 0.56"/>
       </Appearance>
       <Cylinder height="3.6" radius="0.025"/>
     </Shape>
   </Transform>
   <Transform DEF="xiegan_left_front" translation="-1.25 1.5 1.25" rotation="-1 0 -1 1.31">
      <Shape>
       <Appearance>
         <Material diffuseColor="0.75 0.65 0.56"/>
       </Appearance>
       <Cylinder height="3.6" radius="0.025"/>
     </Shape>
   </Transform>
   <Transform DEF="xiegan_left_back" translation="-1.25 1.5 -1.25" rotation="1 0 -1 1.31">
      <Shape>
       <Appearance>
         <Material diffuseColor="0.75 0.65 0.56"/>
       </Appearance>
       <Cylinder height="3.6" radius="0.025"/>
     </Shape>
   </Transform>
   <Transform DEF="xiegan_right_front" translation="1.25 1.5 1.25" rotation="-1 0 1 1.31">
      <Shape>
       <Appearance>
         <Material diffuseColor="0.75 0.65 0.56"/>
       </Appearance>
       <Cylinder height="3.6" radius="0.025"/>
     </Shape>
   </Transform>
<Transform DEF="tuobing" translation="0 1.25 0" rotation="0 0 1 0">
      <Shape>
       <Appearance>
         <Material diffuseColor="1 0 0"/>
       </Appearance>
       <Cylinder height="1.5" radius="0.065"/>
     </Shape>
   </Transform>
```

```
<Transform DEF="xiaogan_right" translation="0.85 1.0 0" rotation="0 0 1 2.094">
    <Shape>
     <Appearance>
       <Material diffuseColor="0.55 0.25 0.81"/>
     </Appearance>
     <Cylinder height="2.049" radius="0.018"/>
   </Shape>
</Transform>
<Transform DEF="xiaogan_left" translation="-0.85 1.0 0" rotation="0 0 -1 2.094">
    <Shape>
     <Appearance>
       <Material diffuseColor="0.55 0.25 0.81"/>
     </Appearance>
     <Cylinder height="2.049" radius="0.018"/>
   </Shape>
</Transform>
<Transform DEF="xiaogan_back" translation="0 1.0 -0.85" rotation="1 0 0 2.094">
    <Shape>
     <Appearance>
       <Material diffuseColor="0.55 0.25 0.81"/>
     </Appearance>
     <Cylinder height="2.049" radius="0.018"/>
   </Shape>
</Transform>
<Transform DEF="xiaogan_front" translation="0 1.0 0.85" rotation="-1 0 0 2.094">
    <Shape>
     <Appearance>
       <Material diffuseColor="0.55 0.25 0.81"/>
     </Appearance>
     <Cylinder height="2.049" radius="0.018"/>
   </Shape>
</Transform>
<Transform DEF="xiaogan_right_back" translation="0.6 1.0 -0.6" rotation="1 0 1 2.094">
    <Shape>
     <Appearance>
       <Material diffuseColor="0.55 0.25 0.81"/>
     </Appearance>
     <Cylinder height="2.049" radius="0.018"/>
   </Shape>
```

```
</Transform>
<Transform DEF="xiaogan_left_back" translation="-0.6 1.0 -0.6" rotation="1 0 -1 2.094">
    <Shape>
     <Appearance>
      <Material diffuseColor="0.55 0.25 0.81"/>
     </Appearance>
     <Cylinder height="2.049" radius="0.018"/>
   </Shape>
</Transform>
<Transform DEF="xiaogan_left_front" translation="-0.6 1.0 0.6" rotation="-1 0 -1 2.094">
    <Shape>
     <Appearance>
      <Material diffuseColor="0.55 0.25 0.81"/>
     </Appearance>
     <Cylinder height="2.049" radius="0.018"/>
   </Shape>
</Transform>
<Transform DEF="xiaogan_right_front" translation="0.6 1.0 0.6" rotation="-1 0 1 2.094">
    <Shape>
     <Appearance>
      <Material diffuseColor="0.55 0.25 0.81"/>
     </Appearance>
     <Cylinder height="2.049" radius="0.018"/>
   </Shape>
</Transform>
<Group DEF="mian">
    <Shape>
     <Appearance>
      <Material diffuseColor="0.568 0.87 0.71"/>
     </Appearance>
     <IndexedFaceSet solid="false" coordIndex="0,1,2,1,0,-1,&#10;
                                   0,3,1,3,0,-1,&#10;
                                   0,4,3,4,0,-1,&#10;
                                   0,5,4,5,0,-1,&#10;
                                   0,6,5,6,0,-1,&#10;
                                   0,7,6,7,0,-1,&#10;
                                   0,8,7,8,0,-1,&#10;
                                   0,2,8,2,0
                                   ">
```

```
              <Coordinate point ="0.0 2.0 0.0,&#10;
                                  3.5 1.07 0.0,&#10;
                                  2.46 1.07 2.5,&#10;
                                  2.5 1.07 -2.5,&#10;
                                  0 1.07 -3.5,&#10;
                                  -2.5 1.07 -2.5,&#10;
                                  -3.5 1.07 0.0,&#10;
                                  -2.46 1.07 2.5,&#10;
                                  0 1.07 3.5
                                  "/>
          </IndexedFaceSet>
        </Shape>
       </Group>
   </Transform>
   <TimeSensor DEF ="time" loop ="true" cycleInterval ="3.0"/>
   <OrientationInterpolator DEF ="move" key ="0, 0.15, 0.3, 0.45, 0.6, 0.75,0.9,1.0"
               keyValue ="0 1 0 0.524,0 1 0 0.785,0 1 0 1.047,0 1 0 1.571,0 1 0
         2.094,0 1 0 2.356,0 1 0 2.618,0 1 0 3.141"/>
   <ROUTE fromField ="fraction_changed" fromNode ="time" toField ="set_fraction" toNode ="move"/>
   <ROUTE fromField ="value_changed" fromNode ="move" toField ="set_rotation" toNode ="total"/>
    </Scene>
```

X3D 太阳伞三维立体场景造型设计运行程序如下，首先，启动 xj3d-browser 浏览器，单击“Open”按钮，然后打开“X3D 案例源程序/第 4 章案例源程序/px3d4-1. x3d”，即可运行 X3D 太阳伞三维立体场景造型。X3D 太阳伞三维立体场景造型程序运行结果，如图 4-4 所示。

图 4-4　X3D 太阳伞三维立体场景造型运行效果图

4.4 X3D漫步健身器项目案例

漫步健身器材安放在公园或社区内，为人们锻炼健身之所用。漫步健身器分为单人和双位漫步健身器。

X3D漫步健身器场景设计利用X3D虚拟现实技术对漫步健身器三维立体场景进行设计、编码和调试。利用现代软件开发的极端编程思想，采用绝对编程、自动测试、简单设计以及先测试后设计的开发理念，融合结构化、组件化、模块化以及面向对象的设计思想，使软件的设计层次清晰、结构合理。

X3D漫步健身器场景设计利用几何节点创建漫步健身器骨架，使用背景节点渲染空间背景。采用文本节点创建文字造型，使用造型外观节点改变漫步健身器造型的颜色。利用内联节点实现子程序调用，实现模块化和组件化设计，使X3D漫步健身器三维立体场景更加逼真、生动和鲜活。

4.4.1 X3D漫步健身器项目开发设计

X3D漫步健身器场景设计利用X3D虚拟现实场景建模技术中坐标变换节点、内联节点、模型节点以及几何体节点创建一个X3D漫步健身器场景。X3D三维漫步健身器场景开发设计由漫步健身器骨架、漫步健身器房、漫步健身器脚踏板、漫步健身器文字等构成，如图4-5所示。

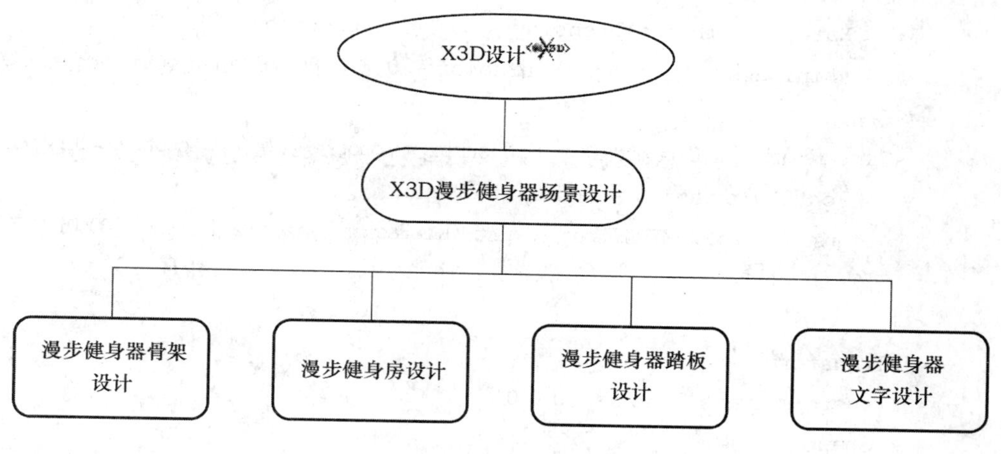

图4-5 X3D漫步健身器场景开发与设计

4.4.2 X3D漫步健身器项目源代码

X3D漫步健身器项目设计是利用软件工程思想开发设计，使用X3D虚拟现实技术对三维立体场景进行开发、设计、编码和调试。采用结构化、组件化、模块化以及面向对象的开发思想，设计出层次清晰、结构合理的三维立体场景。利用虚拟现实的各种节点创建生动、鲜活、逼真的三维立体场景。

利用 X3D 基本几何节点创建 X3D 漫步健身器组合场景和造型，使用坐标变换节点、视点节点对漫步健身器进行组合设计。利用内联节点设计一个健身房，采用背景节点衬托 X3D 漫步健身器场景造型设计，使 X3D 漫步健身器组合造型更加逼真鲜活。

【实例 4-2】 X3D 漫步健身器三维立体场景造型设计，利用 X3D 几何体节点、坐标变换节点、模型节点等进行开发与设计编写源程序，使用 X3D 背景节点、视点节点、圆柱节点、球体节点、坐标变换节点等设计编写，源程序 px3d4-2. x3d 展示如下：

```
<Scene>
    <Background DEF="_Background" skyColor="0.98 0.98 0.98"/>
    <Viewpoint DEF="2_Viewpoint" jump='false' orientation='0 1 0 0'
            position='5 2 20' description="View1">
      </Viewpoint>
    <Viewpoint DEF="1_Viewpoint" jump='false' orientation='0 1 0 0'
            position='0 0 15' description="View2">
      </Viewpoint>
    <Viewpoint DEF="3_Viewpoint_1" jump='false' orientation='0 1 0 0'
            position='10 0 50' description="View3">
      </Viewpoint>
    <Transform translation="5 8 0 ">
    <Shape>
      <Appearance>
        <Material ambientIntensity="0.1" diffuseColor="0.8 0.2 0.2"
          shininess="0.15" specularColor="0.8 0.8 0.8" transparency="0"/>
      </Appearance>
      <Text length="12.0" maxExtent="12.0" string="&quot;漫步健身器 &quot;,&#10;&quot; ">
        <FontStyle family="&quot;SANS&quot;"
          justify="&quot;MIDDLE&quot;,&quot;MIDDLE&quot;" size="2.0" style="BOLDITALIC"/>
      </Text>
    </Shape>
    </Transform>
    <Transform translation="10 0 0 ">
      <Shape>
      <Appearance>
        <Material ambientIntensity="0.1" diffuseColor="0.2 0.2 0.8"
          shininess="0.15" specularColor="0 0  0.8" transparency="0"/>
      </Appearance>
      <Cylinder height="12" radius="0.5"/>
    </Shape>
    </Transform>
```

```
<Transform rotation="0 0 1 0" translation="10 6 0">
<Shape>
  <Appearance>
    <Material ambientIntensity="0.1" diffuseColor="0.8 0.8 0.0"
      shininess="0.2" specularColor="0.8 0.8 0.8" transparency="0"/>
  </Appearance>
  <Sphere radius="0.5"/>
</Shape>
</Transform>
<Transform translation="10 3.0 0 ">
  <Shape>
  <Appearance>
    <Material ambientIntensity="0.1" diffuseColor="0.8 0.8 0.2"
      shininess="0.15" specularColor="0 0   0.8" transparency="0"/>
  </Appearance>
  <Cylinder height="0.5" radius="0.6"/>
</Shape>
</Transform>
<Transform translation="0 0 0 ">
  <Shape>
  <Appearance>
    <Material ambientIntensity="0.1" diffuseColor="0.2 0.2 0.8"
      shininess="0.15" specularColor="0 0   0.8" transparency="0"/>
  </Appearance>
  <Cylinder height="12" radius="0.5"/>
</Shape>
</Transform>
<Transform rotation="0 0 1 0" translation="0 6 0">
<Shape>
  <Appearance>
    <Material ambientIntensity="0.1" diffuseColor="0.8 0.8 0.0"
      shininess="0.2" specularColor="0.8 0.8 0.8" transparency="0"/>
  </Appearance>
  <Sphere radius="0.5"/>
</Shape>
</Transform>
<Transform translation="0 3.0 0 ">
  <Shape>
  <Appearance>
```

```
      <Material ambientIntensity="0.1" diffuseColor="0.8 0.8 0.2"
        shininess="0.15" specularColor="0 0  0.8" transparency="0"/>
    </Appearance>
    <Cylinder height="0.5" radius="0.6"/>
  </Shape>
  </Transform>
  <Transform rotation="0 0 1 1.571" translation="5 5 0">
    <Shape>
    <Appearance>
      <Material ambientIntensity="0.1" diffuseColor="0.2 0.2 0.8"
        shininess="0.15" specularColor="0.8 0.8 0.8" transparency="0"/>
    </Appearance>
    <Cylinder height="10" radius="0.2"/>
  </Shape>
  </Transform>
  <!--lun llllllllllllllllllllllllllllllllllllllllllllllll-->
  <Transform rotation="0 0 1 1.571" translation="9.2 3.0 0">
    <Shape>
    <Appearance>
      <Material ambientIntensity="0.1" diffuseColor="0.8 0.8 0.2"
        shininess="0.15" specularColor="0.8 0.8 0.8" transparency="0"/>
    </Appearance>
    <Cylinder height="0.6" radius="0.2"/>
  </Shape>
  </Transform>
  <Transform rotation="0 0 1 1.571" translation="0.8 3.0 0">
    <Shape>
    <Appearance>
      <Material ambientIntensity="0.1" diffuseColor="0.8 0.8 0.2"
        shininess="0.15" specularColor="0.8 0.8 0.8" transparency="0"/>
    </Appearance>
    <Cylinder height="0.6" radius="0.2"/>
  </Shape>
  </Transform>
  <!--  zuo  -->
  <Transform DEF="Cylinder-r" rotation="0 0 1 0.2" translation="2.0 -1.0 0">
    <Shape>
    <Appearance>
      <Material ambientIntensity="0.1" diffuseColor="0.8 0.8 0.2"
```

```
      shininess = "0.15" specularColor = "0.8 0.8 0.8" transparency = "0"/>
    </Appearance>
    <Cylinder height = "8.5" radius = "0.2"/>
  </Shape>
  </Transform>
  <Transform rotation = "0 0 1 0" translation = "1.2 3 0">
  <Shape>
    <Appearance>
      <Material ambientIntensity = "0.1" diffuseColor = "0.8 0.8 0.0"
       shininess = "0.2" specularColor = "0.8 0.8 0.8" transparency = "0"/>
    </Appearance>
    <Sphere radius = "0.28"/>
  </Shape>
  </Transform>
  <Transform rotation = "0 0 1 1.571" translation = "3.3 -5.0 0">
    <Shape>
    <Appearance>
      <Material ambientIntensity = "0.1" diffuseColor = "0.8 0.8 0.2"
       shininess = "0.15" specularColor = "0.8 0.8 0.8" transparency = "0"/>
    </Appearance>
    <Cylinder height = "1.0" radius = "0.2"/>
  </Shape>
  </Transform>
  <Transform rotation = "0 0 1 0" translation = "2.8 -5 0">
  <Shape>
    <Appearance>
      <Material ambientIntensity = "0.1" diffuseColor = "0.8 0.8 0.0"
       shininess = "0.2" specularColor = "0.8 0.8 0.8" transparency = "0"/>
    </Appearance>
    <Sphere radius = "0.28"/>
  </Shape>
  </Transform>
  <Transform  translation = "3.6 -5.0 0">
    <Shape>
    <Appearance>
      <Material ambientIntensity = "0.1" diffuseColor = "0.8 0.8 0.2"
       shininess = "0.15" specularColor = "0.8 0.8 0.8" transparency = "0"/>
    </Appearance>
    <Box size = "1 0.5 2" />
```

```
</Shape>
</Transform>
<! --   you   -->
<Transform DEF="Cylinder-1" rotation="0 0 1 -0.2" translation="8.0 -1.0 0">
  <Shape>
  <Appearance>
    <Material ambientIntensity="0.1" diffuseColor="0.8 0.8 0.2"
      shininess="0.15" specularColor="0.8 0.8 0.8" transparency="0"/>
  </Appearance>
  <Cylinder height="8.5" radius="0.2"/>
</Shape>
</Transform>
<Transform rotation="0 0 1 0" translation="8.8 3 0">
<Shape>
  <Appearance>
    <Material ambientIntensity="0.1" diffuseColor="0.8 0.8 0.0"
      shininess="0.2" specularColor="0.8 0.8 0.8" transparency="0"/>
  </Appearance>
  <Sphere radius="0.28"/>
</Shape>
</Transform>
<Transform rotation="0 0 1 1.571" translation="6.6 -5.0 0">
  <Shape>
  <Appearance>
    <Material ambientIntensity="0.1" diffuseColor="0.8 0.8 0.2"
      shininess="0.15" specularColor="0.8 0.8 0.8" transparency="0"/>
  </Appearance>
  <Cylinder height="1.0" radius="0.2"/>
</Shape>
</Transform>
<Transform rotation="0 0 1 0" translation="7.2 -5 0">
<Shape>
  <Appearance>
    <Material ambientIntensity="0.1" diffuseColor="0.8 0.8 0.0"
      shininess="0.2" specularColor="0.8 0.8 0.8" transparency="0"/>
  </Appearance>
  <Sphere radius="0.28"/>
</Shape>
</Transform>
```

```
<Transform   translation="6.4 -5.0 0">
  <Shape>
  <Appearance>
    <Material ambientIntensity="0.1" diffuseColor="0.8 0.8 0.2"
      shininess="0.15" specularColor="0.8 0.8 0.8" transparency="0"/>
  </Appearance>
  <Box size="1 0.5 2" radius="0.2"/>
</Shape>
</Transform>
<Transform   translation="-5 6 0" scale="4 4 4" rotation="0 1 0 1.571">
 <Inline url="px3d4-2-1.x3d"/>
</Transform>
 <Transform   translation="15 6 0" scale="4 4 4" rotation="0 1 0 1.571">
 <Inline url="px3d4-2-1.x3d"/>
</Transform>
<Transform   translation="5 6 -10" scale="4 4 4" rotation="0 1 0 0">
 <Inline url="px3d4-2-1.x3d"/>
</Transform>
</Scene>
```

X3D 漫步健身器项目设计运行程序如下，首先，启动 xj3d-browser 浏览器，单击“Open”按钮，然后打开“X3D 案例源程序/第 4 章案例源程序/px3d4-2. x3d”，即可运行 X3D 漫步健身器三维立体场景造型。X3D 漫步健身器三维立体场景造型程序运行结果，如图 4-6 所示。

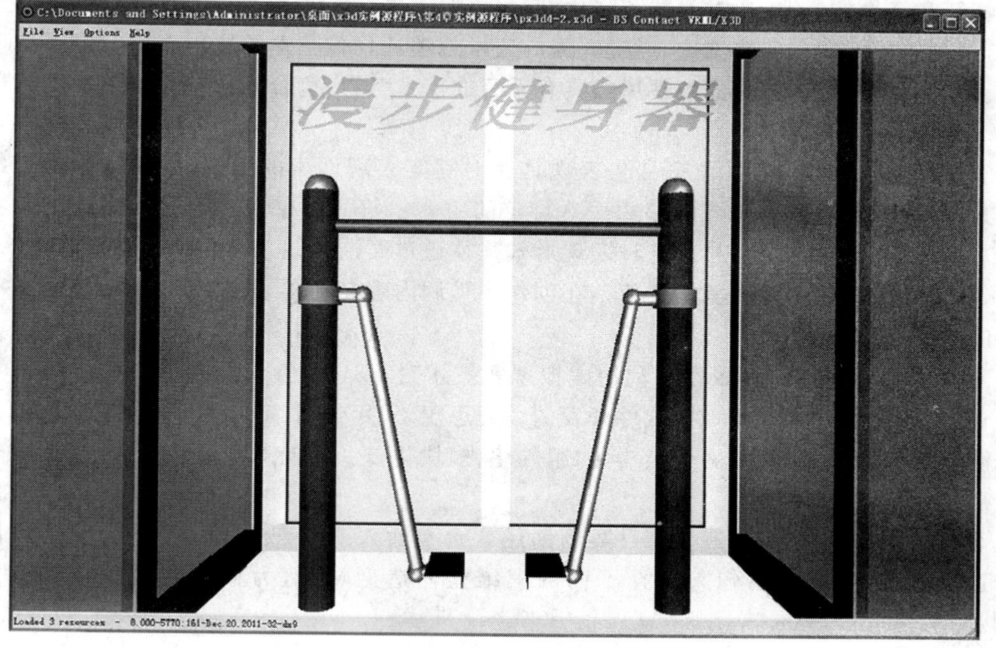

图 4-6　X3D 漫步健身器场景设计效果图

4.5 X3D 变换卡通造型项目案例

卡通造型设计中并不描绘事物的本来形态，要将造型高度凝练概括成为一些形块。形块的归纳去掉了自然形块中的繁文缛节，抓取形状大势和美的潜在倾向，使形象简洁、鲜明，有些造型经过极端的简化之后甚至趋向简单的几何形体，给人以直观、精简、概括之美。在卡通造型过程中，要特别注意边线处理，各形块的边缘可以组织成颇具美感的线条，如刚挺的、柔软的、松活的、有弹性的线条等，避免因形体归纳易造成的边线生硬、呆滞等问题。当卡通造型被简化到了十分单纯的程度，反而凸显出十分稚嫩单纯的可爱效果，画面的面孔十分讨人喜欢，是卡通造型设计中概括之美的体现。概括时分寸的把握十分讲究，过于精简舍去了必要的细节就降低了造型的表现力，但繁琐的面面俱到就会失掉整体的效果，概括不仅是指形状和线条，也包括色彩、层次。

卡通造型几种表现形式如下。

① 写实表现形式：强调对客观事物的描摹，具有很强的真实性，它继承了写实绘画的表现风格，要求设计者有较高的写实功底，充分了解表现对象的结构与造型，灵活把握光色的原理。写实性卡通形象的作品，并不是一味地如实摹写，在表现过程中融入了作者的思想认识、主观情感和审美情趣，是经过梳理提炼后的“真实”。因而，卡通形象呈现出典型的个性，具有较强的艺术感染力。由于写实表现具有直观、通俗、简明的特点，受到人们的广泛欢迎，成为现代动画重要的表现形式之一。

② 夸张变形的表现：卡通动画角色形象的夸张是基于生活中的人物、动物原型。设计者通过丰富的想象和归纳概括的能力将其典型的特征和个性呈现出来。变形则是根据角色形象特征和个性的需要，通过删减和强化，使角色形象更加鲜明有趣。夸张变形的动画角色设计，来源于生活的点点滴滴，又经过人为的艺术处理，因而，产生了比现实更“真实”的卡通世界。幽默风趣、轻松自由的表现风格具有无穷的艺术魅力，符合人们的心理感受和审美趣味，深受人们的喜爱。

③ 抽象符号化表现：抽象符号化表现是相对写实表现而言的，它是将具体形态中的典型因素抽取出来，用极为单纯的形式表达特定的主题。符号学家认为凡是能够作为某种事物标志的东西，都可称为符号。这种表现形式往往通过简洁的线条和色块表达动作、状态和意境，体现了一定的内涵和美学价值。在创作中强调内容与动画表现形式紧密结合，具有很强的时尚感和前卫性。

X3D 变换卡通造型场景设计利用虚拟现实技术对 X3D 变换卡通造型三维立体场景进行设计、编码和调试。利用现代软件开发的编程思想，采用绝对编程、自动测试、简单设计以及先测试后设计开发理念，融合结构化、组件化、模块化以及面向对象的设计思想，使软件的设计层次清晰、结构合理。

下面的 X3D 变换卡通造型项目案例创建 3 个卡通人或物，分别为卡通鱼、卡通熊以及一个造型等，通过开关语句来选择不同的三维立体造型场景，为程序的调试带来极大的便利。

4.5.1 X3D 变换卡通造型项目开发设计

X3D 变换卡通造型项目案例场景软件设计是利用软件工程思想开发设计，从需求分析、总体设计、详细设计、编码和测试过程中，循序渐进不断完善软件的项目开发，利用 X3D 虚拟现实技术，创建出逼真三维立体变换卡通造型场景，使浏览者体验身临其境的动态交互感受。

X3D 变换卡通造型场景设计利用场景建模技术中的坐标变换节点、开关节点、内联节点等，将各个卡通造型连接到程序中，进行自动切换。卡通鱼利用几何节点、坐标变换节点以及文字节点进行设计；卡通熊使用模型节点、坐标变换节点、颜色节点以及文字节点等开发设计；卡通物造型利用坐标变换节点、背景节点、内联节点等进行设计实现子程序调用，实现模块化和组件化设计，使 X3D 变换卡通造型三维立体场景更加逼真、生动和鲜活。

下面介绍采用 X3D 先进的前沿技术以及面向对象的设计思想，进行层次清晰、结构合理的三维立体 X3D 变换卡通造型场景设计。X3D 变换卡通造型三维立体场景设计层次结构，如图 4-7 所示。

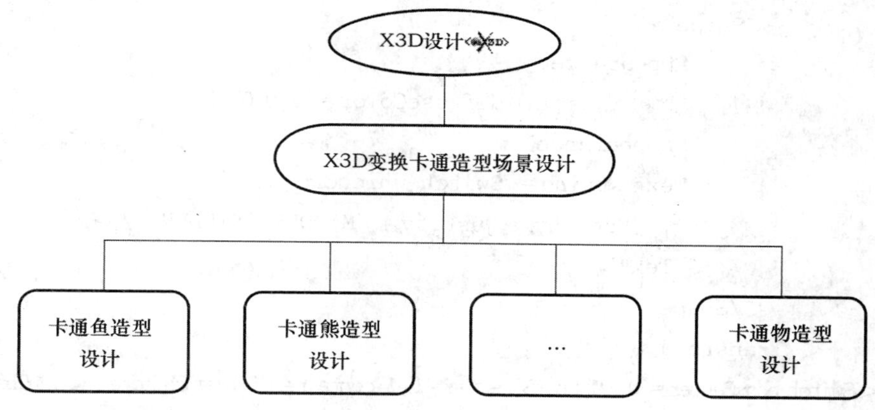

图 4-7 X3D 变换卡通造型三维立体场景设计层次结构图

X3D 变换卡通造型场景设计中的卡通鱼三维立体造型设计层次结构，如图 4-8 所示。

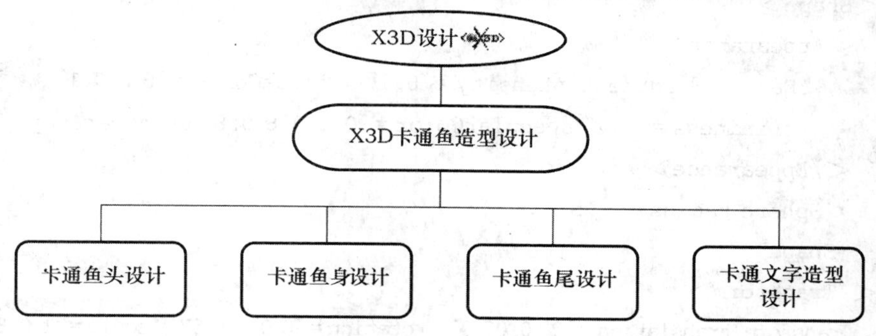

图 4-8 X3D 卡通鱼三维立体造型设计层次结构图

4.5.2 X3D 变换卡通造型项目源代码

X3D 变换卡通造型项目设计利用场景建模技术中的开关节点对各个卡通造型进行切换，现实动态交互效果。利用 X3D 基本几何节点创建三维立体卡通鱼造型、卡通熊造型和文字，使用坐标变换节点、视点节点对 X3D 变换卡通造型进行组合设计。利用内联节点导入一个卡通物造型，利用背景节点衬托 X3D 变换卡通造型场景造型设计，使 X3D 变换卡通造型更加逼真、鲜活，具有动态交互感受。

【实例 4-3】 X3D 变换卡通造型三维立体场景造型设计，利用 X3D 内联节点、几何体节点、坐标变换节点、模型节点等进行开发与设计编写源程序，使用 X3D 背景节点、视点节点、内联节点、圆柱节点、球体节点、坐标变换节点等设计编写，源程序 px3d4-3. x3d 展示如下：

```
<Scene>
  <! -- Scene graph nodes are added here -- >
    <Background skyColor = "1 1 1"/>
    <Transform translation = '0 2 0'>
      <Shape>
        <Appearance>
          <Material diffuseColor = "1 0 0"/>
        </Appearance>
        <Text string = 'Switch_whichChoice * '>
          <FontStyle justify = '"MIDDLE" "MIDDLE"' />
        </Text>
      </Shape>
    </Transform>
  <Switch bboxCenter = "0 0 0" bboxSize = "-1 -1 -1" containerField = "children" whichChoice = "0">
  <Group DEF = 'group1'>
  <Transform scale = "1.2 1 0.9"   >
  <Shape>
    <Appearance>
      <Material ambientIntensity = "0.1" diffuseColor = "0 0.7 1"
        shininess = "0.2" specularColor = "0.8 0.8 0.8" transparency = "0"/>
    </Appearance>
    <Sphere radius = "1.5"/>
  </Shape>
  </Transform>
  <Transform translation = "2 -0.05 0"  rotation = "0 0 1 1.571" scale = "1 0.8 0.8">
  <Shape>
    <Appearance>
      <Material ambientIntensity = "0.1" diffuseColor = "0 0.7 1"
```

```
      shininess = "0.2" specularColor = "0.8 0.8 0.8" transparency = "0"/>
  </Appearance>
  <Cone bottom = "true" bottomRadius = "0.7" height = "1" side = "true"/>
</Shape>
</Transform>
<Transform  translation = "-1 0.1 1" >
<Shape>
  <Appearance>
    <Material ambientIntensity = "0.1" diffuseColor = "1 1 1"
      shininess = "0.2" specularColor = "0.8 0.8 0.8" transparency = "0"/>
  </Appearance>
  <Sphere radius = "0.15"/>
</Shape>
</Transform>
<Transform  translation = "-1.08 0.1 1.1" >
<Shape>
  <Appearance>
    <Material ambientIntensity = "0.1" diffuseColor = "0 0 0"
      shininess = "0.2" specularColor = "0.8 0.8 0.8" transparency = "0"/>
  </Appearance>
  <Sphere radius = "0.05"/>
</Shape>
</Transform>
<Transform  translation = "-1 0.1 -1" >
<Shape>
  <Appearance>
    <Material ambientIntensity = "0.1" diffuseColor = "1 1 1"
      shininess = "0.2" specularColor = "0.8 0.8 0.8" transparency = "0"/>
  </Appearance>
  <Sphere radius = "0.15"/>
</Shape>
</Transform>
<Transform  translation = "-1.08 0.1 -1.1" >
<Shape>
  <Appearance>
    <Material ambientIntensity = "0.1" diffuseColor = "0 0 0"
      shininess = "0.2" specularColor = "0.8 0.8 0.8" transparency = "0"/>
  </Appearance>
  <Sphere radius = "0.05"/>
```

```
</Shape>
</Transform>
<Transform  translation="-1.6 -0.6 0" scale="1 0.5 1" rotation="0 0 1 0.524">
<Shape>
  <Appearance>
    <Material ambientIntensity="0.1" diffuseColor="1 1 0"
      shininess="0.2" specularColor="0.8 0.8 0.8" transparency="0"/>
  </Appearance>
  <Sphere radius="0.2"/>
</Shape>
</Transform>
<Transform  translation="-1.6 -0.5 0" scale="1 0.5 1" rotation="0 0 1 2.618">
<Shape>
  <Appearance>
    <Material ambientIntensity="0.1" diffuseColor="1 1 0"
      shininess="0.2" specularColor="0.8 0.8 0.8" transparency="0"/>
  </Appearance>
  <Sphere radius="0.2"/>
</Shape>
</Transform>
<Transform translation="0 -2.5 0">
  <Appearance>
    <Material ambientIntensity="0.1" diffuseColor="0.1 1.2 0.2"/>
  </Appearance>
  <Text length="8.0,8.0" maxExtent="8.0" string="&quot;O: It's a fish! &quot;">
    <FontStyle family="&quot;SANS&quot;"
      justify="&quot;MIDDLE&quot;,&quot;MIDDLE&quot;" size="1.0" style="BOLDITALIC"/>
  </Text>
</Transform>
</Group>
<Group DEF='group2'>
<Transform scale='0.5 0.5 0.5'>
<Transform rotation="1 0 0 1.571" translation="0 -1.5 0">
  <Shape>
   <Appearance>
    <Material ambientIntensity="0.1" diffuseColor="1.0 1.0 0.0"
      shininess="0" specularColor="0.0 0.0 0.0" />
   </Appearance>
   <Cylinder height="0.5" radius="2"/>
```

```
    </Shape>
    </Transform>
<Transform rotation="1 0 0 1.571"  translation="0 1.5 0">
    <Shape>
      <Appearance>
        <Material ambientIntensity="0.1" diffuseColor="1.0 1.0 0.0"
          shininess="0" specularColor="0.0 0.0 0.0" />
      </Appearance>
      <Cylinder height="0.5" radius="1.8"/>
    </Shape>
    </Transform>
<Transform rotation="1 0 0 1.571" translation="0.5 1.6 0">
    <Shape>
      <Appearance>
        <Material ambientIntensity="0.1" diffuseColor="0.0 0.0 0.0"
          shininess="0" specularColor="0.0 0.0 0.0" />
      </Appearance>
      <Cylinder height="0.6" radius="0.2"/>
    </Shape>
    </Transform>
<Transform rotation="1 0 0 1.571" translation="-0.5 1.6 0">
    <Shape>
      <Appearance>
        <Material ambientIntensity="0.1" diffuseColor="0.0 0.0 0.0"
          shininess="0" specularColor="0.0 0.0 0.0" />
      </Appearance>
      <Cylinder height="0.6" radius="0.2"/>
    </Shape>
    </Transform>
<Transform rotation="1 0 0 1.571" scale="1 1 1.2" translation="1.8 2.6 0">
    <Shape>
      <Appearance>
        <Material ambientIntensity="0.1" diffuseColor="1.0 1.0 0.0"
          shininess="0" specularColor="0.0 0.0 0.0" />
      </Appearance>
      <Cylinder height="0.4" radius="0.6"/>
    </Shape>
    </Transform>
<Transform rotation="1 0 0 1.571" scale="1 1 1.2" translation="-1.8 2.6 0">
```

```
    <Shape>
      <Appearance>
        <Material ambientIntensity="0.1" diffuseColor="1.0 1.0 0.0"
          shininess="0" specularColor="0.0 0.0 0.0" />
      </Appearance>
      <Cylinder height="0.4" radius="0.6"/>
    </Shape>
    </Transform>
<Transform rotation="1 0 0 1.571" scale="1 1 1.3" translation="-1.5 -2.8 0">
    <Shape>
      <Appearance>
        <Material ambientIntensity="0.1" diffuseColor="1.0 1.0 0.0"
          shininess="0" specularColor="0.0 0.0 0.0" />
      </Appearance>
      <Cylinder height="0.6" radius="1"/>
    </Shape>
    </Transform>
<Transform rotation="1 0 0 1.571" scale="1 1 1.3" translation="1.5 -2.8 0">
    <Shape>
      <Appearance>
        <Material ambientIntensity="0.1" diffuseColor="1.0 1.0 0.0"
          shininess="0" specularColor="0.0 0.0 0.0" />
      </Appearance>
      <Cylinder height="0.6" radius="1"/>
    </Shape>
    </Transform>
<Transform rotation="1 0 0 1.571" scale="1.6 1 1" translation="0 0.7 0">
    <Shape>
      <Appearance>
        <Material ambientIntensity="0.1" diffuseColor="1.0 1.0 1.0"
          shininess="0" specularColor="0.0 0.0 0.0" />
      </Appearance>
      <Cylinder height="0.6" radius="0.7"/>
    </Shape>
    </Transform>
<Transform rotation="1 0 0 1.571" scale="1.6 1 1" translation="0 1 0">
    <Shape>
      <Appearance>
        <Material ambientIntensity="0.1" diffuseColor="0 0 0"
```

```
          shininess = "0" specularColor = "0.0 0.0 0.0" />
        </Appearance>
        <Cylinder height = "0.7" radius = "0.3"/>
      </Shape>
      </Transform>
  <Transform rotation = "0 0 1 0.785">
  <Transform rotation = "1 0 0 1.571" scale = "1 1 2" translation = "1.1 -3 0">
      <Shape>
        <Appearance>
          <Material ambientIntensity = "0.1" diffuseColor = "1.0 1.0 0.0"
            shininess = "0" specularColor = "0.0 0.0 0.0" />
        </Appearance>
        <Cylinder height = "0.6" radius = "0.7"/>
      </Shape>
      </Transform>
  </Transform>
  <Transform rotation = "0 0 1 -0.785">
  <Transform rotation = "1 0 0 1.571" scale = "1 1 2" translation = "-1.1 -3 0">
      <Shape>
        <Appearance>
          <Material ambientIntensity = "0.1" diffuseColor = "1.0 1.0 0.0"
            shininess = "0" specularColor = "0.0 0.0 0.0" />
        </Appearance>
        <Cylinder height = "0.6" radius = "0.7"/>
      </Shape>
      </Transform>
  </Transform>
  </Transform>
  <Transform translation = "0 -3 0">
        <Appearance>
          <Material ambientIntensity = "0.1" diffuseColor = "0.1 1.2 0.2"/>
        </Appearance>
        <Text length = "8.0,8.0" maxExtent = "8.0" string = "&quot;1: It's a Yellow bear  ! &quot;">
          <FontStyle family = "&quot;SANS&quot;"
            justify = "&quot;MIDDLE&quot;,&quot;MIDDLE&quot;" size = "1.0" style = "BOLDITALIC"/>
        </Text>
      </Transform>
  </Group>
    <Transform translation = "0 -2.5 0">
```

```
    <Inline url='px3d4-3-1.x3d'/>
   <Transform translation="0 -1 0">
        <Appearance>
        <Material ambientIntensity="0.1" diffuseColor="0.1 1.2 0.2"/>
        </Appearance>
      <Text length="8.0,8.0" maxExtent="8.0" string="&quot;2: It's a...... ! &quot;">
      <FontStyle family="&quot;SANS&quot;"
            justify="&quot;MIDDLE&quot;,&quot;MIDDLE&quot;" size="1.0"
        style="BOLDITALIC"/>
        </Text>
       </Transform>
       </Transform>
      </Switch>
    </Scene>
```

X3D变换卡通造型项目设计运行程序如下，首先，启动 xj3d-browser 浏览器，单击"Open"按钮，然后打开"X3D案例源程序/第4章案例源程序/px3d4-3. x3d"，即可运行X3D变换卡通造型三维立体场景造型。X3D变换卡通造型三维立体场景造型程序运行结果，如图4-9所示。

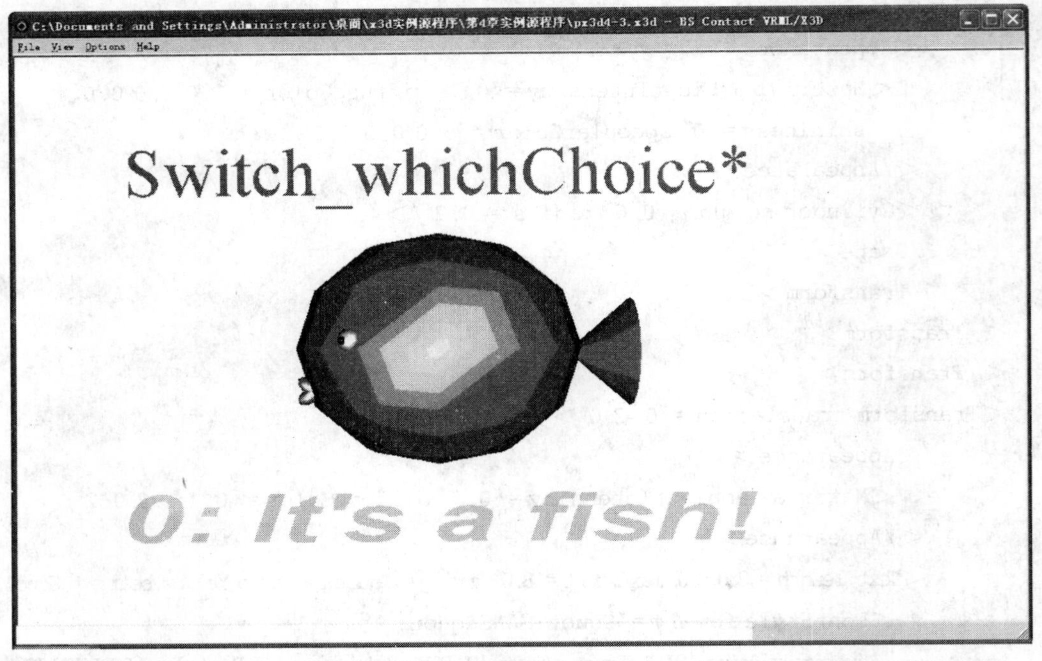

图4-9 X3D变换卡通造型场景设计效果图

第5章 X3D视点与导航

在X3D视点与导航设计中，利用视点和导航技术浏览X3D三维立体场景中的造型和景观，可以手动也可以自动浏览虚拟现实场景中的各种物体和造型。利用X3D视点与导航开发与设计出更完美、更逼真的三维立体场景和造型，并对X3D场景进行渲染和升华。X3D视点与导航包括ViewPoint节点、NavigationInfor节点、Billboard节点、Anchor节点、Collision节点、OrthoViewPoint节点以及ViewpointGroup节点设计等。

5.1 视点与导航原理剖析

主要针对X3D三维立体空间视点的观测，从不同角度来观察三维物体或场景。导航是对场景及造型进行动态浏览。

5.1.1 视点原理剖析

无论在现实世界还是虚拟世界中，观察现实物体或虚拟物体都需要观测视点。虚拟视野包括视点、屏幕以及虚拟物体。屏幕是一个概念上的矩形，视点和虚拟物体之间的桥梁即图像板。视点(viewpoint)在空间数据模型中指考虑问题的出发点或对客观现象的总体描述。视点绘画的概念即绘画时把作者(即观察者)所处的位置定为一点叫视点，其他物体的主线都以此排布，不同的角度大小叫视角。

视点的成像原理是由视点、图像板、虚拟物体三部分构成，视点位于图像板的右侧，虚拟物体位于图像板的左侧，如图5-1所示。

视点实际上是在确定"摄像机"的位置，在大多数情况下视点不应高于正常人的身高，也可以根据室内的空间结构，选择是采用人蹲着的视点高度、坐着的视点高度或是站立时的视点高度，这样渲染出来的效果符合人的视觉习惯，看起来也会很舒服。在使用站立时的视点高度时，目标点一般都会在视点的同一高度，也就是平视，给人稳定的感觉，这种稳定感和舒适感就是靠摄像机营造出来的。

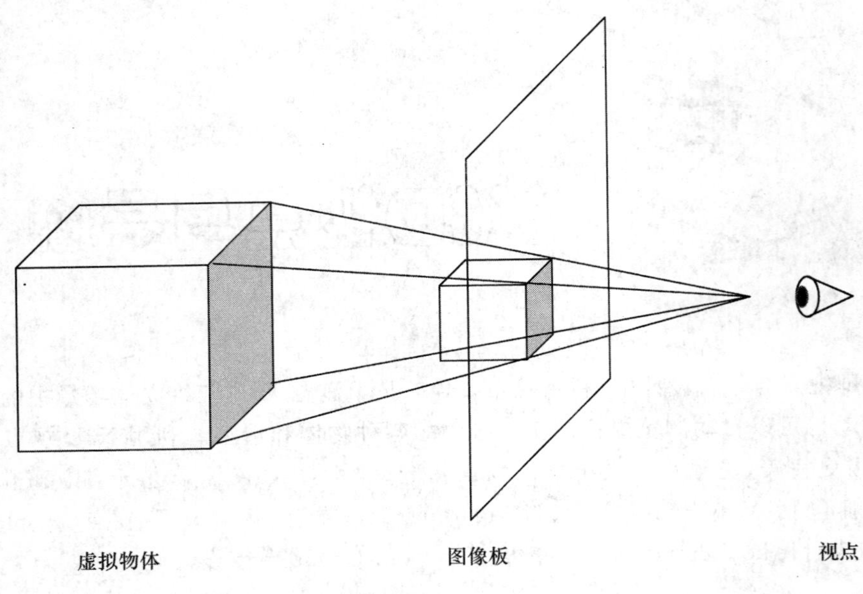

图 5-1　视点成像原理

5.1.2　导航原理剖析

导航原理剖析包括行进式导航、飞行式导航、站立式导航以及注视导航等，以浏览者的视点为主线进行观测，观看三维立体场景和造型。

① 行进式导航是利用人的行走实现导航浏览的目的，以观测者的眼睛为视点。

② 飞行式导航使用飞行器进行导航观测，以导航器为视点。

③ 站立式导航是观测者不动，只移动物体去靠近浏览者或远离浏览者。

④ 注视导航是浏览者不动，观察三维立体物体的移动的过程。

5.2　视点与导航剖析

在 X3D 虚拟现实程序中的视点就是一个用户所浏览的立体空间中预先定义的观察位置和空间朝向。在这个位置上通过这个朝向，浏览者可以观察到虚拟世界中的场景。在 X3D 虚拟世界中可以创建多个观测点，以供浏览者选择。不过浏览者在任何时候，在一个虚拟空间中只有一个空间观测点可用，也就是说不允许同时使用几个观测点，这与人只有一双眼睛是相符合的。视点可以从用户控制那个可用的观测点切换到另一个视点。视点效果从一个视点切换到另一个视点有两种途径，一是跳跃型的，二是非跳跃型的。跳跃型视点一般用来说明那些在虚拟世界中重要的和用户感兴趣的观察点，为用户提供了一种方便快捷的机制，使浏览者不必浏览每一个景点。而非跳跃型视点一般用来建立一种从一个坐标系到另一个坐标系的平滑转换，也是一种快速浏览方式。

5.3 X3D 步行街项目案例

X3D 步行街项目案例是利用虚拟现实技术对步行街景观三维立体场景设计进行开发、设计与编程，采用软件工程设计思想，融合传统软件开发模式、原型法和现代软件开发思想，开发所用程序占用较少存储空间，程序运行效率高，利于计算机网络传输和应用。X3D 步行街景观设计与现实世界的场景相融合，创建出逼真三维立体步行街场景，感受虚拟现实技术的无穷魅力。

5.3.1 X3D 步行街项目开发设计

X3D 步行街项目场景设计是利用软件工程思想开发设计，采用渐进式软件开发模式对 X3D 步行街场景进行开发、设计、编码、调试和运行。X3D 步行街场景设计按照需求分析、设计和编码过程，循序渐进不断完善软件的项目开发。X3D 步行街场景设计由步行街、路灯、绿地、红灯笼以及文字等组成。采用模块化、组件化设计思想，层次清晰、结构合理的虚拟现实 X3D 步行街场景设计。X3D 步行街场景设计层次结构，如图 5-2 所示。

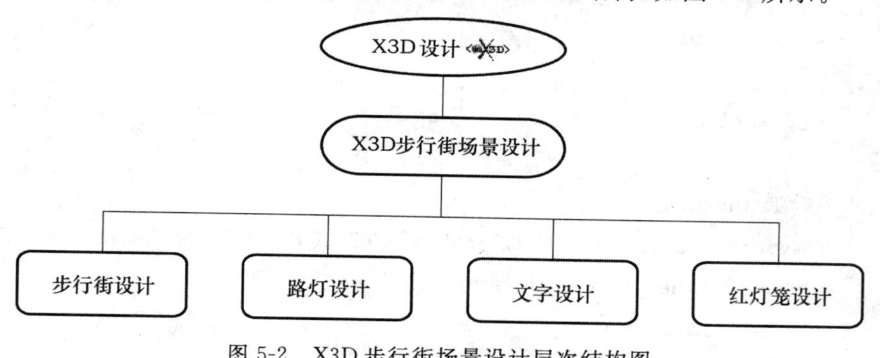

图 5-2 X3D 步行街场景设计层次结构图

5.3.2 X3D 步行街项目源代码

X3D 步行街场景设计利用虚拟现实技术对步行街三维立体场景进行设计、编码和调试。利用现代软件开发的极端编程思想，采用绝对编程、自动测试、简单设计以及先测试后设计的开发理念，融合结构化、组件化和模块化的设计思想，使软件开发设计层次清晰、结构合理。利用虚拟现实技术的各种基本节点和复杂节点创建生动、逼真的三维立体步行街建筑场景。

利用虚拟现实技术中的背景节点、视点节点、灯光节点、坐标变换节点、内联节点、组节点、重定义节点以及重用节点等进行设计和开发，Viewpoint（视点）节点指定了这个观察位置在 X3D 立体空间的三维坐标，确定了一个 X3D 空间坐标系中的观察位置、立体空间朝向以及视野距离等参数。利用内联节点实现子程序调用，实现模块化和组件化设计。创建出更加逼真、生动和鲜活三维立体步行街建筑场景。

【实例 5-1】 利用 Background、Transform、Viewpoint 节点以及 Inline 节点创建一个三维立体 X3D 步行街场景设计。X3D 步行街三维立体场景设计 X3D 程序 px3d5-1. x3d 主程序源程序展示如下：

```
<Scene>
  <! -- Scene graph nodes are added here -- >
    <Background skyColor="1 1 1"/>
    <NavigationInfo type='"WALK"' speed='5'/>
    <Viewpoint description="viewpoint1" orientation="0 0 1 0" position="12 5 20"/>
    <Viewpoint description="viewpoint2" orientation="0 1 0 1.571" position="70 10 -60"/>
    <DirectionalLight direction="0 -1 0" intensity='0.5'/>
    <Transform DEF="DEF_1" rotation="0 0 1 0" scale="1 1 1" >
      <Transform rotation="0 0 1 0" scale="1 1 1" translation="12 8  -80">
          <Inline url="px3d5-1-1.x3d"/>
      </Transform>
      <Transform rotation="0 1 0 2.02" scale="0.008 0.008 0.008" translation="-12 -10  -80">
          <Inline url="px3dlamp.x3d"/>
      </Transform>

      <Transform translation="12 8 -60">
          <Inline url="px3d5-1-1.x3d"/>
      </Transform>
      <Transform rotation="0 1 0 2.02" scale="0.008 0.008 0.008" translation="-12 -10  -60">
          <Inline url="px3dlamp.x3d"/>
      </Transform>
      <Transform translation="12 8 -40">
          <Inline url="px3d5-1-1.x3d"/>
      </Transform>
      <Transform rotation="0 1 0 2.02" scale="0.008 0.008 0.008" translation="-12 -10  -40">
          <Inline url="px3dlamp.x3d"/>
      </Transform>
      <Transform translation="12 8 -20">
          <Inline url="px3d5-1-1.x3d"/>
      </Transform>
      <Transform rotation="0 1 0 2.02" scale="0.008 0.008 0.008" translation="-12 -10  -20">
          <Inline url="px3dlamp.x3d"/>
      </Transform>
      <Transform rotation="0 1 0 2.02" scale="0.008 0.008 0.008" translation="36 -10  -80">
```

```
        <Inline url = "px3dlamp.x3d"/>
    </Transform>
  <Transform rotation = "0 1 0 2.02" scale = "0.008 0.008 0.008" translation = "36 -10  -60">
        <Inline url = "px3dlamp.x3d"/>
    </Transform>
  <Transform rotation = "0 1 0 2.02" scale = "0.008 0.008 0.008" translation = "36 -10  -40">
        <Inline url = "px3dlamp.x3d"/>
    </Transform>
  <Transform rotation = "0 1 0 2.02" scale = "0.008 0.008 0.008" translation = "36 -10  -20">
        <Inline url = "px3dlamp.x3d"/>
    </Transform>
  <Transform rotation = "0 0 1 0" scale = "1 1 1" translation = "1 -10  -60">
        <Shape>
            <Appearance>
                <ImageTexture url = "91.JPG"/>
                <TextureTransform containerField = "textureTransform" center = '0.0 0.0'
                  rotation = '0.0' scale = '1.0 8.0' translation = '0.0 0.0'>
                </TextureTransform>
            </Appearance>
            <Box size = "22 0.5 83.5"/>
        </Shape>
    </Transform>
    <Transform rotation = "0 0 1 0" scale = "1 1 1" translation = "23 -10  -60">
        <Shape>
            <Appearance>
                <ImageTexture url = "91.JPG"/>
                <TextureTransform containerField = "textureTransform" center = '0.0 0.0'
                  rotation = '0.0' scale = '1.0 8.0' translation = '0.0 0.0'>
                </TextureTransform>
            </Appearance>
            <Box size = "22 0.5 83.5"/>
        </Shape>
    </Transform>
  <Transform rotation = "0 0 1 0" scale = "1 1 1" translation = "-22 -10  -60">
        <Shape>
            <Appearance>
                <Material  diffuseColor = '0.5 0.9 0.7'>
                </Material>
```

```
            </Appearance>
            <Box size="15 0.5 83.5"/>
        </Shape>
    </Transform>
    <Transform rotation="0 0 1 0" scale="1 1 1" translation="46 -10  -60">
        <Shape>
            <Appearance>
                <Material  diffuseColor='0.5 0.9 0.7'>
                </Material>
            </Appearance>
            <Box size="15 0.5 83.5"/>
        </Shape>
    </Transform>
</Transform>
<Transform translation="12 11.2 0 ">
    <Shape>
        <Appearance>
        <Material ambientIntensity="0.1" diffuseColor="0.8 0.2 0.2"/>
        </Appearance>
    <Text length="12.0" maxExtent="12.0" string="&quot;步行街欢迎您!
        &quot;,&#10;&quot; ">
        <FontStyle family="&quot;SANS&quot;"
        justify="&quot;MIDDLE&quot;,&quot;MIDDLE&quot;" size="1.5"
        style="BOLDITALIC"/>
        </Text>
    </Shape>
</Transform>
<Transform translation="0 0 -82 ">
    <Transform USE="DEF_1"/>
</Transform>
  </Scene>
```

X3D步行街三维立体空间背景设计运行程序如下，首先，启动xj3d-browser浏览器，单击“Open”按钮，然后打开“X3D案例源程序/第5章案例源程序/px3d5-1.x3d”，即可运行X3D步行街三维立体场景。X3D步行街场景设计程序运行结果如图5-3所示。

图 5-3　X3D 步行街场景设计效果图

5.4　X3D 网上购物项目案例

网上购物，就是通过互联网检索商品信息，并通过电子订购单发出购物请求，然后填上私人支票账号或信用卡的账号，厂商通过邮购的方式发货或者通过快递公司送货上门。国内的网上购物，一般付款方式是款到发货(直接银行转账、在线汇款)、担保交易(淘宝支付宝、百度百付宝、腾讯财付通等的担保交易)、货到付款等。

网上购物优点：①可以在家"逛商店"，订货不受时间、地点的限制；②获得较大量的商品信息，可以买到当地没有的商品；③网上支付较传统拿现金支付更加安全，可避免现金丢失或遭到抢劫；④从订货、买货到货物上门无需亲临现场，既省时又省力；⑤由于网上商品省去租店面、招雇员及储存保管等一系列费用，总的来说其价格较一般商场的同类商品更物美价廉。

X3D 网上购物项目案例设计利用 X3D 技术强大的网络功能，根据客户需要直接上网查询所需资源。既可以购物娱乐，也可以查询相关资料，既方便又快捷，降低成本，提高生活质量，节省大量时间和精力。

5.4.1　X3D 网上购物项目开发设计

X3D 增强现实互动游戏技术(即三维立体网络程序设计)最突出的特点之一是强大的网络功能、分布式处理能力。通过学习、理解和掌握 X3D，来编写 X3D 程序实现直接上网以及

创建三维立体网站等计算机前沿科技工作。实现 X3D 直接调用 HTML 网页，实现网上购物、浏览、获得各种网络信息和资源。

X3D 直接上网是利用相关 X3D 网络节点进行开发与设计，使用 Anchor 节点在三维立体场景中，调用相关网站的主页程序，实现 X3D 直接登录所需网站，上网来查找资料、搜索人们需要网络资源，也可以进行网上购物、休闲娱乐等。

X3D 网上购物项目开发设计主要对三维立体场景中的照片、相框、购物文字、淘宝网女鞋店、淘宝网男鞋店以及城市文化网站进行策划、分析及设计。X3D 网上购物三维立体项目开发设计层次结构图，如图 5-4 所示。

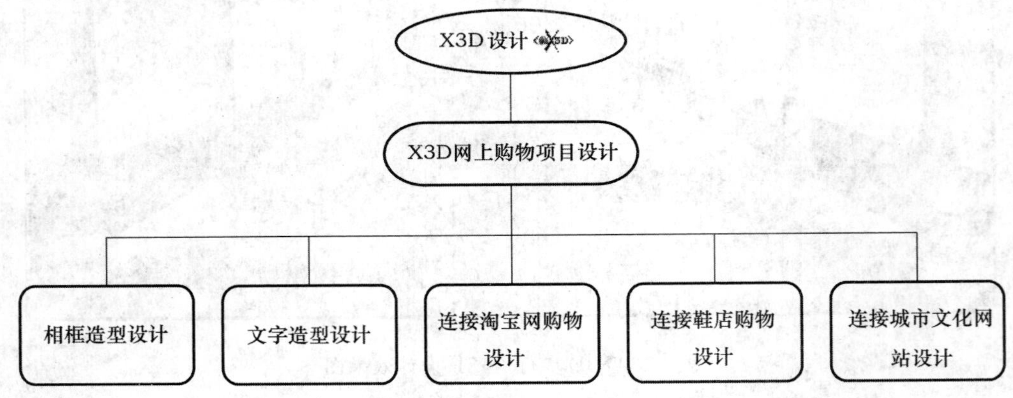

图 5-4　X3D 网上购物三维立体场景设计层次结构图

5.4.2　X3D 网上购物项目源代码

X3D 网上购物项目开发设计，利用坐标变换模型节点、模型节点、内联节点以及超级连接节点创建逼真的三维立体网上购物场景。X3D 网上购物三维立体造型设计利用 X3D 虚拟现实技术进行设计、编码和调试。利用现代软件开发的极端编程思想，采用绝对编程、自动测试、简单设计以及先测试后设计开发理念。融合结构化、组件化和模块化的设计思想，使软件开发设计层次清晰、结构合理。利用虚拟现实技术的各种简单节点创建生动、逼真的网上购物三维立体造型。使用 X3D 节点、背景节点、视点节点、几何节点、坐标变换节点以及锚节点进行设计和开发。

【实例 5-2】　使用 X3D 超级连接节点实现直接上网，选择不同文字分别登录淘宝网男鞋、女鞋网店，使软件开发人员能够设计出用户更加方便、灵活、动态交互感的 X3D 程序。X3D 网上购物三维立体场景设计，X3D 程序 px3d5-2. x3d 主程序源程序展示如下：

```
<Scene>
    <! -- Scene graph nodes are added here -- >
        <Background skyColor="1 1 1"/>
      <Transform translation="0.5 2.8 0 ">
      <Shape>
        <Appearance>
```

```
<Material ambientIntensity = "0.1" diffuseColor = "0.8 0.2 0.2"/>
</Appearance>
<Text length = "12.0" maxExtent = "12.0" string = "&quot;欢迎网上购物!
    &quot;,&#10;&quot; ">
<FontStyle family = "&quot;SANS&quot;"
justify = "&quot;MIDDLE&quot;,&quot;MIDDLE&quot;" size = "1.5"
        style = "BOLDITALIC"/>
</Text>
</Shape>
</Transform>
    <Transform translation = '0.25 -0.05 -0.1'>
        <Shape>
            <Appearance>
                <Material />
                <ImageTexture url = 'p3691.jpg' />
            </Appearance>
            <Box size = '6.2 4.7 0.01' />
        </Shape>
    </Transform>
    <Transform rotation = '0 0 1 0' scale = '0.02 0.02 0.02' translation = '1 1 -0.5'>
        <Inline url = 'phuakuang.x3d' />
    </Transform>
    <Transform translation = '0 -2 0'>
        <Shape>
            <Appearance>
                <Material ambientIntensity = '0.4' diffuseColor = '1 0 0' shininess = '0.2'
                 specularColor = '1 0 0 ' />
            </Appearance>
            <Sphere radius = '0.2' />
        </Shape>
    </Transform>
  <Anchor url = '"http://shop63163459.taobao.com/"'>
<Transform translation = '0.5 -3.0 -0.1' scale = "0.5 0.5 0.5" rotation = "1 0 0 -0.524">
        <Shape>
            <Appearance>
                <Material diffuseColor = '1.0 0.0 0.2'>
                </Material>
            </Appearance>
<Text containerField = "geometry" string = '"1. X3D WELCOME to Internet   taobao "'
```

```
            solid='false' size="5" length="20">
        <FontStyle containerField="fontStyle" family='"TYPEWRITER"' horizontal='true'
            justify='"MIDDLE"' leftToRight='true' style="BOLD">
                    </FontStyle>
                </Text>
            </Shape>
        </Transform>
    </Anchor>
    <Anchor url="http://jiuqiu.tmall.com/shop/viewShop.htm">
        <Transform translation='0.5 -3.5 -0.1' scale="0.5 0.5 0.5" rotation="1 0 0 -0.524">
                    <Shape>
                        <Appearance>
                            <Material diffuseColor='1.0 0.0 0.2'>
                            </Material>
                        </Appearance>
        <Text containerField="geometry" string='"2. X3D WELCOME to Internet Shop
            "' solid='false' size="5" length="20">
        <FontStyle containerField="fontStyle" family='"TYPEWRITER"'
          horizontal='true' justify='"MIDDLE"' leftToRight='true' style="BOLD">
                    </FontStyle>
                </Text>
            </Shape>
        </Transform>
    </Anchor>
    <Anchor url="http://www.chengshiwenhua.com/">
        <Transform translation='0.5 -4.0 -0.1' scale="0.5 0.5 0.5" rotation="1 0 0 -0.524">
                    <Shape>
                        <Appearance>
                            <Material diffuseColor='1.0 0.0 0.2'>
                            </Material>
                        </Appearance>
        <Text containerField="geometry" string='"3. X3D WELCOME to Internet City
            Culture"' solid='false' size="5" length="20">
        <FontStyle containerField="fontStyle" family='"TYPEWRITER"'
            horizontal='true' justify='"MIDDLE"' leftToRight='true' style="BOLD">
                            </FontStyle>
                        </Text>
                    </Shape>
                </Transform>
```

```
</Anchor>
</Scene>
```

X3D 网上购物三维立体场景设计运行程序如下，首先，启动 xj3d-browser 浏览器，单击“Open”按钮，然后打开“X3D 案例源程序/第 5 章案例源程序/px3d5-2. x3d”，即可运行 X3D 网上购物三维立体场景。X3D 直接网上购物场景设计程序运行结果，如图 5-5 所示。

图 5-5 X3D 直接网上购物场景设计效果图

当用户用鼠标单击“1. X3D WELCOME to Internet taobao”或单击“2. X3D WELCOME to Internet Shop”时显示如图 5-6 所示内容，即淘宝网男鞋或女鞋店。当用户用鼠标单击“3. X3D WELCOME to Internet City Culture”，显示如图 5-7 所示内容。

图 5-6 X3D 直接上淘宝网男鞋或女鞋店效果图

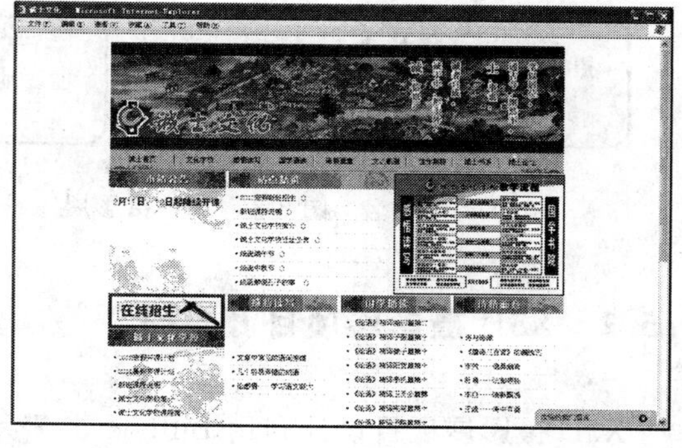

图 5-7 X3D 直接上诚士文化网站效果图

5.5 X3D 摄影展项目案例

X3D 摄影展项目案例设计是利用广告、警示牌、海报节点在 X3D 三维立体空间创建一个特殊的 X3D 摄影展示效果，展厅里所有摄影作品将一直面对浏览者。在 Billboard 节点设计中，可以在世界坐标系之下创建一个局部坐标系，选定 Y 轴作为旋转轴，这个节点下的子节点所构成的相框图像的正面会永远自动地面对观众，不管观察者如何行走或旋转。在 Billboard 的子节点中可以镶套 Transform 节点进行定位。Billboard、警示牌、海报节点，在 X3D 摄影展项目场景中，非常生动、灵活地展示各种摄影作品。

5.5.1 X3D 摄影展项目开发设计

X3D 摄影展项目案例场景软件设计是利用软件工程思想开发设计，从需求分析、总体设计、详细设计、编码和测试过程中，循序渐进不断完善软件的项目开发。利用 X3D 虚拟现实技术，创建出逼真的三维立体摄影展场景。X3D 摄影展场景主要包括摄影展大厅、地面、摄影展作品、文字以及展示的动态效果等。使浏览者在虚拟世界体验三维立体 X3D 摄影展场景给人们带来的动态交互感受。

X3D 摄影展场景设计采用 X3D 先进的前沿技术以及面向对象的设计思想，开发设计层次清晰、结构合理的三维立体 X3D 摄影展项目场景。X3D 摄影展项目三维立体场景设计层次结构，如图 5-8 所示。

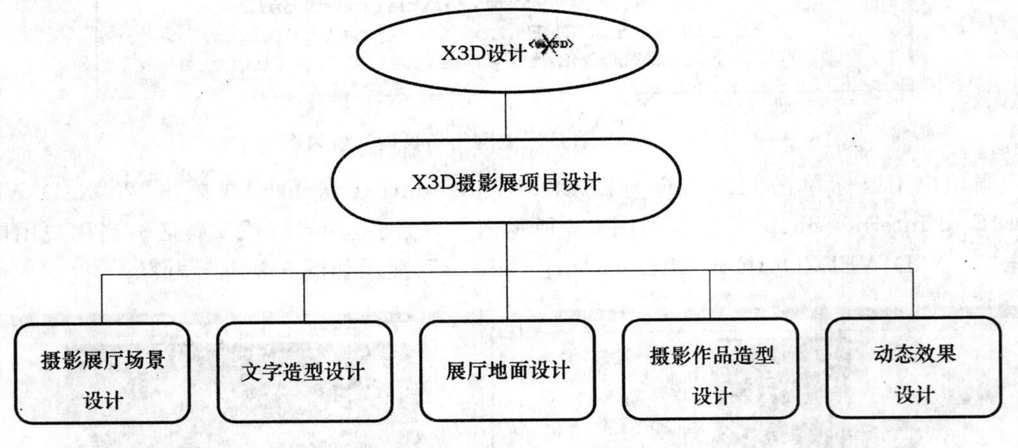

图 5-8 X3D 摄影展三维立体场景设计层次结构图

5.5.2 X3D 摄影展项目源代码

X3D 摄影展项目设计利用 Billboard、警示牌、海报节点实现三维立体空间场景造型里的内容按指定轴旋转并始终保证摄影画面正对用户，设置 axisOfRotation 为(0,1,0)将使画面完全正对着用户视点，给 X3D 程序设计带来更大的方便。Billboard、警示牌、海报节点三维立体造型设计利用虚拟现实技术进行设计、编码和调试。利用虚拟现实技术的各种节点创建生动、逼真、鲜活的三维立体摄影展组合场景和造型。使用 X3D 内核节点、背景节点、坐标变换节点、Billboard 节点以及几何节点进行设计和开发。

【实例 5-3】 虚拟现实 X3D 摄影展三维立体程序设计利用 Shape 节点、Appearance 子

节点和 Material 节点、Transform 节点、Billboard 节点以及几何节点在三维立体空间背景下，创建一个更加生动、鲜活的三维立体 X3D 摄影展场景。X3D 摄影展三维立体场景设计 X3D 文件 px3d5-3. x3d 源程序展示如下：

```
<Scene>
    <! -- Scene graph nodes are added here -- >
        <Background skyColor = "1 1 1"/>
        <NavigationInfo type = '"WALK"' speed = '5'/>
  <Transform translation = '-29.8 -1.0 -60'>
                <Shape>
                    <Appearance>
                        <Material ambientIntensity = '0.4' diffuseColor = '0 0 0' shininess = '0.2'
                            specularColor = '0 0 0 ' transparency = '0.5'/>
                    </Appearance>
                    <Box size = '0.5 18 80' />
                </Shape>
        </Transform>
  <Transform translation = '29.8 -1 -60'>
                <Shape>
                    <Appearance>
                        <Material ambientIntensity = '0.4' diffuseColor = '0 0 0' shininess = '0.2'
                            specularColor = '0 0 0 ' transparency = '0.5'/>
                    </Appearance>
                    <Box size = '0.5 18 80' />
                </Shape>
        </Transform>
  <Transform translation = '0 -1 -100' rotation = '0 1 0 0'>
                <Shape>
                    <Appearance>
                        <Material ambientIntensity = '0.4' diffuseColor = '0 0 0' shininess = '0.2'
                            specularColor = '0 0 0 ' transparency = '0.5'/>
                    </Appearance>
                    <Box size = '60 18 0.5' />
                </Shape>
        </Transform>
  <Transform translation = "0.5 2.8 -20 ">
      <Shape>
            <Appearance>
            <Material ambientIntensity = "0.1" diffuseColor = "0.8 0.2 0.2"/>
            </Appearance>
      <Text length = "12.0" maxExtent = "12.0" string = "&quot;X3D 三维立体动态交互摄影展！
```

```
            &quot;,&#10;&quot; ">
        <FontStyle family="&quot;SANS&quot;"
            justify="&quot;MIDDLE&quot;,&quot;MIDDLE&quot;" size="1.5"
              style="BOLDITALIC"/>
            </Text>
      </Shape>
    </Transform>
    <Transform translation='-20 -5 -20'>
  <Billboard>
   <Transform translation='0.25 -0.05 -0.1'>
            <Shape>
              <Appearance>
                <Material />
                <ImageTexture url='p3691.jpg' />
              </Appearance>
              <Box size='6.2 4.7 0.01' />
            </Shape>
          </Transform>
          <Transform rotation='0 0 1 0' scale='0.02 0.02 0.02' translation='1 1 -0.5'>
            <Inline url='phuakuang.x3d' />
          </Transform>
  </Billboard>
  </Transform>
  <Transform translation='-20 -5 -40'>
  <Billboard>
   <Transform translation='0.25 -0.05 -0.1'>
             <Shape>
               <Appearance>
                 <Material />
                 <ImageTexture url='13691.jpg' />
               </Appearance>
               <Box size='6.2 4.7 0.01' />
             </Shape>
           </Transform>
           <Transform rotation='0 0 1 0' scale='0.02 0.02 0.02' translation='1 1 -0.5'>
             <Inline url='phuakuang.x3d' />
           </Transform>
  </Billboard>
  </Transform>
  <Transform translation='-20 -5 -60'>
```

```
<Billboard>
 <Transform translation='0.25 -0.05 -0.1'>
              <Shape>
                  <Appearance>
                      <Material />
                      <ImageTexture url='13692.jpg' />
                  </Appearance>
                  <Box size='6.2 4.7 0.01' />
              </Shape>
          </Transform>
          <Transform rotation='0 0 1 0' scale='0.02 0.02 0.02' translation='1 1 -0.5'>
              <Inline url='phuakuang.x3d' />
          </Transform>
</Billboard>
</Transform>
<Transform translation='-20 -5 -80'>
<Billboard>
 <Transform translation='0.25 -0.05 -0.1'>
              <Shape>
                  <Appearance>
                      <Material />
                      <ImageTexture url='13693.jpg' />
                  </Appearance>
                  <Box size='6.2 4.7 0.01' />
              </Shape>
          </Transform>
          <Transform rotation='0 0 1 0' scale='0.02 0.02 0.02' translation='1 1 -0.5'>
              <Inline url='phuakuang.x3d' />
          </Transform>
</Billboard>
</Transform>
<!--****************************************************************************-->
<Transform translation='20 -5 -20'>
<Billboard>
 <Transform translation='0.25 -0.05 -0.1'>
              <Shape>
                  <Appearance>
                      <Material />
                      <ImageTexture url='IMG_0005.jpg' />
                  </Appearance>
```

```
                <Box size = '6.2 4.7 0.01' />
            </Shape>
        </Transform>
        <Transform rotation = '0 0 1 0' scale = '0.02 0.02 0.02' translation = '1 1 -0.5'>
            <Inline url = 'phuakuang.x3d' />
        </Transform>
</Billboard>
</Transform>
<Transform translation = '20 -5 -40'>
<Billboard>
 <Transform translation = '0.25 -0.05 -0.1'>
            <Shape>
                <Appearance>
                    <Material />
                    <ImageTexture url = 'IMG_0251.jpg' />
                </Appearance>
                <Box size = '6.2 4.7 0.01' />
            </Shape>
        </Transform>
        <Transform rotation = '0 0 1 0' scale = '0.02 0.02 0.02' translation = '1 1 -0.5'>
            <Inline url = 'phuakuang.x3d' />
        </Transform>
</Billboard>
</Transform>
<Transform translation = '20 -5 -60'>
<Billboard>
 <Transform translation = '0.25 -0.05 -0.1'>
            <Shape>
                <Appearance>
                    <Material />
                    <ImageTexture url = 'IMG_0252.jpg' />
                </Appearance>
                <Box size = '6.2 4.7 0.01' />
            </Shape>
        </Transform>
        <Transform rotation = '0 0 1 0' scale = '0.02 0.02 0.02' translation = '1 1 -0.5'>
            <Inline url = 'phuakuang.x3d' />
        </Transform>
</Billboard>
</Transform>
```

```
<Transform translation='20 -5 -80'>
<Billboard>
 <Transform translation='0.25 -0.05 -0.1'>
          <Shape>
              <Appearance>
                  <Material />
                  <ImageTexture url='IMG_0254.jpg' />
              </Appearance>
              <Box size='6.2 4.7 0.01' />
          </Shape>
     </Transform>
     <Transform rotation='0 0 1 0' scale='0.02 0.02 0.02' translation='1 1 -0.5'>
         <Inline url='phuakuang.x3d' />
     </Transform>
</Billboard>
</Transform>
<Transform translation='-20 2 -80'>
<Billboard>
 <Transform translation='0.25 -0.05 -0.1'>
          <Shape>
              <Appearance>
                  <Material />
                  <ImageTexture url='STJ_0244.jpg' />
              </Appearance>
              <Box size='6.2 4.7 0.01' />
          </Shape>
     </Transform>
     <Transform rotation='0 0 1 0' scale='0.02 0.02 0.02' translation='1 1 -0.5'>
         <Inline url='phuakuang.x3d' />
     </Transform>
</Billboard>
</Transform>
<Transform translation='20 2 -80'>
<Billboard>
 <Transform translation='0.25 -0.05 -0.1'>
          <Shape>
              <Appearance>
                  <Material />
                  <ImageTexture url='STH_0242.jpg' />
              </Appearance>
```

```
                <Box size = '6.2 4.7 0.01' />
            </Shape>
        </Transform>
        <Transform rotation = '0 0 1 0' scale = '0.02 0.02 0.02' translation = '1 1 -0.5'>
            <Inline url = 'phuakuang.x3d' />
        </Transform>
</Billboard>
</Transform>
<Transform translation = '0 -1.5 -90' scale = '3 3 3'>
<Billboard>
 <Transform translation = '0.25 -0.05 -0.1'>
            <Shape>
                <Appearance>
                    <Material />
                    <ImageTexture url = 'IMG_0232.jpg' />
                </Appearance>
                <Box size = '6.2 4.7 0.01' />
            </Shape>
        </Transform>
        <Transform rotation = '0 0 1 0' scale = '0.02 0.02 0.02' translation = '1 1 -0.5'>
            <Inline url = 'phuakuang.x3d' />
        </Transform>
 </Billboard>
 </Transform>
 <Transform rotation = "0 0 1 0" scale = "1 1 1" translation = "0 -10   -60">
         <Shape>
             <Appearance>
                 <ImageTexture url = "91.jpg"/>
                 <TextureTransform containerField = "textureTransform" center = '0.0 0.0'
                     rotation = '0.0' scale = '1.0 8.0' translation = '4 4'>
                 </TextureTransform>
             </Appearance>
             <Box size = "20 0.5 80"/>
         </Shape>
     </Transform>
   <Transform rotation = "0 0 1 0" scale = "1 1 1" translation = "20.1 -10   -60">
         <Shape>
             <Appearance>
                 <ImageTexture url = "91.jpg"/>
                 <TextureTransform containerField = "textureTransform" center = '0.0 0.0'
```

```
                        rotation = '0.0' scale = '1.0 8.0' translation = '4 4'>
                    </TextureTransform>
                </Appearance>
                <Box size = "20 0.5 80"/>
            </Shape>
        </Transform>
    <Transform rotation = "0 0 1 0" scale = "1 1 1" translation = "-20.1 -10   -60">
            <Shape>
                <Appearance>
                    <ImageTexture url = "91.jpg"/>
                    <TextureTransform containerField = "textureTransform" center = '0.0 0.0'
                        rotation = '0.0' scale = '1.0 8.0' translation = '4 4'>
                    </TextureTransform>
                </Appearance>
                <Box size = "20 0.5 80"/>
            </Shape>
        </Transform>
    </Scene>
```

X3D 摄影展三维立体场景造型设计运行程序如下，首先，启动 xj3d-browser 浏览器，单击“Open”按钮，然后打开“X3D 案例源程序/第 5 章案例源程序/px3d5-3. x3d”，即可运行 X3D 摄影展三维立体场景。X3D 摄影展三维立体场景运行结果，如图 5-9 所示。

图 5-9　X3D 摄影展三维立体场景设计场景效果图

第6章 X3D材质纹理映射

X3D材质纹理映射技术主要包括Appearance节点、Material节点、TwoSideMaterial(双面外观材料)节点、ImageTexture节点、PixelTexture节点以及TextureTransform节点设计等。用于创建三维立体场景和造型的纹理绘制和图像粘贴等。利用X3D纹理绘制节点创建更加生动、逼真和鲜活的场景和造型,提高三维立体场景和造型渲染效果,提高软件开发和编程的效率。

6.1 X3D纹理映射分析

在计算机图形学中,纹理映射就是使用图像、函数或者其他数据源来改变物体表面外观。纹理映射技术是近几年来发展最快的技术之一,广泛应用于三维真实感图形的生成与显示中。纹理映射的本质是对三维物体进行二维参数化,即先求得三维物体表面上任一点的二维(u,v)参数值,进而得到该点的纹理值,最终生成三维图形表面上的纹理图案。在光滑曲面上添加纹理图像的核心问题是映射,因此纹理问题可以简化为从一个坐标系到另一个坐标系的变换。总的来说,纹理映射技术是一种使建立的3D模型更接近现实物体的技术。

6.1.1 X3D纹理映射原理

X3D纹理映射原理涵盖纹理映射定义、原理和方法,纹理数组与纹理函数组成纹理模式,纹理映射通过纹理函数将纹理图像映射到三维物体的表面。

1. 纹理映射

纹理空间一般把纹理定义在单位正方形区域$0\leqslant s\leqslant 1, 0\leqslant t\leqslant 1$之上,称为纹理空间。将纹理模式映射到物体模型表面,模拟物体表面细节和光照,称为纹理映射(Texture Mapping)。

2. 纹理函数

纹理模式主要包括纹理数组和纹理函数。纹理数组是用离散法定义一个二维数组代表一个用于光栅图形显示的图形、位图或图像;纹理函数是定义在纹理空间的函数。

(1) 棋盘方格纹理函数

$$g(u,v) = \begin{cases} a[u \times 8] \times [v \times 8] \\ b[u \times 8] \times [v \times 8] \end{cases}$$

a,b 表示亮度，令 $a=0,b=1$，$[x]$表示向下取整。

（2）粗布纹理函数

$$f(u,v) = A[\cos(pu) + \cos(qv)]$$

A 为$[0,1]$上的随机变量，p,q 为频率系数。

纹理数组可以用二维数组图像来表示，用一个 $M\times N$ 的二维数组存放一幅数字化的图像，用插值法构造纹理函数，然后把该二维图像映射到三维的物体表面上。为了实现这个映射，就要建立物体空间坐标(x,y,z)和纹理空间坐标(u,v)之间的对应关系，这相当于对物体表面进行参数化，反求出物体表面的参数后，就可以根据(u,v)得到该处的纹理值，并用此值取代光照明模型中的相应项。

3. 纹理映射

纹理映射通常使用两种方法来映射纹理，一个是圆柱面映射，另一个是球面映射。

圆柱面纹理映射法是根据圆柱面的参数方程定义，可以得到柱面纹理映射函数。圆柱面参数方程如下所示：

$$\begin{cases} x = \cos(2\pi u) 0 \leqslant u \leqslant 1 \\ y = \sin(2\pi v) 0 \leqslant v \leqslant 1 \\ z = v \end{cases}$$

因此，对给定圆柱面上一点(x,y,z)，可以用下式反求参数：

$$(u,v) = \begin{cases} (y,z) & x = 0 \\ (x,z) & y = 0 \\ \left(\dfrac{\sqrt{x^2+y^2} - |y|}{x}, z\right) & \text{其他} \end{cases}$$

球面纹理映射法是根据球面的参数方程的定义，来得到球面纹理映射函数。球面参数方程如下：

$$\begin{cases} x = \cos(2\pi u)\cos(2\pi v) \\ y = \sin(2\pi u)\cos(2\pi v) \quad 0 \leqslant u \leqslant 1, 0 \leqslant v \leqslant 1 \\ z = \sin(2\pi v) \end{cases}$$

因此，对给定球面上一点(x,y,z)，可以用下式反求参数：

$$(u,v) = \begin{cases} (0,0) & \text{如果}(x,y) = (0,0) \\ \left(\dfrac{1-\sqrt{1-(x^2+y^2)}}{x^2+y^2}x, \dfrac{1-\sqrt{1-(x^2+y^2)}}{x^2+y^2}y\right) & \text{其他} \end{cases}$$

6.1.2 X3D 材质纹理映射剖析

材质一般来讲就是物体本身的质地，材质可以看成是材料和质感的结合。在 X3D 渲染程序中，是物体造型表面各可视属性的结合，这些可视属性是指表面的色彩、纹理、光滑度、透明度、反射率、折射率以及光的强度等。正是有了这些属性，才能让人们识别三维物体中的模型是什么材质做成的，也正是有了这些属性，计算机三维立体虚拟世界才会和真实世界一样缤纷多彩。必须仔细分析产生不同材质的原因，才能让人们更好地把握质感。材质的本质仍然是光，离开光材质是无法体现的。

纹理剖析分为“纹”是指物体表面的花纹或纹路，纹的初文即“文”，象形字，最初是指乌龟壳上的纹路，加“纟”旁专指丝织品的花纹，后引申为物体表面的花纹。“理”原义同“玉”，专指石材的纹路和细腻程度，后引申为加工雕琢玉石。纹理映射就是使用图像、函数或者其他数据源来改变物体的表面外观。

色彩是光的一种特性，通常看到的色彩是光作用于眼睛的结果。但光线照射到物体上的时候，物体会吸收一些光色，同时也会漫反射一些光色，这些漫反射出来的光色到达我们的眼睛之后，就决定物体看起来是什么颜色，这种颜色在绘画中称为“固有色”。这些被漫反射出来的光色除了会影响我们的视觉之外，还会影响到周围的物体，这就是光能传递。当然，影响的范围不会像我们的视觉范围那么大，它要遵循光能衰减的原理。由于物体在反射光色的时候，光色就是以辐射的形式发散出去的，所以，它周围的物体才会出现“染色”现象。

反射取决于物体表面的光滑度。光滑的物体有一种类似“镜子”的效果，在物体的表面还没有光滑到可以镜像反射出周围的物体的时候，它对光源的位置和颜色是非常敏感的。所以光滑的物体表面只“镜面反射”出光源，这就是物体表面的高光区，它的颜色是由照射它的光源颜色决定的(金属除外)，随着物体表面光滑度的提高，对光源的反射会越来越清晰，这就是在三维材质设计中，越是光滑的物体高光范围越小，强度越高。当高光的清晰程度已经接近光源本身后，物体表面通常就要呈现出另一种面貌。

透明是指在自然界中大多数物体有可能会遮挡光线，当光线可以自由地穿过物体时，这个物体肯定就是透明的。这里所指的“穿过”，不单指光源的光线穿过透明物体，还指透明物体背后的物体反射出来的光线也要再次穿过透明物体，这样使我们可以看见透明物体背后的东西。折射是指由于透明物体的密度不同，光线射入后会发生偏转现象，这就是折射。比如插进水里的筷子，看起来就是弯的。不同的透明物质其折射率也不一样，即使同一种透明的物质，温度的不同也会影响其折射率，比如当我们穿过火焰上方的热空气观察对面的景象，会发现有明显的扭曲现象。这就是因为温度改变了空气的密度，不同的密度产生了不同的折射率。正确的使用折射率是真实再现透明物体的重要手段。

在自然界中还存在另一种形式的透明，在 X3D 三维软的材质设计中把这种属性称之为“半透明”，比如纸张、塑料、植物的叶子，还有蜡烛等。它们原本不是透明的物体，但在强光的照射下背光部分会出现“透光”现象。通过上面的分析和描述，大家已经进一步了解了光和材质的关系，如果在编辑材质时忽略了光的作用，是很难调出有真实感的材质的。因此，在材质编辑器中调节各种属性时，必须考虑到场景中的光源，并参考基础光学现象，最终以达到良好的视觉效果，当然也不能一味地照搬物理现象，毕竟艺术和科学之间还是存在差距的，真实与唯美也不是同一个概念。

针对 X3D 三维物体的表面纹理映射主要包括三维物体表面着色、像素纹理着色以及图像纹理绘制等。纹理映射的过程实质上是将所定义的纹理映射到某种三维物体表面的属性和域值。

(1) 首先对 X3D 三维立体物体表面着色，无论是立体空间背景、光线的颜色，还是立体空间中的各种物体造型，它们的颜色都是由 3 种基本颜色红、绿、蓝(RGB)组合而成。红绿蓝(RGB)3 种基本颜色对应 3 个浮点数，它们的域值范围分别在[0.0～1.0]之间，虚拟空间 3 种基本颜色 RGB 的比例分配如下。

三种基本颜色(RGB)	红色(Red)	绿色(Green)	蓝色(Blue)
颜色变化范围	0.0～1.0	0.0～1.0	0.0～1.0

在 X3D 三维立体空间利用红、绿、蓝三种颜色组成各种各样姹紫嫣红的“颜色”，如表6-1

所示是常见主要颜色组合列表。

表 6-1 常用三种颜色组合

红(Red)	绿(Green)	蓝(Blue)	合成颜色
1.0	0.0	0.0	红色
0.0	1.0	0.0	绿色
0.0	0.0	1.0	蓝色
0.0	0.0	0.0	黑色
1.0	1.0	1.0	白色
1.0	1.0	0.0	黄色
0.0	1.0	1.0	青蓝色
1.0	0.0	1.0	紫红色
0.75	0.75	0.75	浅灰色
0.25	0.25	0.25	暗灰色
0.5	0.5	0.5	中灰色
0.5	0.0	0.0	暗红色
0.0	0.5	0.0	暗绿色
0.0	0.0	0.5	暗蓝色

三维立体场景和造型颜色外观设计，通过对 X3D 中的 3 种基本颜色，即 Red(红色)、Green(绿色)、Blue(蓝色)，来确定立体空间物体造型的颜色，而基本颜色之外的所有颜色都是通过这 3 种基本颜色按不同比例调和而成。它与绘画的 3 种基本颜色有所不同，因为计算机在屏幕(黑衬底)上配制颜色，而绘画是在纸上(白衬底)上绘画配色。基本颜色 RGB 是用 3 个浮点数来描述颜色，从 0.0～1.0 之间变化。第一个浮点值代表红色的比例，第二个浮点值代表绿色的比例，第三个浮点值代表蓝色的比例。通过对 3 种不同颜色比例的调和可以产生姹紫嫣红的颜色。

常用的虚拟空间物体表面颜色配比，即 Material 节点的材料的漫反射颜色、有多少环境光被该表面反射、物体镜面反射光线的颜色以及发光物体产生的光的颜色对空间造型颜色的影响。通过对造型外观 Material 节点的设计可以实现如黄金、白银、铜和铝等颜色以及塑料颜色，如表 6-2 所示。

表 6-2 造型外观(Material 节点材料域值)颜色配比

颜色效果	材料的漫反射颜色 (diffuseColor)	多少环境光被该表面反射 (ambientItensify)	物体镜面反射光线的颜色 (specularColor)	外观材料的亮度 (shininess)
黄金	0.3 0.2 0.0	0.4	0.7 0.7 0.6	0.2
白银	0.5 0.5 0.7	0.4	0.8 0.8 0.9	0.2
铜	0.4 0.2 0.0	0.28	0.8 0.4 0.0	0.1
铝	0.3 0.3 0.5	0.3	0.7 0.7 0.8	0.1
红塑料	0.8 0.2 0.2	0.1	0.8 0.8 0.8	0.15
绿塑料	0.2 0.8 0.2	0.1	0.8 0.8 0.8	0.15
蓝塑料	0.2 0.2 0.8	0.1	0.8 0.8 0.8	0.15

(2) 像素纹理映射是把已经定义好的一幅图像映射到三维物体表面上。根据纹理映像的大小和像素值对三维物体表面进行纹理映射。在 X3D 像素纹理映射中该域值包含：宽-width，高-height，像素值组的数量-number_of_components，像素值-pixel_values，宽和高就是图像像素的数量 number_of_components＝1（亮度），2（亮度加 alpha 透明度），3（红绿蓝色彩），4（红绿蓝色彩加 alpha 透明度）亮度，如 1 2 1 0xFF 0x00 亮度加 alpha 透明度例子：[needed]，红绿蓝色彩例子：2430xFF00000xFF0000000xFFFFFF 0xFFFF00，红绿蓝色彩加 alpha 透明度例子：[needed]。

在 X3D 像素纹理映射中使用 repeatS 域：指定一个布尔量。沿 *S* 轴水平重复纹理，其中 *S* 代表水平方向。如果是 TRUE，粘贴图像会重复填满这个几何对象表面到[0.0, 1.0]的范围外，在水平方向，此为默认值；如果是 FALSE，粘贴图片只会被限制在[0.0, 1.0]的范围内，在水平方向重复填满几何对象表面。

在 X3D 像素纹理映射中使用 repeatT 域：指定了一个布尔量。沿 *T* 轴垂直重复纹理，其中 *T* 代表垂直方向。如果是 TRUE，粘贴图片会重复填满这个几何对象表面到[0.0, 1.0]的范围外，在垂直方向，此为默认值；如果是 FALSE，粘贴图片只会被限制在[0.0, 1.0]的范围内，在垂直方向重复填满几何对象表面。

(3) 图像纹理映射是把定义好的纹理图案映射到各种几何体上或复杂物体造型的表面。

X3D 图像纹理映射利用 URL 域，指定了一个由高优先级到低优先级的 URL 排序表，用于图像纹理映射，通过图像纹理文件名以及来源位置导入图像，图像格式必须是 JPEG、GIF 或 PNG 文件格式的文件。X3D 浏览器从地址列表中第一个 URL 指定位置试起。如果图像文件没有被找到或不能被打开，浏览器就尝试打开第二个 URL 指定的文件，依此类推，当找到一个可打开的图像文件时，该图像文件被读入，作为纹理映射造型。如果找不到任何一个可以打开的图像文件，将不进行纹理映射。

X3D 图像纹理映射使用 repeatS 域：沿 *S* 轴水平重复纹理，其中 *S* 代表水平方向。如果是 TRUE，粘贴图像会重复填满这个几何对象表面到[0.0, 1.0]的范围外，在水平方向，此为默认值；如果是 FALSE，粘贴图片只会被限制在[0.0, 1.0]的范围内，在水平方向重复填满几何对象表面。

X3D 图像纹理映射使用 repeatT 域：沿 *T* 轴垂直重复纹理，其中 *T* 代表垂直方向。如果是 TRUE，粘贴图片会重复填满这个几何对象表面到[0.0, 1.0]的范围外，在垂直方向，此为默认值；如果是 FALSE，粘贴图片只会被限制在[0.0, 1.0]的范围内，在垂直方向重复填满几何对象表面。

6.2 X3D 材质纹理映射剖析

X3D 材质纹理映射语法剖析主要涵盖 Appearance、Material 语法剖析、TwoSideMaterial 语法剖析、FillProperties 语法剖析、LineProperties 语法剖析、ImageTexture 语法剖析、PixelTextur、TextureTransform 语法剖析等。

在 X3D Shape 节点中包括两个子节点分别为 Appearance(外观)节点与 Geometry(几何

造型)节点。Appearance 子节点定义了物体造型的外观,包括纹理映像、纹理坐标变换以及外观的材料节点,Geometry 子节点定义了立体空间物体的几何造型,如 Box 节点、Cone 节点、Cylinder 节点和 Sphere 节点等原始的几何结构。

6.3 X3D 立体照片项目案例

X3D 立体照片项目案例设计是利用虚拟现实语言设计开发立体照片项目场景,它改变了平面图像处理效果,在三维立体场景中感受虚拟现实三维立体环场效果。在虚拟现实立体照片项目场景设计中,感受虚拟世界给人们带来无穷魅力,将"虚拟"与"现实"有机结合实现虚拟现实三维立体真实体验。

6.3.1 X3D 立体照片项目开发设计

X3D 立体照片项目场景设计是利用软件工程思想开发设计,采用渐进式软件开发模式对 X3D 虚拟现实立体照片项目进行开发、设计、编码、调试和运行。虚拟现实立体照片项目设计按照需求分析、设计和编码过程,循序渐进不断完善软件的项目开发。虚拟现实立体照片项目设计主要由背景图片、锚节点、坐标变换节点以及文字造型等组成,设计出逼真的 X3D 虚拟现实立体照片项目。采用模块化、组件化设计思想,设计层次清晰、结构合理的 X3D 虚拟现实立体照片项目。X3D 虚拟现实立体照片项目设计层次结构,如图 6-1 所示。

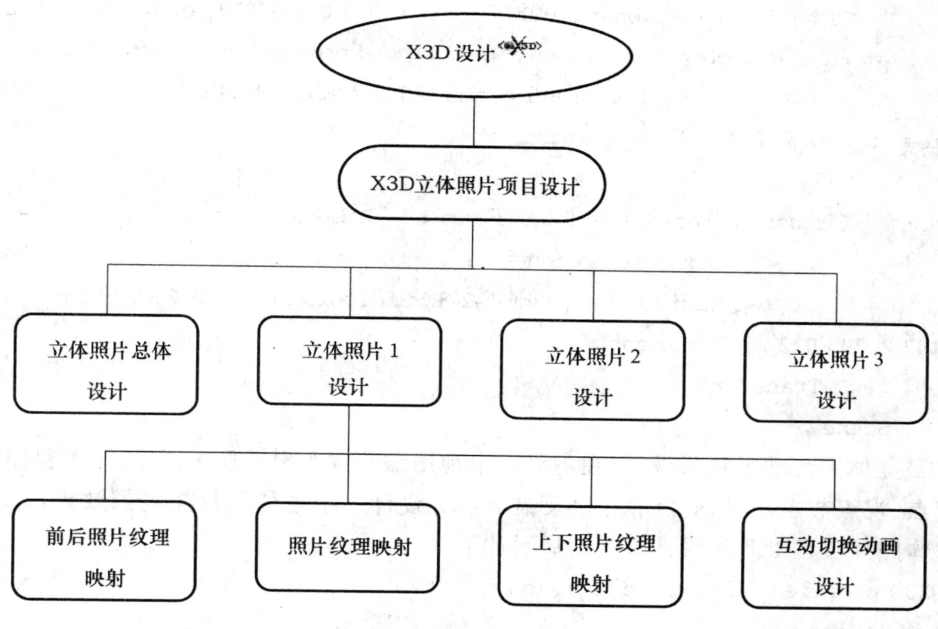

图 6-1 X3D 立体照片项目设计层次结构图

6.3.2 X3D 立体照片项目源代码

X3D 虚拟现实立体照片项目设计利用虚拟现实技术 X3D 对立体照片项目场景进行设计、编码和调试。利用现代软件开发的极端编程思想，采用绝对编程、自动测试、简单设计以及先测试后设计开发的理念，融合结构化、组件化和模块化的设计思想，使软件开发设计层次清晰、结构合理。利用虚拟现实语言的各种节点创建生动、逼真的立体照片项目场景。

使用背景节点、锚节点、坐标变换节点、内联节点、文字造型设计等进行设计和开发，利用内联节点实现子程序调用，实现模块化和组件化设计。利用锚节点实现场景之间调用和转换，使立体照片项目设计更加逼真、生动和鲜活。

【实例 6-1】 X3D 虚拟现实立体照片项目设计源程序(主程序)展示如下：

```
<Scene>
    <Background DEF = "_Background" backUrl = '"f001.jpg"' bottomUrl = '"grass.jpg"'
frontUrl = '"f002.jpg"' leftUrl = '"f003.jpg"' rightUrl = '"f004.jpg"' topUrl = '"blue.jpg"'>
    </Background>
    <Transform rotation = '0 0 0 0' scale = '0.3 0.3 0.3' translation = '5 -1.5 0'>
        <Anchor description = "call second program" url = "px3d6-1-1.x3d">
            <Inline url = "px3d6-1-1-1.x3d" bboxCenter = '0.238 0.1685 0'
bboxSize = '13.536 2.793 0.2'/></Anchor>
    </Transform>
    <Transform rotation = '0 0 0 0' scale = '0.3 0.3 0.3' translation = '5 -2 0'>
        <Anchor description = "call second program" url = "px3d6-1-2.x3d">
            <Inline url = "px3d6-1-2-2.x3d" bboxCenter = '0.27 0.1685 0'
bboxSize = '14.142 2.793 0.2'/></Anchor>
    </Transform>
    <Transform rotation = '0 0 0 0' scale = '0.3 0.3 0.3' translation = '5 -2.5 0'>
        <Anchor description = "call second program" url = "px3d6-1-3.x3d">
            <Inline url = "px3d6-1-2-3.x3d" bboxCenter = '0.27 0.1685 0' bboxSize
= '14.142 2.793 0.2'/></Anchor>
    </Transform>
</Scene>
```

X3D 立体照片项目场景设计，在主程序中利用锚节点实现子程序调用，在子程序中使用背景节点、视点节点、坐标变换节点以及锚节点等设计一个立体照片 1 场景效果，X3D 虚拟现实立体照片项目 1 程序设计子程序展示如下：

```
<X3D profile = "Immersive" version = "3.2">
    <head>
    <meta content = "zjz-zjr-zjd" name = "author"/>
    <meta content = " * enter name of original author here * " name = "creator"/>
    <meta content = " * enter copyright information here * Example:  Copyright
```

```
(c) Web3D Consortium Inc. 2008" name="rights"/>
        <meta content=" * enter online Uniform Resource Identifier (URI) or Uni-
form Resource Locator (URL) address for this file here * " name="identifier"/>
        </head>
        <Scene>
            <Anchor description="return main program" url="px3d6-1.x3d">
                <Background DEF="_Background" backUrl='"f0022.jpg"' bottomUrl='"GRASS.
jpg"' frontUrl='"f0011.jpg"' leftUrl='"f0033.jpg"' rightUrl='"f0044.jpg"' topUrl='"blue.jpg"'>
                </Background>
                <Transform rotation='0 0 0 0' scale='0.2 0.2 0.2' translation='0 -1 0'>
                    <Inline url='"fanhui.x3d"'/></Transform>
            </Anchor>
        </Scene>
    </X3D>
```

X3D立体照片项目场景设计，在主程序中利用锚节点实现子程序调用，在子程序中使用背景节点、视点节点、坐标变换节点以及锚节点等设计一个立体照片2场景效果，X3D虚拟现实立体照片项目2程序设计子程序展示如下：

```
    <X3D profile="Immersive" version="3.2">
        <head>
        <meta content="zjz-zjr-zjd" name="author"/>
        <meta content=" * enter name of original author here * " name="creator"/>
        <meta content=" * enter copyright information here *  Example:Copyright
(c) Web3D Consortium Inc. 2008" name="rights"/>
        <meta content=" * enter online Uniform Resource Identifier (URI) or Uni-
form Resource Locator (URL) address for this file here * " name="identifier"/>
        </head>
        <Scene>
            <Anchor description="return main program" url='"px3d6-1.x3d"'>
                <Background DEF="_Background" backUrl='"f00222.jpg"' frontUrl='"f00111.
jpg"' leftUrl='"f00333.jpg"' rightUrl='"f00444.jpg"'  topUrl='"blue.jpg"' bottomUrl='"GRASS.jpg"' >
                </Background>
                <Transform rotation='0 0 0 0' scale='0.2 0.2 0.2' translation='0 -1 0'>
                    <Inline url='"fanhui.x3d"'/></Transform>
            </Anchor>
        </Scene>
    </X3D>
```

X3D立体照片项目场景设计，在主程序中利用锚节点实现子程序调用，在子程序中使用背景节点、视点节点、坐标变换节点以及锚节点等设计一个立体照片3场景效果，X3D虚拟现实立体照片项目3程序设计子程序展示如下：

```
X3D profile="Immersive" version="3.2">
    <head>
    <meta content="zjz-zjr-zjd" name="author"/>
    <meta content=" * enter name of original author here * " name="creator"/>
    <meta content=" * enter copyright information here * Example:  Copyright
(c) Web3D Consortium Inc. 2008" name="rights"/>
    <meta content=" * enter online Uniform Resource Identifier (URI) or Uniform
Resource Locator (URL) address for this file here * " name="identifier"/>
    </head>
    <Scene>
        <Anchor description="return main program" url='"px3d6-1.x3d"'>
            <Background DEF="_Background" topUrl='"blue.jpg"' bottomUrl='"GRASS.jpg"'
 backUrl='"f03333.jpg"' frontUrl='"f01111.jpg"' leftUrl='"f02222.jpg"' rightUrl='"f04444.jpg"'>
            </Background>
            <Transform rotation='0 0 0 0' scale='0.2 0.2 0.2' translation='0 -1 0'>
                <Inline url='"fanhui.x3d"'/></Transform>
        </Anchor>
    </Scene>
</X3D>
```

X3D 立体照片项目场景设计运行程序如下，首先，启动 BS Contact VRML-X3D 7.2 或 Xj3D-browser 浏览器，然后打开“X3D 源程序案例/第 6 章源程序案例/px3d6-1/px3d6-1.x3d”，即可启动 X3D 立体照片项目场景设计主程序，根据浏览提示选择 X3D 立体照片 1、X3D 立体照片 2 或立体照片 3 浏览漫游立体照片场景，如图 6-2 所示。

图 6-2　X3D 立体照片项目场景设计效果图

6.4 X3D书画艺术展项目案例

书画是书法和绘画的统称。书即是俗话说的所谓的文字，历史上有名的书法家写的真迹，在写字技巧上有很多创造或独具一格的，我们称之为书法艺术。我国的书法是一种富有民族特色的传统艺术，它伴随着汉字的产生和发展一直延续到今天，经过历代书法名家的磨砺和创新，形成了丰富多彩的宝贵遗产。

书法是世界上少数几种文字所有的艺术形式，包括汉字书法、蒙古文书法、阿拉伯文书法等。其中“中国书法”，是中国汉字特有的一种传统艺术。从广义讲，书法是指语言符号的书写法则。换言之，书法是指按照文字特点及其含义，以其书体笔法、结构和章法写字，使之成为富有美感的艺术作品。汉字书法为汉族独创的表现艺术，被誉为：无言的诗、无行的舞、无图的画、无声的乐。绘画是一种在二维的平面上以手工方式临摹自然的艺术，在中世纪的欧洲，常把绘画称为“猴子的艺术”，因为如同猴子喜欢模仿人类活动一样，绘画也是模仿场景。在20世纪以前，绘画模仿得越真实技术越高超，但进入20世纪，随着摄影技术的出现和发展，绘画开始转向表现画家主观自我的方向。

艺术是一种文化现象，大多为满足主观与情感的需求，亦是日常生活进行娱乐的特殊方式。其根本在于不断创造新兴之美，借此宣泄内心的欲望与情绪，属浓缩化和夸张化的生活。文字、绘画、雕塑、建筑、音乐、舞蹈、戏剧、电影等任何可以表达美的行为或事物，皆属艺术。中国的绘画艺术，是中华民族传统艺术中起源最早的艺术形式之一。从现在所能见到的资料看，早在新石器时代就已经有表现力很强的绘画问世了。比如在西安半坡村出土的彩陶上，就绘有互相追逐的鱼、奔跑跳跃的鹿，不仅形象生动，而且有一定的艺术意境。这说明中华民族的先人，远在原始社会就已具有相当高的审美意趣和高超的艺术创作才能。所谓的书画艺术，其书画是艺术的一种表现形式，其间还有人体艺术、行为艺术等。

6.4.1 X3D书画艺术展项目开发设计

X3D书画艺术展项目场景设计是利用软件工程思想开发设计，采用渐进式软件开发模式对X3D书画艺术展项目场景进行开发、设计、编码、调试和运行。X3D书画艺术展项目场景设计按照需求分析、设计和编码过程，循序渐进不断完善软件的项目开发。X3D书画艺术展项目场景设计由书画馆、书法作品、绘画作品、画框以及建筑设计等组成。书画馆场景设计包含书画馆顶棚设计、欧式圆柱设计、书画馆透明建筑设计、书画馆地面设计等。采用模块化、组件化设计思想，设计层次清晰、结构合理的虚拟现实X3D书画艺术展项目场景。X3D书画艺术展项目场景设计层次结构，如图6-3所示。

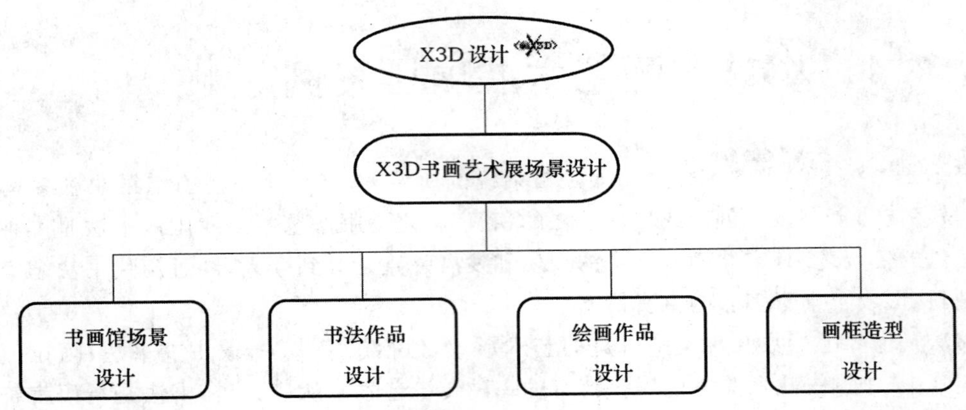

图 6-3 X3D 书画艺术展场景设计层次结构图

6.4.2 X3D 书画艺术展项目源代码

在 X3D 书画艺术项目设计中利用 ImageTexture(图像纹理)节点实现三维立体空间造型纹理映射绘制。利用相框和 ImageTexture(图像纹理)节点创建一个书法和绘画作品。ImageTexture 节点的功能是将需要的纹理图像绘制在各种几何造型上,使 X3D 文件中的场景和造型更加逼真与生动,给 X3D 书画艺术设计带来更大的方便。

【实例 6-2】 X3D 书画艺术项目纹理绘制设计利用 Shape 节点、Appearance 子节点和 Material 节点、Inline 节点 、Transform 节点、ImageTexture 节点以及几何节点在三维立体空间背景下,创建一个纹理绘制的三维立体书画艺术图像纹理造型。X3D 书画艺术项目三维立体场景设计 X3D 文件 px3d6-2. x3d 源程序展示如下:

```
<Scene>
<Background groundColor='0 0 0' skyAngle='1.309 1.571' skyColor='1 0.2 0.2 0.2 0.2 1 1 1 1'/>
    <WorldInfo info="an introductory scene" title="zjz-zjr-zjd"/>
    <Viewpoint description="View-1" orientation="0 1 0 1.571" position="22 1 -8"/>
    <Viewpoint description="View-2" orientation="0 1 0 2.094" position="15 0 -20"/>
    <Viewpoint description="View-3" orientation="0 1 0 1.047" position="15 0 8"/>
    <Transform translation="-10 0.5 0">
      <Shape>
        <Appearance>
          <Material ambientIntensity="0.15" diffuseColor="0.98  0.98  0.98"
            shininess="0.15" specularColor="0.8  0.8  0.8" transparency="0.5"/>
        </Appearance>
        <Box size="16 12 0.25"/>
      </Shape>
    </Transform>
  <Transform translation="-10 0.5 -16">
```

```
        <Shape>
          <Appearance>
            <Material ambientIntensity="0.15" diffuseColor="0.98  0.98  0.98"
              shininess="0.15" specularColor="0.8  0.8  0.8" transparency="0.5"/>
          </Appearance>
          <Box size="16 12 0.25"/>
        </Shape>
      </Transform>
    <Transform translation="-18.5 0.5 -8">
        <Shape>
          <Appearance>
            <Material ambientIntensity="0.15" diffuseColor="0.98  0.98  0.98"
              shininess="0.15" specularColor="0.8  0.8  0.8" transparency="0.5"/>
          </Appearance>
          <Box size="0.25 14 16"/>
        </Shape>
      </Transform>
<Transform DEF="topgj" rotation="1 0 0 0" scale="53.2 51.25 51.12" translation="-10.35 -129 -8">
        <Inline url="topgj.x3d"/>
    </Transform>
    <Transform DEF="goujian1-1" rotation="1 0 0 0" scale="6 6 6" translation="0 -4  0">
        <Inline url="goujian1.x3d"/>
    </Transform>
    <Transform DEF="goujian1-2" rotation="0 1 0 3.141" scale="6 6 6" translation="-20.7 -4  -16">
        <Inline url="goujian1.x3d"/>
    </Transform>
    <!--+++++++++++++++++++++++++++++++++++++++++++++++++++++++++++++++++++++++-->
    <Transform translation='-18 -0.05 -8.1' rotation='0 1 0 1.571'>
                <Shape>
                    <Appearance>
                        <Material />
                        <ImageTexture url='6000.jpg' />
                    </Appearance>
                    <Box size='8.2 5.7 0.01' />
                </Shape>
        </Transform>
    <Transform translation='-6.5 -0.05 -15.5' scale='0.8 0.8 0.8'>
    <Transform translation='0.25 -0.05 -0.1'>
                <Shape>
```

```
                <Appearance>
                    <Material />
                    <ImageTexture url = '6001.jpg' />
                </Appearance>
                <Box size = '6.2 4.7 0.01' />
            </Shape>
        </Transform>
        <Transform rotation = '0 0 1 0' scale = '0.02 0.02 0.02' translation = '1 1 -0.5'>
            <Inline url = 'phuakuang.x3d' />
        </Transform>
    </Transform>
    <Transform translation = '-14.5 -0.05 -15.5' scale = '0.8 0.8 0.8'>
    <Transform translation = '0.25 -0.05 -0.1'>
            <Shape>
                <Appearance>
                    <Material />
                    <ImageTexture url = '6002.jpg' />
                </Appearance>
                <Box size = '6.2 4.7 0.01' />
            </Shape>
        </Transform>
        <Transform rotation = '0 0 1 0' scale = '0.02 0.02 0.02' translation = '1 1 -0.5'>
            <Inline url = 'phuakuang.x3d' />
        </Transform>
    </Transform>
    <Transform translation = '-12.5 -0.05 -0.5' scale = '0.8 0.8 0.8' rotation = '0 1 0 3.141'>
    <Transform translation = '2.1 0.25 -0.1' rotation = '0 0 1 0' >
            <Shape>
                <Appearance>
                    <Material />
                    <ImageTexture url = '6003.jpg' />
                </Appearance>
                <Box size = '4.7 6.2 0.01' />
            </Shape>
        </Transform>
        <Transform rotation = '0 0 1 1.571' scale = '0.02 0.02 0.02' translation = '1 1 -0.5'>
            <Inline url = 'phuakuang.x3d' />
        </Transform>
    </Transform>
```

```
<Transform translation='-4.5 -0.05 -0.5' scale='0.8 0.8 0.8' rotation='0 1 0 3.141'>
<Transform translation='2.1 0.25 -0.1' rotation='0 0 1 0' >
                <Shape>
                    <Appearance>
                        <Material />
                        <ImageTexture url='6004.jpg' />
                    </Appearance>
                    <Box size='4.7 6.2 0.01' />
                </Shape>
        </Transform>
        <Transform rotation='0 0 1 1.571' scale='0.02 0.02 0.02' translation='1 1 -0.5'>
                <Inline url='phuakuang.x3d' />
        </Transform>
    </Transform>
    <!--@@@@@@@@@@@@@@@@@@@@@@@@@@@@@@@@@@@@@
@@@@@@@@@@@@@@@@@@@@@@@@@@@@@@@@@@@@@@@@2-->
    <Transform translation='-18.8 -0.05 -8.1' rotation='0 1 0 1.571'>
                <Shape>
                    <Appearance>
                        <Material />
                        <ImageTexture url='60000.jpg' />
                    </Appearance>
                    <Box size='8.2 5.7 0.01' />
                </Shape>
        </Transform>
<Transform translation='-6.0 -0.05 -16.5' scale='0.8 0.8 0.8' rotation='0 1 0 3.141'>
<Transform translation='0.25 -0.1 -0.1'>
                <Shape>
                    <Appearance>
                        <Material />
                        <ImageTexture url='6005.bmp' />
                    </Appearance>
                    <Box size='6.2 4.7 0.01' />
                </Shape>
        </Transform>
        <Transform rotation='0 0 1 0' scale='0.02 0.02 0.02' translation='1 1 -0.5'>
                <Inline url='phuakuang.x3d' />
        </Transform>
    </Transform>
```

```
<Transform translation='-14.0 -0.05 -16.5' scale='0.8 0.8 0.8' rotation='0 1 0 3.141'>
<Transform translation='0.25 -0.1 -0.1'>
            <Shape>
                <Appearance>
                    <Material />
                    <ImageTexture url='6006.bmp' />
                </Appearance>
                <Box size='6.2 4.7 0.01' />
            </Shape>
    </Transform>
    <Transform rotation='0 0 1 0' scale='0.02 0.02 0.02' translation='1 1 -0.5'>
            <Inline url='phuakuang.x3d' />
    </Transform>
</Transform>
<Transform translation='-15.8 -0.05 +0.5' scale='0.8 0.8 0.8' rotation='0 1 0 0'>
<Transform translation='2.1 0.25 -0.1' rotation='0 0 1 0' >
            <Shape>
                <Appearance>
                    <Material />
                    <ImageTexture url='6007.jpg' />
                </Appearance>
                <Box size='4.7 6.2 0.01' />
            </Shape>
    </Transform>
    <Transform rotation='0 0 1 1.571' scale='0.02 0.02 0.02' translation='1 1 -0.5'>
            <Inline url='phuakuang.x3d' />
    </Transform>
</Transform>
<Transform translation='-7.8 -0.05 +0.5' scale='0.8 0.8 0.8' rotation='0 1 0 0'>
<Transform translation='2.1 0.25 -0.1' rotation='0 0 1 0' >
            <Shape>
                <Appearance>
                    <Material />
                    <ImageTexture url='6008.jpg' />
                </Appearance>
                <Box size='4.7 6.2 0.01' />
            </Shape>
    </Transform>
    <Transform rotation='0 0 1 1.571' scale='0.02 0.02 0.02' translation='1 1 -0.5'>
```

```
        <Inline url='phuakuang.x3d' />
      </Transform>
    </Transform>
  </Scene>
```

X3D书画艺术项目场景运行程序如下，首先，启动xj3d-browser浏览器，单击“Open”按钮，然后打开“X3D案例源程序/第6章案例源程序/px3d6-2.x3d”，即可运行X3D书画艺术项目三维立体场景造型。X3D书画艺术项目场景运行结果，如图6-4所示。

图6-4 X3D书画艺术项目场景设计效果图

6.5 X3D翻动的立体影集项目案例

X3D翻动的立体影集项目场景造型设计是利用虚拟现实X3D技术开发的，它使平面图像处理效果立体化，在虚拟空间三维立体场景中感受虚拟现实动态翻动相册场景造型的效果。在虚拟现实三维立体影集项目场景设计中，通过单击影集，影集会自动打开翻页。在三维立体虚拟空间欣赏影集，感受虚拟世界给人们带来的无穷魅力，将“虚拟世界”与“现实世界”有机结合，实现虚拟现实三维立体真实体验。

6.5.1 X3D翻动的立体影集项目开发设计

X3D翻动的立体影集项目场景造型设计是利用软件工程思想开发设计，采用渐进式软件开发模式对可翻动的影集场景造型进行开发、设计、编码、调试和运行。虚拟现实三维立体可翻动的影集场景设计按照需求分析、设计和编码全过程，循序渐进不断完善软件的项目开发。虚拟现实三维立体可翻动的影集场景造型设计主要由图像纹理映射节点、锚节点、坐标变换节点、组节点、路由以及动态感知节点等组成，设计逼真X3D虚拟现实三维立体可翻动的影集场景造型。采用模块化、组件化设计思想，设计层次清晰、结构合理的X3D虚拟现实三维立体可翻动的影集场景造型。X3D虚拟现实立体可翻动的影集项目场景设计层次结构，如图6-5所示。

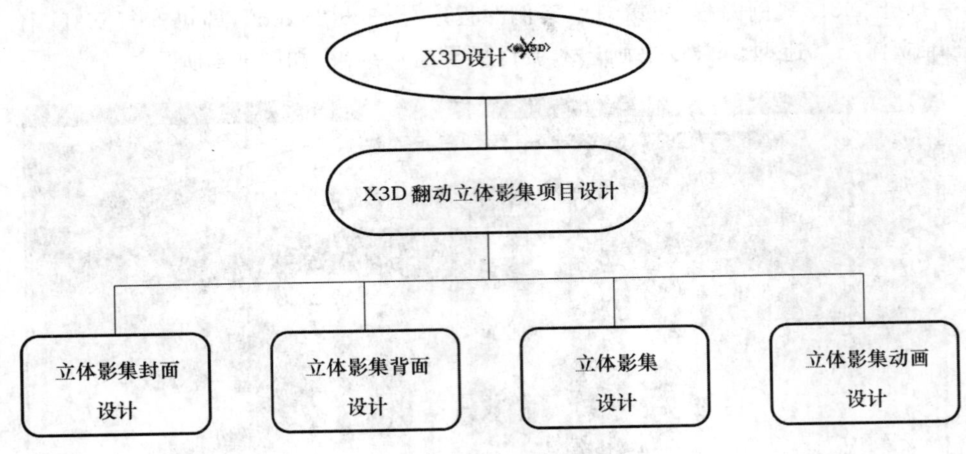

图 6-5　X3D翻动的立体影集项目设计层次结构图

6.5.2　X3D翻动的立体影集项目源代码

X3D翻动的立体影集项目场景造型设计利用虚拟现实技术对X3D翻动立体影集项目场景进行设计、编码和调试。利用现代软件开发的极端编程思想，采用绝对编程、自动测试、简单设计以及先测试后设计开发的理念，融合结构化、组件化和模块化的设计思想，使软件开发设计层次清晰、结构合理。利用虚拟现实技术的各种节点创建生动、逼真的X3D翻动的立体影集项目场景。

使用背景节点、锚节点、坐标变换节点、图像纹理节点以及动态感知节点等进行设计和开发，利用传感器节点实现动画效果，当浏览者单击立体影集项目时，影集会自动翻开，可以浏览到精美的照片，使可翻动的影集场景造型设计更加逼真、生动和鲜活。

【实例6-3】 使用背景节点、内联节点、组节点、锚节点、坐标变换节点、图像纹理映射节点、游戏动画节点以及路由等进行设计和开发，利用传感器节点实现翻动影集的动画效果，X3D翻动的立体影集项目场景造型设计源程序(主程序)展示如下：

```
<Scene>
    <Background DEF="_Background" skyColor='0.92 0.95 0.98'>
    </Background>
    <Transform rotation='0 0 0 0' scale='0.01 0.01 0.01' translation='0 -9.5 0'>
    <Inline url="px3d6-3-1.x3d" bboxCenter='0.238 0.1685 0' bboxSize='13.536 2.793 0.2'/>
    </Transform>
    <Group>
```

```
<Anchor description="camera">
    <Transform center='-2 0 0' translation='2 0 -0.01'>
        <Shape>
            <Appearance>
                <Material>
                </Material>
                <ImageTexture url='"booklist.jpg"'>
                </ImageTexture>
            </Appearance>
            <Box size='4 6 0.001'>
            </Box>
        </Shape>
    </Transform>
</Anchor>
</Group>
<Group DEF="_Group">
    <Transform DEF="camera" center='-2 0 -0.01' translation='2 0 0.01'>
        <Transform DEF="_Transform">
        <Shape DEF="_Shape">
            <Appearance>
                <ImageTexture url='"bookface.jpg"'>
                </ImageTexture>
            </Appearance>
            <Box DEF="_Box" size='4 6 0.001'>
            </Box>
        </Shape>
        <Transform translation='0 0 -0.001'>
            <Shape>
                <Appearance>
                    <Material diffuseColor='1 1 1'>
                    </Material>
                </Appearance>
                <Box size='4 6 0.001'>
                </Box>
            </Shape>
        </Transform>
    </Transform>
</Transform>
<TouchSensor DEF="touch">
```

```
        </TouchSensor>
    </Group>
    <TimeSensor DEF="t" cycleInterval='3' loop='false'>
    </TimeSensor>
    <OrientationInterpolator DEF="oi" key='0,1' keyValue='0 1 0 0,0 1 0 -3.141'>
    </OrientationInterpolator>
    <Group>
     <Transform DEF="camera1" center='-2 0 0' translation='2 0 0'>
        <Transform DEF="_Transform_1">
            <Shape DEF="_Shape_1">
                <Appearance>
                    <ImageTexture url='"muqin-01.jpg"'>
                    </ImageTexture>
                </Appearance>
                <Box DEF="_Box_1" size='4 6 0.001'>
                </Box>
            </Shape>
            <Transform translation='0 0 -0.001'>
                <Shape>
                    <Appearance>
                        <Material diffuseColor='1 1 1'>
                        </Material>
                    </Appearance>
                    <Box size='4 6 0.001'>
                    </Box>
                </Shape>
            </Transform>
        </Transform>
    </Transform>
    <TouchSensor DEF="touch1">
    </TouchSensor>
</Group>
<TimeSensor DEF="t1" cycleInterval='3' loop='false'>
</TimeSensor>
<OrientationInterpolator DEF="oi1" key='0,1' keyValue='0 1 0 0,0 1 0 -3.141'>
</OrientationInterpolator>
<Group>
     <Transform DEF="camera2" center='-2 0 0' translation='2 0 -0.003'>
        <Transform DEF="_Transform_2">
```

```
                    <Shape DEF = "_Shape_2">
                        <Appearance>
                            <ImageTexture url = '"./jnmq-02.jpg"'>
                            </ImageTexture>
                        </Appearance>
                        <Box DEF = "_Box_2" size = '4 6 0.001'>
                        </Box>
                    </Shape>
                    <Transform translation = '0 0 -0.001'>
                        <Shape>
                            <Appearance>
                                <Material diffuseColor = '1 1 1'>
                                </Material>
                            </Appearance>
                            <Box size = '4 6 0.001'>
                            </Box>
                        </Shape>
                    </Transform>
                </Transform>
            </Transform>
            <TouchSensor DEF = "touch2">
            </TouchSensor>
</Group>
<TimeSensor DEF = "t2" cycleInterval = '3' loop = 'false'>
</TimeSensor>
<OrientationInterpolator DEF = "oi2" key = '0,1' keyValue = '0 1 0 0,0 1 0 -3.141'>
</OrientationInterpolator>
    <Group>
        <Transform DEF = "camera3" center = '-2 0 0' translation = '2 0 -0.006'>
            <Transform DEF = "_Transform_3">
                <Shape DEF = "_Shape_3">
                    <Appearance>
                        <ImageTexture url = '"./jnmq-03.jpg"'>
                        </ImageTexture>
                    </Appearance>
                    <Box DEF = "_Box_3" size = '4 6 0.001'>
                    </Box>
                </Shape>
                <Transform translation = '0 0 -0.001'>
```

```
                <Shape>
                  <Appearance>
                      <Material diffuseColor = '1 1 1'>
                      </Material>
                  </Appearance>
                  <Box size = '4 6 0.001'>
                  </Box>
              </Shape>
          </Transform>
        </Transform>
    </Transform>
    <TouchSensor DEF = "touch3">
    </TouchSensor>
  </Group>
  <TimeSensor DEF = "t3" cycleInterval = '3' loop = 'false'>
  </TimeSensor>
  <OrientationInterpolator DEF = "oi3" key = '0,1' keyValue = '0 1 0 0,0 1 0 -3.141'>
  </OrientationInterpolator>
  <Group>
      <Transform DEF = "camera4" center = '-2 0 0' translation = '2 0 -0.009'>
          <Transform DEF = "_Transform_4">
              <Shape DEF = "_Shape_4">
                  <Appearance>
              <ImageTexture url = '"./jnmq-04.jpg"'>
              </ImageTexture>
          </Appearance>
          <Box DEF = "_Box_4" size = '4 6 0.001'>
          </Box>
        </Shape>
        <Transform translation = '0 0 -0.001'>
          <Shape>
            <Appearance>
              <Material diffuseColor = '1 1 1'>
              </Material>
            </Appearance>
            <Box size = '4 6 0.001'>
            </Box>
          </Shape>
        </Transform>
```

```
    </Transform>
  </Transform>
  <TouchSensor DEF="touch4">
  </TouchSensor>
</Group>
<TimeSensor DEF="t4" cycleInterval='3' loop='false'>
</TimeSensor>
<OrientationInterpolator DEF="oi4" key='0,1' keyValue='0 1 0 0,0 1 0 -3.141'>
</OrientationInterpolator>
<ROUTE fromNode="touch" fromField="touchTime_changed" toNode="t"
   toField="set_startTime"/>
<ROUTE fromNode="t" fromField="fraction_changed" toNode="oi"
   toField="set_fraction"/>
<ROUTE fromNode="oi" fromField="value_changed" toNode="camera"
   toField="set_rotation"/>
<ROUTE fromNode="touch1" fromField="touchTime_changed" toNode="t1"
   toField="set_startTime"/>
<ROUTE fromNode="t1" fromField="fraction_changed" toNode="oi1"
   toField="set_fraction"/>
<ROUTE fromNode="oi1" fromField="value_changed" toNode="camera1"
   toField="set_rotation"/>
<ROUTE fromNode="touch2" fromField="touchTime_changed" toNode="t2"
   toField="set_startTime"/>
<ROUTE fromNode="t2" fromField="fraction_changed" toNode="oi2"
   toField="set_fraction"/>
<ROUTE fromNode="oi2" fromField="value_changed" toNode="camera2"
   toField="set_rotation"/>
<ROUTE fromNode="touch3" fromField="touchTime_changed" toNode="t3"
   toField="set_startTime"/>
<ROUTE fromNode="t3" fromField="fraction_changed" toNode="oi3"
   toField="set_fraction"/>
<ROUTE fromNode="oi3" fromField="value_changed" toNode="camera3"
   toField="set_rotation"/>
<ROUTE fromNode="touch4" fromField="touchTime_changed" toNode="t4"
   toField="set_startTime"/>
<ROUTE fromNode="t4" fromField="fraction_changed" toNode="oi4"
   toField="set_fraction"/>
<ROUTE fromNode="oi4" fromField="value_changed" toNode="camera4"
   toField="set_rotation"/>
```

</Scene>

X3D 翻动的立体影集项目场景造型设计运行程序如下，首先，启动 Xj3D-browser 或 BS Contact VRML-X3D 7.2 浏览器，然后打开“X3D 源程序案例/第 6 章源程序案例/px3d6-3/px3d6-3. x3d”，即可启动可翻动的三维立体影集项目场景造型主程序，在场景中单击三维立体影集项目可以浏览相应精美照片或图像，如图 6-6 所示。

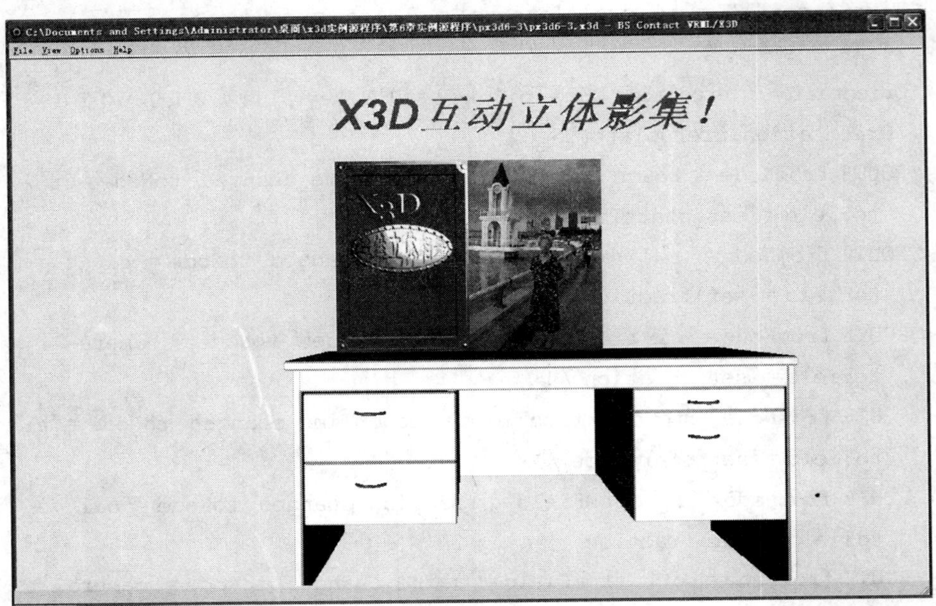

图 6-6　X3D 翻动的立体影集项目场景设计效果图

第7章 X3D高级建模分析设计

X3D 高级建模设计利用点、线、多边形、平面以及曲面等创建更加复杂的三维立体造型和场景。一个虚拟现实空间的内容是丰富多彩的，仅有一些基本造型不能满足 X3D 复杂的设计需要，因此，需要创建出更加复杂而多变的三维立体场景和造型来满足人们对虚拟现实空间环境的渴望。这样不仅使虚拟现实场景更加逼真、鲜活，具有真实感，而且使虚拟现实场景等同于现实生活效果。首先对 X3D 点、线、多边形几何算法进行分析，其次要对 X3D 高级建模设计所涵盖的 PointSet 节点、IndexedLineSet 节点、IndexedFaceSet 节点、LineSet 节点、Color 节点、ColorRGBA 节点、Coordinate 节点、Normal 节点、TextureCoordinate 节点、ElevationGrid 节点以及 Extrusion 节点等进行设计。

7.1 X3D 高级建模算法分析

X3D 高级建模算法分析针对点、线、面的数学算法进行分析，并对海拔栅格曲面建模、挤压造型高级建模进行分析和设计。

7.1.1 X3D 点和线算法分析

空间点算法是一个三维空间点在笛卡儿坐标系中的相对位置。空间三维坐标原点为 $O(x_0,y_0,z_0)$。通常在三维空间中，两点确定一条直线，若空间存在两点 $P(x_1,y_1,z_1)$、$Q(x_2,y_2,z_2)$，则空间两点距离为

$$|PQ| = \sqrt{(x_1-x_2)^2+(y_1-y_2)^2+(z_1-z_2)^2}$$

空间直线算法是由空间两个平面相交产生的交线，即空间直线。如果两个相交的平面方程分别为 $A_1x+B_1y+C_1z+D_1=0$ 和 $A_2x+B_2y+C_2z+D_2=0$，那么空间直线上的任意点的坐标应同时满足这两个平面的方程，即空间直线算法满足方程组。该方程组叫做空间直线的一般方程，即空间直线的算法：

$$\begin{cases} A_1x+B_1y+C_1z+D_1=0 \\ A_2x+B_2y+C_2z+D_2=0 \end{cases}$$

通过空间一个直线的平面有无限多个，只要在这无限多个平面中任意选取两个，把这两个平面方程联立起来，所形成的方程组就是空间直线的一般方程。

空间直线点向式算法是如果一个向量平行于一条直线，这个向量就叫做这条直线的方

向向量，直线上任一向量都平行于该直线的方向向量。已知过空间一点可作一条直线平行于一已知直线，当直线上一点 $M_0(x_0,y_0,z_0)$ 和它的一方向向量 $\boldsymbol{s}=\{m,n,p\}$ 为已知时，直线的方程就完全确定。空间直线点向式方程，设点 $M(x,y,z)$ 是直线上的任一点，那么向量 M_0M 与直线的方向向量 $\boldsymbol{s}$ 平行，两个向量的对应坐标成比例。$M_0M=\{x-x_0,y-y_0,z-z_0\}$，$\boldsymbol{s}=\{m,n,p\}$，空间直线点向式方程：

$$\frac{x-x_0}{m}=\frac{y-y_0}{n}=\frac{z-z_0}{p}$$

空间直线上点的坐标(x,y,z)，直线的任一方向向量 $\boldsymbol{s}$ 的坐标(m,n,p)叫做这条直线的一组方向数。

空间直线的参数方程算法。空间直线上点的坐标(x,y,z)还可以用另一个变量 t(称为参数)的函数来表示，则

$$\begin{cases}x=x_0+mt\\y=y_0+nt\\z=z_0+pt\end{cases}$$

这个方程组被称为空间直线的参数方程，即空间直线的参数方程算法。

7.1.2 空间平面算法分析

空间平面算法分析涵盖空间平面点法式方程、平面的一般方程以及平面的截距式方程。

(1) 空间平面点法式方程

如果一向量垂直于一个平面，这个向量就叫做该平面的法线向量，平面上的任一向量均与该平面的法线向量垂直。已知，过空间一点可以作而且只能作一平面垂直于一已知直线，所以当平面上一点 $M_0(x_0,y_0,z_0)$ 和它的一个法线向量 $\boldsymbol{n}=\{A,B,C\}$ 为已知时，平面的方程就确定了。设 $M(x,y,z)$ 是平面上的任一点，那么向量 M_0M 必与平面的法线向量 $\boldsymbol{n}$ 垂直，即它们的数量积等于零。

$\boldsymbol{n}\cdot M_0M=0$，由于 $\boldsymbol{n}=\{A,B,C\}$，$M_0M=\{x-x_0,y-y_0,z-z_0\}$，则有

$$A(x-x_0)+B(y-y_0)+C(z-z_0)=0$$

这就是平面上任一点 M 的坐标(x,y,z)所满足的方程，这样的方程叫做平面方程。由于该方程是有平面上的一点 $M_0(x_0,y_0,z_0)$ 及它的一个法线向量 $\boldsymbol{n}=\{A,B,C\}$ 来确定的，所以把该方程叫做点法式方程。

(2) 空间平面的一般方程

因为任一平面都可以用它上面的一点及法线向量来确定，所以任何一个平面都可以用三元一次方程来表示。设有三元一次方程

$$Ax+By+Cz+D=0$$

任取满足该方程的一组数(x_0,y_0,z_0)，即 $Ax_0+By_0+Cz_0+D=0$，把上述两个等式相减得方程形式，还原为 $A(x-x_0)+B(y-y_0)+C(z-z_0)=0$。由此可知，任一三元一次方程的图形总是一个平面，该方程称为空间平面的一般方程算法。其中 x、y、z 的系数就是该平面的一个法线向量 $\boldsymbol{n}$ 的坐标，即 $\boldsymbol{n}=\{A,B,C\}$。

(3) 平面的截距式方程

一般地，如果一个平面与 x,y,z 三轴分别交于 $P_x(a,0,0)$、$P_y(0,b,0)$、$P_z(0,0,c)$三点，

那么该平面的方程为

$$\frac{x}{a}+\frac{y}{b}+\frac{z}{c}=1$$

这个方程叫做平面的截距式方程，而 a、b、c 分别被称为平面在 x、y、z 轴上的截距。

7.1.3 空间曲面算法分析

空间曲面算法分析针对复杂曲面进行设计，在空间解析几何中，曲面的概念是把任何曲面看做点的几何轨迹。在这种情况下，设如果曲面 S 与三元方程有如下关系：①曲面 S 上任一点的坐标都满足该方程；②不在曲面 S 上的点的坐标都不满足该方程。

$$F(x,y,z)=0$$

那么该方程就叫做曲面 S 的方程，而曲面 S 就叫做该方程的图形。常见的曲面方程球面方程的算法，设球心在点 $M_0(x_0,y_0,z_0)$，半径为 R 的球面方程：$(x-x_0)^2+(y-y_0)^2+(z-z_0)^2=R^2$，如果球心在原点，那么 $x_0=y_0=z_0=0$，从而球面方程为 $x^2+y^2+z^2=R^2$。方程 $x^2+y^2+z^2-2x+4y=0$ 表示怎样的曲面，经过配方，原方程变为 $(x-1)^2+(y+2)^2+z^2=5$，即原方程表示球心在点 $M_0(1,-2,0)$，半径为 $R^2=5$ 的球面。

7.1.4 X3D Extrusion 算法分析

在 X3D 文件中 Extrusion（挤出造型）节点用以创建挤出造型，创建挤出造型过程类似工业生产制造中的一种加工材料的流体通过一个金属板的模型孔，按照模型孔的设计，挤压成为一个新的造型，这个过程就是挤出。如铁丝就是铁水通过挤压模型挤出来的。Extrusion 挤出造型节点可视为更具变化的 Cylinder（圆柱体）节点。Extrusion 节点算法分析主要由两个 crossSection 域和 spine 域的域值设计决定。

crossSection 域控制断面形状，是一系列的二维轮廓线，可以组成圆形、正方形、三角形、菱形以及多边形等，如图 7-1 所示。

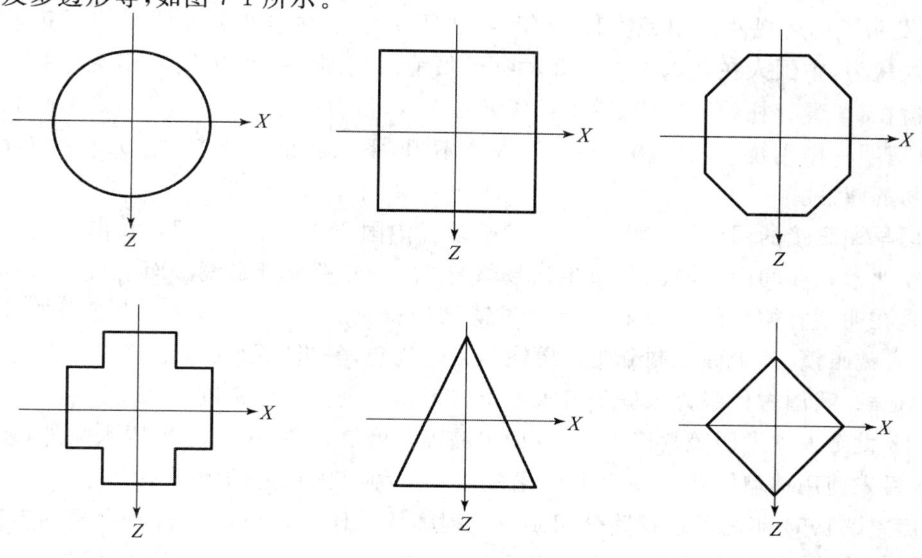

图 7-1 常见几种断面（X-Z）形状

spine 域定义了一系列的三维路径与 crossSection 域定义好的断面的几何中心沿着 spine 域路径创建造型。spine 域定义的路径可以是一条直线路径、曲线路径、螺旋线路径以及封闭路径等，如图 7-2 所示。

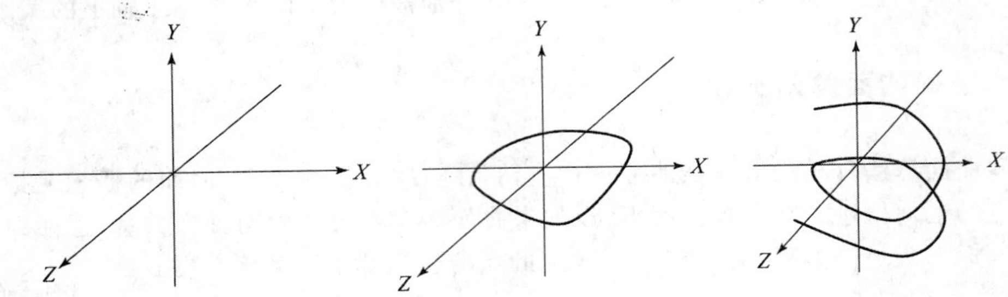

图 7-2　断面几何中心路径变化图

7.2　X3D 高级建模剖析

X3D 高级建模语法剖析主要对 PointSet、IndexedLineSet、LineSet、IndexedFaceSet、ElevationGrid、Extrusion、Color、ColorRGBA、Coordinate、Normal、TextureCoordinate、TextureCoordinateGenerator 节点的语法进行定义、分析和设计。

7.3　X3D 立体眼镜项目案例

眼镜最早出现于 1289 年的意大利佛罗伦萨，据说是一位名叫阿尔马托的光学家和一位生活在比萨市的意大利人斯皮纳发明的。美国发明家本杰明富兰克林，身患近视和远视，1784 年发明了远近视两用眼镜。1825 年，英国天文学家乔治艾利发明了能矫正散光的眼镜。有人认为，中国人在 2 000 年前就发明了眼镜。我国在明朝中期就出现了眼镜。明万历田艺蘅在《留青日札》卷二《叆叇》条云：“每看文章，目力昏倦，不辨细节，以此掩目，精神不散，笔画信明。中用绫绢联之，缚于脑后，人皆不识，举以问余。余曰：此叆叇也。”这时的叆叇即最初的叫法。

我国早期眼镜的图像及实物资料存世不多。中国历史博物馆藏明画《南都繁会景物图卷》(描绘明永乐年间南京城区民众生活场景)中有一老者戴着眼镜。而清代赵翼称眼镜传入中国是在明朝宣德年间。清嘉庆年间眼镜已经得到普及，张子秋在《续都门竹枝词》云：“近视人人戴眼镜，铺中深浅制分明。更饶养目轻犹巧，争买皆由属后生。”清李光庭所著《乡言解颐》记载，我国古代眼镜根据子丑寅卯十二地支来划分深浅标度。

自 13 世纪人类发明镜片以来，一直用水晶玻璃磨制镜片，中国除采用水晶外，还使用人造水晶，后来使用玻璃镜片。1937 年法国发明了一种叫压克力的塑料眼镜片，虽不易破碎，但清晰度差。1954 年法国依视路公司一位工程师从制作飞机座舱的材料中受到启发，从而发明了树脂镜片，自此以后，这种镜片便成为世界镜片王国的至尊，一直沿用到今天。

从眼镜片的功能上讲，它具有调节进入眼睛之光量、增加视力、保护眼睛安全和临床治疗眼病的作用，对屈光异常引起的儿童斜视和伴有头疼的屈光异常患者，配戴眼镜后均可治疗。而眼镜架的功能，除其为镜片配套构成眼镜戴在人的眼睛上起到支架作用外，它还具有美容、装饰性。现代流行者强调，眼镜要有与时代人的面部化妆及服饰的和谐，反应社会阶层高超、学问高雅、时尚等等象征。

7.3.1 X3D 立体眼镜项目开发设计

X3D 立体眼镜项目设计利用 X3D 高级建模技术构建一个三维立体眼镜造型，利用 X3D 虚拟现实技术在三维立体空间创建一个生动鲜活的 X3D 立体眼镜。采用软件工程的思想对三维立体眼镜造型项目进行开发与设计，由总体设计、详细设计、编码测试以及运行维护等环节组成。使用坐标变换节点、背景节点、视点节点、模型节点、线节点、面节点、外观节点以及材料节点等开发与设计。

X3D 立体眼镜项目设计由眼镜框、眼镜片、眼镜腿等构成，利用线节点进行设计，再运用透明技术创建一个透明眼镜片来衬托三维立体眼镜造型，使 X3D 三维立体眼镜造型设计更加生动和实用，如图 7-3 所示。

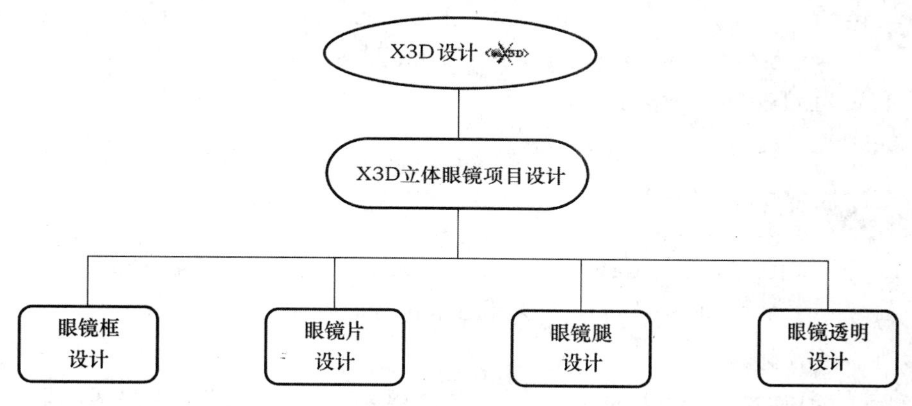

图 7-3 X3D 三维立体眼镜项目开发与设计

7.3.2 X3D 立体眼镜项目源代码

X3D 立体眼镜项目设计利用虚拟现实技术 X3D 进行设计、编码和调试。利用现代软件开发的编程思想，采用绝对编程、自动测试、简单设计以及先测试后设计的开发理念。融合结构化、组件化和模块化的设计思想，使软件开发设计层次清晰、结构合理。利用虚拟现实技术的各种节点创建生动、逼真的 X3D 三维立体眼镜造型。使用 X3D 内核节点、背景节点、坐标变换节点以及高级“线”节点进行设计和开发。

【实例 7-1】 利用 Viewpoint 节点、Group 节点、Shape 节点、Appearance 子节点和 Material 节点、IndexedLineSet“线”高级节点在三维立体空间背景下，创建一个 X3D 三维立体眼镜造型。X3D 立体眼镜项三维立体场景设计 X3D 文件 px3d7-1. x3d“源程序”展示如下：

```
<Scene>
  <Background skyColor="0.98 0.98 0.98"/>
   <Shape>
    <Appearance>
     <Material diffuseColor='0 0 0' emissiveColor='0 0.5 1'/>
    </Appearance>
    <IndexedLineSet coordIndex='0 1 2 3 4 5 6 -1,&#10;
                     7 8 9 10 11 12 13 -1,&#10;
                     14 15 16 17 18 19 20 21 22 23 -1,&#10;
               24 25 26 27 28 29 30 31 32 33 -1'>
   <Coordinate point='-5.0 0.0 0.0,-5.0 0.0-8.0,-5.0-0.5-8.5,-5.0-2.0-10.0,-5.0-2.7
    -10.0,-5.0-0.4-8.0,-5.0-0.8 0.0,&#10;
   5.0 0.0 0.0,5.0 0.0-8.0,5.0-0.5-8.5,5.0-2.0-10.0,5.0-2.7-10.0,5.0-0.4-8.0,5.0
    -0.8 0.0,&#10;
   -5.0 0.0 0.0,-4.8 0.0 0.0,-4.8 0.2 0.0,-0.5 0.2 0.0,-0.5-0.3 0.0,0.5-0.3 0.0,0.5
    0.2 0.0,4.8 0.2 0.0,4.8 0.0 0.0,5.0 0.0 0.0,&#10;
   -5.0-0.8 0.0,-4.8-0.8 0.0,-4.8-1.5 0.0,-0.5-1.5 0.0,-0.5 0.0 0.0,0.5 0.0 0.0,0.5
    -1.5 0.0,4.8-1.5 0.0,4.8-0.8 0.0,5.0-0.8 0.0'/>
   </IndexedLineSet>
   </Shape>
   <Shape>
    <Appearance>
     <Material diffuseColor="0.3 0.2 0.0" ambientItensify="0.4" specularColor="0.7 0.7
       0.6" shininess="0.2" transparency="0.5"/>
    </Appearance>
    <IndexedFaceSet solid="false" coordIndex="0 3 2 1 0 -1,&#10;4 5 6 7 4 -1">
     <Coordinate point="-4.6 0.1 0.0,-0.7 0.1 0.0,-0.7-1.4 0.0,-4.6-1.4 0.0,&#10;
                 4.6 0.1 0.0,0.7 0.1 0.0,0.7-1.4 0.0,4.6-1.4 0.0"/>
    </IndexedFaceSet>
   </Shape>
 </Scene>
```

X3D 立体眼镜三维立体造型设计运行程序如下，首先，启动 xj3d2.0 浏览器，单击“Open”按钮，然后打开“X3D 实例源程序/第 7 章实例源程序/px3d7-1.x3d”，即可运行虚拟现实 IndexedLineSet“线”节点创建一个三维立体线造型场景。X3D 立体眼镜三维立体造型设计运行结果，如图 7-4 所示。

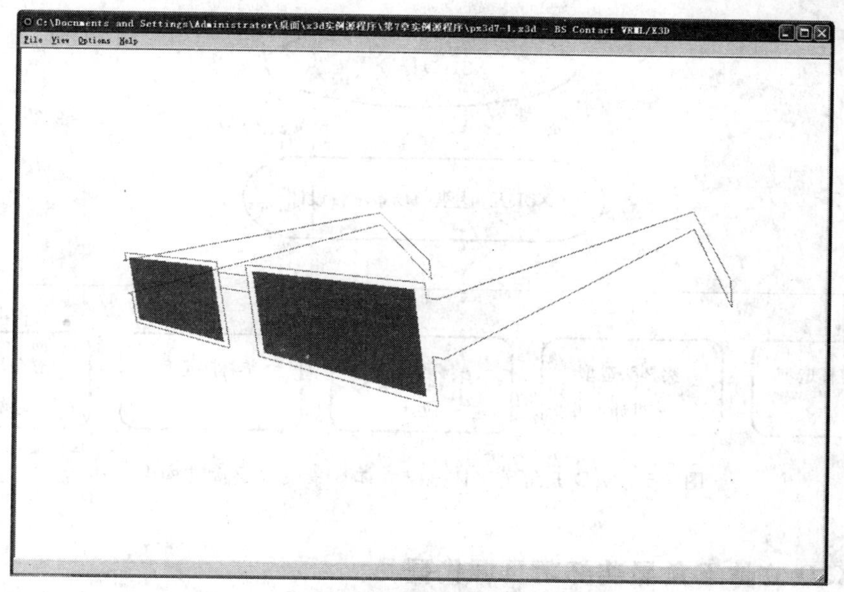

图 7-4 X3D 立体眼镜项目设计运行效果图

7.4 X3D 立体五角星奖杯项目案例

最早对五角星的使用是在美索不达米亚的文献资料里，距今可以追溯到大约公元前 3000 年。五角星具有“胜利”的含义，被很多国家的军队作为军官（尤其是高级军官）的军衔标志使用，也常将五角星运用在旗帜上。

奖杯是赛事活动中颁发给优胜者的杯状奖品，奖杯的材质一般分为三类：①金属类常用铜、锌铝合金开模铸造或锻造成型，表面电镀抛光，整体稳重大方；②水晶类以人造水晶为主，半机器半手工磨制而成，整体晶莹剔透，不同光线不同角度可折射出不同效果；③合成类，即多种材质组合到一起，比如用树脂、塑料开模铸成表面电镀有金属质感效果，也有用金属、石、木、合成的等。

X3D 立体五角星奖杯是利用虚拟现实技术在虚拟空间创建的三维立体五角星和奖杯，其造型、颜色和纹理根据需要进行变换和设计，实现“虚拟”和“现实”的完美结合。

7.4.1 X3D 立体五角星奖杯项目开发设计

X3D 立体五角星奖杯项目设计是利用软件工程思想开发设计，从需求分析、总体设计、详细设计、编码和测试过程中，循序渐进不断完善软件的项目开发。利用 X3D 虚拟现实技术，创建出逼真三维立体五角星奖杯场景。X3D 立体五角星奖杯场景包括五角星设计、奖杯设计两大部分，在虚拟世界体验三维立体 X3D 立体五角星奖杯场景给人们带来的身临其境的真实感受。

X3D 立体五角星奖杯设计由三维立体奖杯造型设计、奖杯头设计、奖杯体设计、奖杯座设计以及黄色五角星设计等。采用 X3D 先进的前沿技术以及面向对象的设计思想，层次清晰、结构合理的三维立体 X3D 五角星奖杯场景设计。X3D 五角星奖杯三维立体场景设计层次结构，如图 7-5 所示。

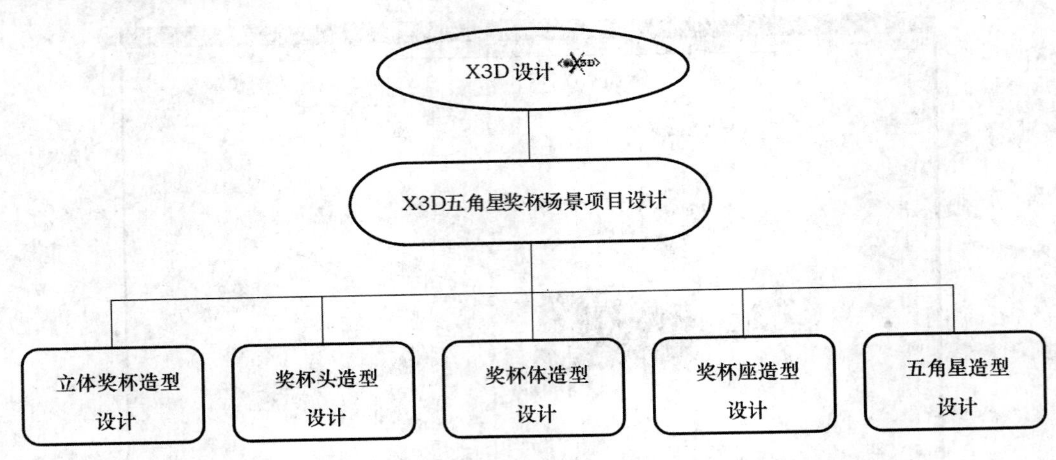

图 7-5　X3D 五角星奖杯三维立体场景设计层次结构图

7.4.2　X3D 立体五角星奖杯项目源代码

X3D 立体五角星奖杯项目设计利用 IndexedFaceSet“面”创建三维立体五角星造型，使用挤压节点编写三维立体奖杯造型。利用虚拟现实技术 X3D 进行设计、编码和调试。利用现代软件开发的编程思想，采用绝对编程、自动测试、简单设计以及先测试后设计开发理念。融合结构化、组件化和模块化的设计思想，使软件开发设计层次清晰、结构合理。利用虚拟现实技术的各种节点创建生动、逼真的三维立体 X3D 立体五角星奖杯场景和造型。使用 X3D 内核节点、视点节点、背景节点、坐标变换节点、面节点以及挤压节点进行设计和开发。

【实例 7-2】　利用坐标变换节点、Shape 节点、Appearance 子节点和 Material 节点、IndexedFaceSet“面”节点在三维立体空间背景下，创建一个复杂三维立体造型。X3D 五角星奖杯三维立体场景源程序文件 px3d7-2. x3d 展示如下：

```
<Scene>
  <Background skyColor="0.98 0.98 0.98"/>
  <Viewpoint description="View-1" position="0 2 10" />
  <Viewpoint description="View-2" position="5 2 10" orientation='0 1 0 0.524'/>
  <Viewpoint description="View-3" position="-5 2 10" orientation='0 1 0-0.524'/>
  <Transform translation="0 0.0 0" >
  <Shape>
      <Appearance>
          <Material diffuseColor="0.1 0.9 1.0" transparency="0.5"/>
      </Appearance>
     <Extrusion crossSection="-1 1, 1 1, 1-1, -1-1, -1 1" scale="1 1, 0.5 0.5,0.2 0.2,0.38
         0.38" spine="0 0 0  0 0.8 0 0 0.8 0 0 4 0"/>
    </Shape>
    <Transform translation="0 4.0 0" rotation ="0.0 1.0 0.0 1.571">
          <Shape>
```

```
            <Appearance>
                <Material diffuseColor='0.1 0.9 1.0' transparency="0.5">
                </Material>
            </Appearance>
            <Extrusion containerField="geometry" creaseAngle='0.7850000' crossSection='1.0
                0.0,0.920-0.380,0.710-0.710,0.380-0.920,
                0.0-1.0,-0.380-0.920,-0.710-0.710,-0.920-0.380,
                -1.0-0.0,-0.920 0.380,-0.710 0.710,-0.380 0.920,
                0.0 1.0,0.380 0.920,0.710 0.710,0.920 0.380,
                1.0 0.0
                ' scale="0.2 0.2 0.5 0.5" orientation="0 0 1 0 0 0 1 0.524" spine='0.0 0.0
                  0.0,0.0 0.68 0.0'>
            </Extrusion>
        </Shape>
    </Transform>
    </Transform>
<Transform DEF='TF_1'  translation='0-0.5 1' scale='0.5 0.5 0.5'>
    <Shape>
        <Appearance>
            <Material diffuseColor='1 1 0.1'>
            </Material>
        </Appearance>
        <IndexedFaceSet coordIndex=' 5, 0, 2, 5, -1
            , 5, 1, 3, 5
            , -1, 5, 2, 4
            , 5, -1, 5, 3
            , 0, 5, -1, 5
            , 4, 1, 5, -1
            , 6, 0, 2, 5
            , -1, 6, 1, 3
            , 5, -1, 6, 2
            , 4, 5, -1, 6
            , 3, 0, 5, -1
            , 6, 4, 1, 5
            , -1
            ' solid='false'>
            <Coordinate point='0 1 0,0.95 0.31 0,0.59-0.81 0,-0.59-0.81 0,-0.95 0.31
                0,0 0 0.2,0 0-0.2'>
            </Coordinate>
        </IndexedFaceSet>
```

```
            </Shape>
            </Transform>
            <Transform rotation='0 1 0 0' translation='-2 0 0'>
                <Transform USE='TF_1'/>
            </Transform>
            <Transform rotation='0 1 0 0' translation='2 0 0'>
                <Transform USE='TF_1'/>
            </Transform>
            <Transform rotation='0 1 0 0' translation='0 5.5-0.8'>
                <Transform USE='TF_1'/>
            </Transform>
            <Transform rotation='0 1 0 0' translation='4 0 0'>
                <Transform USE='TF_1'/>
            </Transform>
            <Transform rotation='0 1 0 0' translation='-4 0 0'>
                <Transform USE='TF_1'/>
            </Transform>
    </Scene>
```

X3D 五角星奖杯三维立体造型设计运行程序如下，首先，启动 xj3d-browser 浏览器，然后打开“X3D 实例源程序/第 7 章实例源程序/px3d7-2. x3d”，即可运行 X3D 五角星奖杯三维立体空间场景造型。X3D 立体五角星奖杯项目设计运行结果，如图 7-6 所示。

图 7-6　X3D 立体五角星奖杯项目设计运行效果图

7.5 X3D举重健身器项目案例

健身器材常以训练功能多少来分为单功能和综合型多功能两大类。单功能健身器械，常用的有举重器、哑铃、握力器、健美车、健步机、跑步机、划船器、美腰机等。举重器健身器主要锻炼人体上肢部分、躯干和下肢，是一个全身性训练器械。它可以帮助人们锻炼臂力、增加腰劲、增强大腿的力量。

X3D举重健身器借助虚拟现实技术，在虚拟三维空间创建一个逼真举重健身器，通过互动设备实现"虚拟空间"与"现实空间"的互动，把娱乐与健身有机结合起来。

7.5.1 X3D举重健身器项目开发设计

X3D举重健身器项目设计是利用软件工程的思想进行开发、设计、编码。举重健身器项目设计按照需求分析、总体设计、详细设计、编码测试过程，循序渐进不断完善软件的项目开发。X3D举重健身器设计主要由举重健身架设计、杠铃设计、三维坐标设计、文字造型等组成，设计出逼真的X3D举重健身器场景造型。采用模块化、组件化设计思想，设计层次清晰、结构合理的X3D举重健身器项目。

X3D举重健身器场景设计利用X3D虚拟现实场景建模技术中坐标变换节点、内联节点、模型节点、面节点、挤压节点以及几何体节点创建一个X3D举重健身器场景。X3D举重健身器项目层次结构图，如图7-7所示。

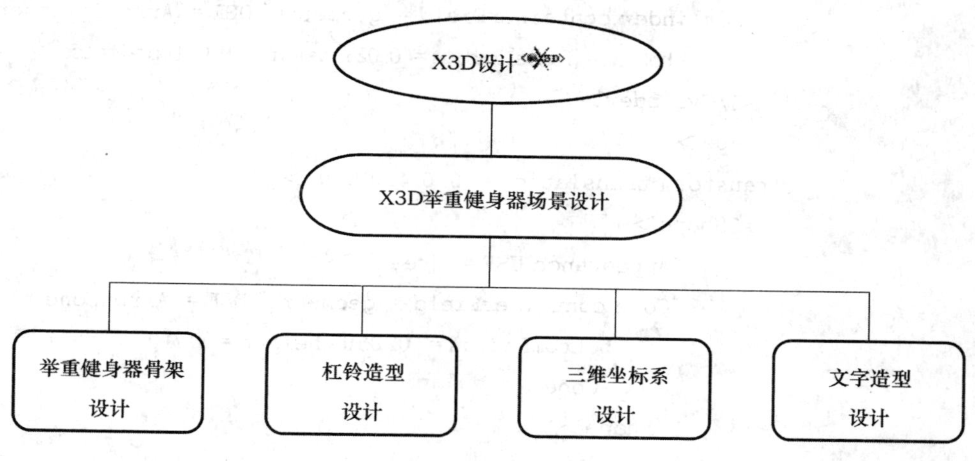

图7-7 X3D举重健身器项目层次结构图

7.5.2 X3D举重健身器项目源代码

X3D举重健身器项目设计是利用极端编程的思想，采用绝对编程、自动测试、简单设计以及先测试后设计的开发理念。使用X3D虚拟现实技术对三维立体场景进行开发、设计、编码和调试。采用结构化、组件化、模块化以及面向对象的开发思想，设计出层次清晰、结构合理的三维立体场景。利用虚拟现实的各种节点创建生动、鲜活、逼真的 X3D 举重健身器三维立体场景。

利用 X3D 基本几何节点创建 X3D 杠铃健身器造型，使用坐标变换节点、视点节点对漫步健身器进行组合设计，利用内联节点、几何节点、面节点以及挤压造型节点设计一个举重健身器骨架，采用背景节点衬托 X3D 举重健身器场景造型设计，使 X3D 举重健身器组合造型更加逼真、鲜活。

【实例 7-3】 X3D 举重健身器三维立体场景造型设计利用 X3D 几何体节点、坐标变换节点、导航节点模型节点、面节点、挤压造型节点等进行开发与设计编写源程序。X3D 举重健身器三维立体场景造型设计源程序 px3d7-3. x3d 程序展示如下：

```
<Scene>
<Background skyColor="0.98 0.98 0.98"/>
<NavigationInfo DEF="_1" type='"EXAMINE","ANY"'></NavigationInfo>
  <Group>
      <Group DEF="ArrowGreen">
          <Shape>
              <Appearance DEF="Green">
                  <Material diffuseColor='0.10 0.60 0.10' emissiveColor='0.050 0.20
                        0.050'>
                  </Material>
              </Appearance>
              <Cylinder containerField="geometry" DEF="ArrowCylinder"
                    bottom='false' radius='0.025' height="8.0" top='false'>
              </Cylinder>
          </Shape>
          <Transform translation='0.0 4.0 0.0'>
              <Shape>
                  <Appearance USE="Green"/>
                  <Cone containerField="geometry" DEF="ArrowCone"
                        bottomRadius='0.050' height='0.10'>
                  </Cone>
              </Shape>
          </Transform>
      </Group>
      <Transform translation='0.0 4.080 0.0'>
          <Billboard>
              <Shape>
                  <Appearance DEF="LABEL_APPEARANCE">
                      <Material diffuseColor='1.0 1.0 0.30' emissiveColor='0.330
```

```
                    0.330 0.10'>
                </Material>
            </Appearance>
            <Text containerField="geometry" string="Y" solid='false'>
                <FontStyle containerField="fontStyle" DEF="LABEL_FONT"
                    family="SANS" justify="MIDDLE" size='0.20'>
                </FontStyle>
            </Text>
        </Shape>
    </Billboard>
  </Transform>
</Group>
<Transform rotation='0.0 0.0 1.0-1.5707999'>
    <Group>
        <Group DEF="ArrowRed">
            <Shape>
                <Appearance DEF="Red">
                    <Material diffuseColor='0.70 0.10 0.10' emissiveColor='0.330
                        0.0 0.0'>
                    </Material>
                </Appearance>
                <Cylinder containerField="geometry" USE="ArrowCylinder" />
            </Shape>
            <Transform translation='0.0 4.0 0.0'>
                <Shape>
                    <Appearance USE="Red"/>
                    <Cone containerField="geometry" USE="ArrowCone"/>
                </Shape>
            </Transform>

        </Group>
        <Transform rotation='0.0 0.0 1.0 1.5707999' translation='0.0720 4.10 0.0'>
            <Billboard>
                <Shape>
                    <Appearance USE="LABEL_APPEARANCE"/>
                    <Text containerField="geometry" string="X" solid='false'>
                        <FontStyle containerField="fontStyle"
                            USE="LABEL_FONT"/>
                    </Text>
```

```
                        </Shape>
                    </Billboard>
                </Transform>
            </Group>
        </Transform>
        <Transform rotation = '1.0 0.0 0.0 1.5707999'>
            <Group>
                <Group DEF = "ArrowBlue">
                    <Shape>
                        <Appearance DEF = "Blue">
                            <Material diffuseColor = '0.30 0.30 1.0' emissiveColor = '0.10
                                0.10 0.330'>
                            </Material>
                        </Appearance>
                        <Cylinder containerField = "geometry" USE = "ArrowCylinder"/>
                    </Shape>
                    <Transform translation = '0.0 4.0 0.0'>
                        <Shape>
                            <Appearance USE = "Blue"/>
                            <Cone containerField = "geometry" USE = "ArrowCone"/>
                        </Shape>
                    </Transform>
                </Group>
                <Transform rotation = '1.0 0.0 0.0-1.5707999' translation = '0.0 4.10 0.0720'>
                    <Billboard>
                        <Shape>
                            <Appearance USE = "LABEL_APPEARANCE"/>
                            <Text containerField = "geometry" string = "Z" solid = 'false'>
                                <FontStyle containerField = "fontStyle"
                                USE = "LABEL_FONT"/>
                            </Text>
                        </Shape>
                    </Billboard>
                </Transform>
            </Group>
        </Transform>
        <Transform rotation = '0.0 0.0 0.0 0'>
            <Inline url = "px3d.x3d"/>
        </Transform>
```

```
        <Transform rotation='1.0 0.0 0.0 1.5707999'>
          <Inline url="px3d.x3d"/>
        </Transform>
        <Transform rotation='0.0 1.0 0.0 1.5707999'>
          <Inline url="px3d.x3d"/>
        </Transform>
    <Transform rotation="0 0 1 1.571" translation="0 0 0 ">
      <Shape>
        <Appearance>
          <Material ambientIntensity="0.1" diffuseColor="0 0 1"
            shininess="0.15" specularColor="0.8 0.8 0.8" transparency="0"/>
        </Appearance>
        <Cylinder height="4" radius="0.1"/>
      </Shape>
    </Transform>
    <Transform rotation="0 0 1 1.571" translation="1.5 0 0 ">
      <Shape>
        <Appearance>
          <Material ambientIntensity="0.1" diffuseColor="1 0 0"
            shininess="0.15" specularColor="0.8 0.8 0.8" transparency="0"/>
        </Appearance>
        <Cylinder height="0.1" radius="0.6"/>
      </Shape>
    </Transform>
    <Transform rotation="0 0 1 1.571" translation="1.6 0 0 ">
      <Shape>
        <Appearance>
          <Material ambientIntensity="0.1" diffuseColor="0.4 0.8 0.6"
            shininess="0.15" specularColor="0.8 0.8 0.8" transparency="0"/>
        </Appearance>
        <Cylinder height="0.1" radius="0.4"/>
      </Shape>
    </Transform>
    <Transform rotation="0 0 1 1.571" translation="1.7 0 0 ">
      <Shape>
        <Appearance>
          <Material ambientIntensity="0.1" diffuseColor="0.8 0.7 0.6"
          shininess="0.15" specularColor="0.8 0.8 0.8" transparency="0"/>
        </Appearance>
```

```
        <Cylinder height = "0.1" radius = "0.2"/>
      </Shape>
    </Transform>
    <Transform rotation = "0 0 1 1.571" translation = "-1.5 0 0 ">
      <Shape>
        <Appearance>
          <Material ambientIntensity = "0.1" diffuseColor = "1 0 0"
            shininess = "0.15" specularColor = "0.8 0.8 0.8" transparency = "0"/>
        </Appearance>
        <Cylinder height = "0.1" radius = "0.6"/>
      </Shape>
    </Transform>
    <Transform rotation = "0 0 1 1.571" translation = "-1.6 0 0 ">
      <Shape>
        <Appearance>
          <Material ambientIntensity = "0.1" diffuseColor = "0.4 0.8 0.6"
            shininess = "0.15" specularColor = "0.8 0.8 0.8" transparency = "0"/>
        </Appearance>
        <Cylinder height = "0.1" radius = "0.4"/>
      </Shape>
    </Transform>
    <Transform rotation = "0 0 1 1.571" translation = " - 1.7 0 0 ">
      <Shape>
        <Appearance>
          <Material ambientIntensity = "0.1" diffuseColor = "0.8 0.7 0.6"
            shininess = "0.15" specularColor = "0.8 0.8 0.8" transparency = "0"/>
        </Appearance>
        <Cylinder height = "0.1" radius = "0.2"/>
      </Shape>
    </Transform>
    <Transform rotation = "0 1 0 1.571" translation = " - 1.8 0 0 " scale = "0.08 0.08 0.08">
    <Shape>
            <Appearance>
                  <Material diffuseColor = '0.0 0.700 1.0'>
                  </Material>
            </Appearance>
            <Extrusion containerField = "geometry" creaseAngle = '0.7850000' crossSection = '
                  1.0 0.0,0.920 - 0.380,
                  0.710 - 0.710,0.380 - 0.920,
```

```
            0.0 -1.0, -0.380 -0.920,
            -0.710 -0.710, -0.920 -0.380,
            -1.0 -0.0, -0.920 0.380,
            -0.710 0.710, -0.380 0.920,
            0.0 1.0,0.380 0.920,
            0.710 0.710,0.920 0.380,
            1.0 0.0'
            spine = '
            1.0 0.0 0.0,0.920 -0.380 0.0,
            0.710 -0.710 0.0,0.380 -0.920 0.0,
            0.0 -1.0 0.0, -0.380 -0.920 0.0,
            -0.710 -0.710 0.0, -0.920 -0.380 0.0,
            -1.0 -0.0 0.0, -0.920 0.380 0.0,
            -0.710 0.710 0.0, -0.380 0.920 0.0,
            0.0 1.0 0.0,0.380 0.920 0.0,
            0.710 0.710 0.0,0.920 0.380 0.0,
            1.0 0.0 0.0'>
        </Extrusion>
</Shape>
</Transform>
<Transform rotation="0 1 0 1.571" translation="1.8 0 0 " scale="0.08 0.08 0.08">
<Shape>
        <Appearance>
            <Material diffuseColor='0.0 0.700 1.0'>
            </Material>
        </Appearance>
        <Extrusion containerField="geometry" creaseAngle='0.7850000' crossSection='
            1.0 0.0,0.920 -0.380,
            0.710 -0.710,0.380 -0.920,
            0.0 -1.0, -0.380 -0.920,
            -0.710 -0.710, -0.920 -0.380,
            -1.0 -0.0, -0.920 0.380,
            -0.710 0.710, -0.380 0.920,
            0.0 1.0,0.380 0.920,
            0.710 0.710,0.920 0.380,
            1.0 0.0'
            spine = '
            1.0 0.0 0.0,0.920 -0.380 0.0,
            0.710 -0.710 0.0,0.380 -0.920 0.0,
```

```
            0.0 - 1.0 0.0, - 0.380 - 0.920 0.0,
            - 0.710 - 0.710 0.0, - 0.920 - 0.380 0.0,
            - 1.0 - 0.0 0.0, - 0.920 0.380 0.0,
            - 0.710 0.710 0.0, - 0.380 0.920 0.0,
            0.0 1.0 0.0,0.380 0.920 0.0,
            0.710 0.710 0.0,0.920 0.380 0.0,
            1.0 0.0 0.0'>
        </Extrusion>
</Shape>
</Transform>
<Transform rotation = "0 1 0 1.571" translation = "1.35 0 0 " scale = "0.1 0.1 0.1">
<Shape>
        <Appearance>
            <Material diffuseColor = '0.0 0.700 1.0'>
            </Material>
        </Appearance>
        <Extrusion containerField = "geometry" creaseAngle = '0.7850000' crossSection = '
            1.0 0.0,0.920 - 0.380,
            0.710 - 0.710,0.380 - 0.920,
            0.0 - 1.0, - 0.380 - 0.920,
            - 0.710 - 0.710, - 0.920 - 0.380,
            - 1.0 - 0.0, - 0.920 0.380,
            - 0.710 0.710, - 0.380 0.920,
            0.0 1.0,0.380 0.920,
            0.710 0.710,0.920 0.380,
            1.0 0.0'
            spine = '
            2.0 1.0 0.0,1.920 - 1.380 0.0,
            1.710 - 1.710 0.0,1.380 - 1.920 0.0,
            1.0 - 2.0 0.0, - 1.380 - 1.920 0.0,
            - 1.710 - 1.710 0.0, - 1.920 - 1.380 0.0,
            - 2.0 - 1.0 0.0, - 1.920 1.380 0.0,
            '>
        </Extrusion>
</Shape>
</Transform>
<Transform rotation = "0 1 0 1.571" translation = " - 1.35 0 0 " scale = "0.1 0.1 0.1">
<Shape>
        <Appearance>
```

```
          <Material diffuseColor='0.0 0.700 1.0'>
          </Material>
        </Appearance>
        <Extrusion containerField="geometry" creaseAngle='0.7850000' crossSection='
          1.0 0.0,0.920 -0.380,
          0.710 -0.710,0.380 -0.920,
          0.0 -1.0, -0.380 -0.920,
          -0.710 -0.710, -0.920 -0.380,
          -1.0 -0.0, -0.920 0.380,
          -0.710 0.710, -0.380 0.920,
          0.0 1.0,0.380 0.920,
          0.710 0.710,0.920 0.380,
          1.0 0.0'
          spine='
          2.0 1.0 0.0,1.920 -1.380 0.0,
          1.710 -1.710 0.0,1.380 -1.920 0.0,
          1.0 -2.0 0.0, -1.380 -1.920 0.0,
          -1.710 -1.710 0.0, -1.920 -1.380 0.0,
          -2.0 -1.0 0.0, -1.920 1.380 0.0,
          '>
        </Extrusion>
</Shape>
</Transform>
<Transform rotation="0 1 0 1.571" translation=" -1.35 -0.33 0 ">
  <Shape>
    <Appearance>
      <Material ambientIntensity="0.1" diffuseColor="0.0 0.700 1.0"
        shininess="0.15" specularColor="0.0 0.700 1.0" transparency="0"/>
    </Appearance>
    <Cylinder height="0.2" radius="0.1"/>
  </Shape>
</Transform>
<Transform rotation="0 1 0 1.571" translation="1.35 -0.33 0 ">
  <Shape>
    <Appearance>
      <Material ambientIntensity="0.1" diffuseColor="0.0 0.700 1.0"
        shininess="0.15" specularColor="0.0 0.700 1.0" transparency="0"/>
    </Appearance>
    <Cylinder height="0.2" radius="0.1"/>
```

```
    </Shape>
  </Transform>
  <Transform rotation="0 1 0 1.571" translation=" -1.35 -0.53 0 ">
    <Shape>
      <Appearance>
        <Material ambientIntensity="0.1" diffuseColor="1.0 1.00 1.0"
          shininess="0.15" specularColor="0.0 0.700 1.0" transparency="0"/>
      </Appearance>
      <Cylinder height="0.2" radius="0.05"/>
    </Shape>
  </Transform>
  <Transform rotation="0 1 0 1.571" translation="1.35 -0.53 0 ">
    <Shape>
      <Appearance>
        <Material ambientIntensity="0.1" diffuseColor="1.0 1.00 1.0"
          shininess="0.15" specularColor="0.0 0.700 1.0" transparency="0"/>
      </Appearance>
      <Cylinder height="0.2" radius="0.05"/>
    </Shape>
  </Transform>

  <Transform rotation="0 1 0 1.571" translation=" -1.35 -2.13 0 ">
    <Shape>
      <Appearance>
        <Material ambientIntensity="0.1" diffuseColor="0.0 0.700 1.0"
          shininess="0.15" specularColor="0.0 0.700 1.0" transparency="0"/>
      </Appearance>
      <Cylinder height="3" radius="0.07"/>
    </Shape>
  </Transform>
  <Transform rotation="0 1 0 1.571" translation="1.35 -2.13 0 ">
    <Shape>
      <Appearance>
        <Material ambientIntensity="0.1" diffuseColor="0.0 0.700 1.0"
          shininess="0.15" specularColor="0.0 0.700 1.0" transparency="0"/>
      </Appearance>
      <Cylinder height="3" radius="0.07"/>
    </Shape>
  </Transform>
```

```
<Transform rotation="0 1 0 1.571" translation="-1.35 -1.63 0 ">
  <Shape>
    <Appearance>
      <Material ambientIntensity="0.1" diffuseColor="0.0 0.000 1.0"
        shininess="0.15" specularColor="0.0 0.700 1.0" transparency="0"/>
    </Appearance>
    <Cylinder height="0.9" radius="0.1"/>
  </Shape>
</Transform>
<Transform rotation="0 1 0 1.571" translation="1.35 -1.63 0 ">
  <Shape>
    <Appearance>
      <Material ambientIntensity="0.1" diffuseColor="0.0 0.000 1.0"
        shininess="0.15" specularColor="0.0 0.700 1.0" transparency="0"/>
    </Appearance>
    <Cylinder height="0.9" radius="0.1"/>
  </Shape>
</Transform>
<Transform rotation="0 1 0 1.571" translation="-1.35 -2.93 0 ">
  <Shape>
    <Appearance>
      <Material ambientIntensity="0.1" diffuseColor="0.0 0.000 1.0"
        shininess="0.15" specularColor="0.0 0.700 1.0" transparency="0"/>
    </Appearance>
    <Cylinder height="0.9" radius="0.1"/>
  </Shape>
</Transform>
<Transform rotation="0 1 0 1.571" translation="1.35 -2.93 0 ">
  <Shape>
    <Appearance>
      <Material ambientIntensity="0.1" diffuseColor="0.0 0.000 1.0"
        shininess="0.15" specularColor="0.0 0.700 1.0" transparency="0"/>
    </Appearance>
    <Cylinder height="0.9" radius="0.1"/>
  </Shape>
</Transform>
<Transform rotation="1 0 0 1.571" translation="-1.35 -3.6 0.45 ">
  <Shape>
    <Appearance>
```

```
        <Material ambientIntensity="0.1" diffuseColor="0.0 0.000 0.0"
          shininess="0.15" specularColor="0.0 0.00 0.0" transparency="0"/>
      </Appearance>
      <Cylinder height="0.2" radius="0.1"/>
    </Shape>
  </Transform>
  <Transform rotation="1 0 0 1.571" translation="-1.35 -3.6 0">
    <Shape>
      <Appearance>
        <Material ambientIntensity="0.1" diffuseColor="1.0 1.000 0.0"
          shininess="0.15" specularColor="0.0 0.700 1.0" transparency="0"/>
      </Appearance>
      <Cylinder height="0.7" radius="0.1"/>
    </Shape>
  </Transform>
  <Transform rotation="1 0 0 1.571" translation="-1.35 -3.6 -0.45">
    <Shape>
      <Appearance>
        <Material ambientIntensity="0.1" diffuseColor="0.0 0.000 0.0"
          shininess="0.15" specularColor="0.0 0.00 0.0" transparency="0"/>
      </Appearance>
      <Cylinder height="0.2" radius="0.1"/>
    </Shape>
  </Transform>
  <Transform rotation="1 0 0 1.571" translation="1.35 -3.6 0.45">
    <Shape>
      <Appearance>
        <Material ambientIntensity="0.1" diffuseColor="0.0 0.000 0.0"
          shininess="0.15" specularColor="0.0 0.00 0.0" transparency="0"/>
      </Appearance>
      <Cylinder height="0.2" radius="0.1"/>
    </Shape>
  </Transform>
  <Transform rotation="1 0 0 1.571" translation="1.35 -3.6 0">
    <Shape>
      <Appearance>
        <Material ambientIntensity="0.1" diffuseColor="1.0 1.000 0.0"
          shininess="0.15" specularColor="0.0 0.700 1.0" transparency="0"/>
      </Appearance>
```

```
      <Cylinder height = "0.7" radius = "0.1"/>
    </Shape>
  </Transform>
  <Transform rotation = "1 0 0 1.571" translation = "1.35 - 3.6 - 0.45 ">
    <Shape>
      <Appearance>
        <Material ambientIntensity = "0.1" diffuseColor = "0.0 0.000 0.0"
          shininess = "0.15" specularColor = "0.0 0.00 0.0" transparency = "0"/>
      </Appearance>
      <Cylinder height = "0.2" radius = "0.1"/>
    </Shape>
  </Transform>


  <Transform rotation = "0 0 1 1.571" translation = "0 - 2.3 0 ">
    <Shape>
      <Appearance>
        <Material ambientIntensity = "0.1" diffuseColor = "0.0 0.700 1.0"
          shininess = "0.15" specularColor = "0.0 0.700 1.0" transparency = "0"/>
      </Appearance>
      <Cylinder height = "2.8" radius = "0.052"/>
    </Shape>
  </Transform>
  <Transform rotation = "0 0 1 1.571" translation = "0.7 - 2.3 0 ">
    <Shape>
      <Appearance>
        <Material ambientIntensity = "0.1" diffuseColor = "0.0 0.00 1.0"
          shininess = "0.15" specularColor = "0.0 0.700 1.0" transparency = "0"/>
      </Appearance>
      <Cylinder height = "0.7" radius = "0.07"/>
    </Shape>
  </Transform>
  <Transform rotation = "0 0 1 1.571" translation = " - 0.7 - 2.3 0 ">
    <Shape>
      <Appearance>
        <Material ambientIntensity = "0.1" diffuseColor = "0.0 0.00 1.0"
          shininess = "0.15" specularColor = "0.0 0.700 1.0" transparency = "0"/>
      </Appearance>
      <Cylinder height = "0.7" radius = "0.07"/>
```

```
  </Shape>
 </Transform>
</Scene>
```

X3D 举重健身器三维立体造型设计运行程序如下，首先，启动 xj3d-browser 浏览器，然后打开"X3D 实例源程序/第 7 章实例源程序/px3d7-3. x3d"，即可运行 X3D 举重健身器三维立体空间场景造型。X3D 举重健身器项目设计运行结果，如图 7-8 所示。

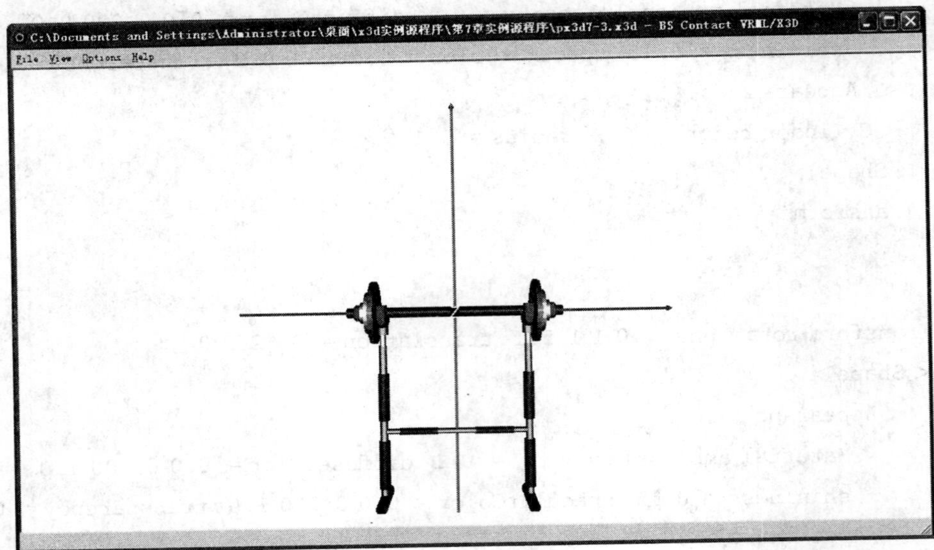

图 7-8　X3D 举重健身器项目设计运行效果图

第8章 X3D三维动画游戏设计

X3D虚拟现实三维动画节点设计是实现X3D三维立体空间动画设计效果，在现实世界中万物都是在变化着的，如太阳的升落，树叶由绿变黄等，这些都归属为动画。同样，在X3D中也可以实现动画设计效果，使X3D世界更加生动、真实、鲜活。X3D提供了多个用来控制动画的插补器。在X3D虚拟现实三维立体程序设计中，控制动画的插补器(Interpolator)节点是为线性关键帧动画而设计的。其中采用一组关键数值，且每个关键值对应一种状态，这个状态允许以各种形式表示，如SFVec3f或SFColor，浏览器会根据这些状态生成连续的动画。一般来说，浏览器在两个相邻关键帧之间生成的连续帧是线性的。插补器节点根据其所插值的类型不同而分为几种：ColorInterpolator节点、CoordiateInterpolator节点、NormalInterpolator节点、OrientationInterpolator节点、PositionInterpolator节点、ScalarInterpolator节点、PositionInterpolator2D节点、CoordinateInterpolator2D节点以及ROUTE节点设计等。

8.1 X3D动画游戏设计与策划分析

X3D动画游戏设计与策划分析主要涵盖动画游戏设计与策划和X3D动画游戏设计原理两大部分。动画游戏设计涉及诸多范畴，而X3D动画游戏设计是针对“虚拟空间”和“现实空间”动画游戏设计的一个互动交流过程。

8.1.1 动画游戏设计与策划

游戏设计与游戏策划是设计游戏内容和规则的一个过程，也可以表示游戏实际设计中的具体实现和描述设计细节的文档。游戏设计涉及诸多范畴：游戏规则、游戏玩法、视觉艺术、编程、产品化、声效、编剧、角色、道具、场景、界面等诸元素都是一个游戏设计方案所必需的。

游戏设计者常常专攻于某一种特定的游戏类型，如桌面游戏、卡片游戏或者视频游戏等。尽管这些游戏类型看上去很不一样，可是它们却共同拥有很多潜在的概念上或者逻辑上的相似性。

游戏设计方法从本质上来说是用一系列的约束来指导游戏作品的创作。这些约束因设计游戏的类型不同而有所不同。一些类型的游戏设计综合了其他多种技术，以视频游戏来说，需要借助以下学科的知识，即游戏机制和视觉艺术。

游戏策划也可称为创意策划，创意分为两种：原创性创意和综合性创意，在自然科学领域，原创性创意出现率比较高一些，很多发明和发现都属于原创性创意，但是，也有不少发明和发现是站在巨人肩膀上的创新，并非原创性创意而是综合性创意。

综合性创意其实是一个选择、融合的过程。选择是模仿借鉴其他游戏，而融合的过程，是在借鉴其他游戏的同时融入自己有独到创新意境的作品。能做到将所有的选择有机结合为一个整体，增一分则多，减一分则少，这才是综合性创意的精髓。

8.1.2 X3D 动画游戏设计原理

X3D 动画游戏设计原理，是由时间传感器激发感应器执行引擎控制立体场景模型，再由感应器驱动逻辑脚本启动执行引擎控制立体场景模型，最终现实 X3D 场景造型动画游戏设计。X3D 动画游戏设计原理，如图 8-1 所示。

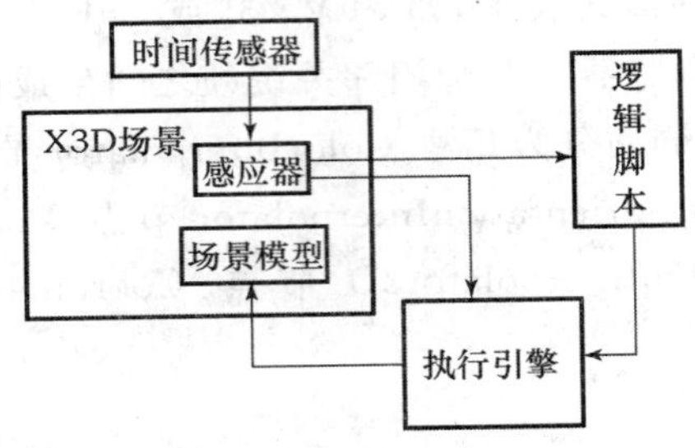

图 8-1 X3D 动画游戏设计原理图

图 8-1 中，以箭头方向作为事件出入方向，当出事件对象产生了一个事件，入事件对象就会得到通知，并处理接收到的事件。

8.2 X3D 动画游戏设计分析

X3D 动画游戏语法分析主要对 TimeSensor、PositionInterpolator、OrientationInterpolator、ScalarInterpolator、ColorInterpolator、CoordinateInterPolator、NormalInterpolator、PositionInterpolator2D 、CoordinateInterpolator2D 、ROUTE 语法进行定义、剖析和解读。在 X3D 三维立体动画程序设计中，世界万物的变化往往是自动的，而且是有一定规律的，即不是随人的意志而改变的，这就需要在 X3D 虚拟世界中，创建出能自动变化不需要人的干预来实现。可以通过设定时间按某种规律变化来控制造型变化。而控制时间按某种规律变化最常见的就是 TimeSenor(时间传感器)。

8.3 X3D旋转魔方游戏项目案例

魔方，也称鲁比克方块，英文名字是 Rubik's Cube。三阶魔方是由富于弹性的硬塑料制成的 6 面正方体。核心是一个轴，并由 26 个小正方体组成。包括：中心方块 6 个，固定不动，只有一面有颜色；边角方块（角块）8 个（3 面有色），可转动；边缘方块（棱块）12 个（2 面有色），亦可转动。此外除三阶魔方外还有二阶、四阶至十三阶，近代新发明的魔方越来越多，它们造型不尽相同，但都是趣味无穷。玩具在出售时，小立方体的排列使大立方体的每一面都具有相同的颜色。当大立方体的某一面平动旋转时，其相邻的各面单一颜色便被破坏，而组成新图案的立方体，再转再变化，形成每一面都由不同颜色的小方块拼成。玩法是将打乱的立方体通过转动尽快恢复成六面呈单一颜色。

当初厄尔诺·鲁比克（Ern. Rubik）教授发明魔方，仅仅是作为一种帮助学生增强空间思维能力的教学工具。但要使那些小方块可以随意转动而不散开，不仅是个机械难题，这牵涉到木制的轴心、座和榫头等。直到魔方在手时，他将魔方转了几下后，才发现如何把混乱的颜色方块复原竟是个有趣而且困难的问题。鲁比克就决心大量生产这种玩具。魔方发明后不久就风靡世界，人们发现这个小方块组成的玩意实在是奥妙无穷。

魔方别看只有 26 个小方块，变化可真是不少，魔方总的变化数为

$$\frac{8! \times 3^8 \times 12! \times 2^{12}}{3 \times 2 \times 2} = 43\ 252\ 003\ 274\ 489\ 856\ 000$$

或者约等于 4.3×10^{19}。如果你一秒可以转 3 下魔方，不计重复，你也需要转 4542 亿年，才可以转出魔方所有的变化，这个数字是目前估算宇宙年龄的大约 30 倍。三阶魔方总变化数的原理是这样：6 个中心块定好朝向后，我们就不可以翻转魔方了，而它们也正好构成了一个坐标系，在这个坐标系里，8 个角色块全排列是 8!，而每个角色块又有 3 种朝向，所以是 $8! \times 3^8$，12 个棱色块全排列每个有 2 种朝向是 $12! \times 2^{12}$，这样相乘就是分子，而分母上 $3 \times 2 \times 2$ 的意义是，保持其他色块不动，不可以单独改变一个角色块朝向、改变一个棱色块朝向或者单独交换一对棱色块或一对角色块的位置。下面首先介绍一下魔方的构造，魔方有 8 个角色块，12 个棱色块，6 个中心块，中心块相对位置永远不变，一定是红、橙相对，蓝、绿相对，黄、白相对，也就是相近的颜色相对。中心块是什么颜色，这一面最后就会是什么颜色，如图 8-2所示。

图 8-2 魔方结构图

8.3.1 X3D 旋转魔方游戏项目开发设计

X3D 旋转魔方游戏项目开发设计利用编组节点、几何体节点、动画游戏节点创建一个 X3D 旋转魔方游戏三维造型。X3D 旋转魔方游戏开发设计由六面体、组合体、魔方设计、动画设计等构成，创建一个逼真 X3D 旋转魔方游戏三维造型，使 X3D 旋转魔方游戏造型设计更加生动和鲜活。X3D 旋转魔方游戏项目设计层次结构图，如图 8-3 所示。

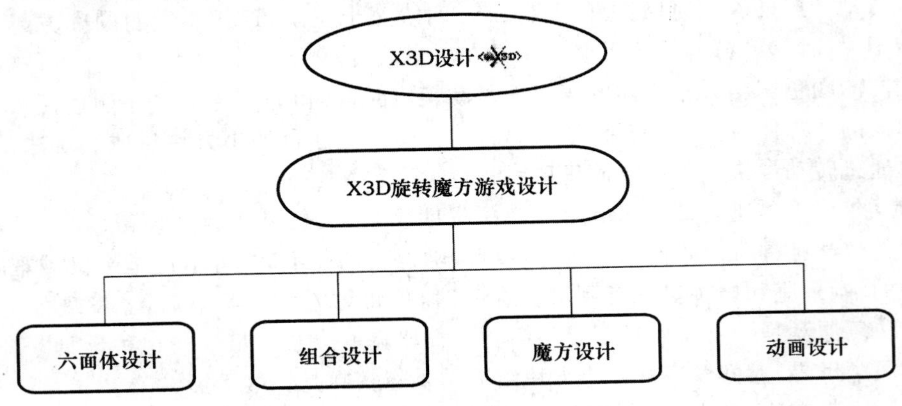

图 8-3 X3D 旋转魔方游戏项目设计层次结构图

8.3.2 X3D 旋转魔方游戏项目源代码

X3D 旋转魔方游戏项目设计利用虚拟现实技术 X3D 对旋转魔方游戏项目场景进行设计、编码和调试。利用现代软件开发的编程思想，采用绝对编程、自动测试、简单设计以及先测试后设计的开发理念，融合结构化、组件化和模块化的设计思想，使软件开发设计层次清晰、结构合理。利用虚拟现实技术的各种节点创建生动、逼真的旋转魔方游戏项目场景。

使用背景节点、坐标变换节点、内联节点、动画游戏设计节点等进行设计和开发，利用内联节点实现子程序调用，实现模块化和组件化设计。利用动画节点实现魔方旋转运动，使 X3D 旋转魔方游戏项目设计更加逼真、生动和鲜活。

【实例 8-1】 虚拟现实 X3D 旋转魔方游戏项目设计源代码(主程序)展示如下：

```
<Scene>
    <Background skyColor="0.98 0.98 0.98"/>
    <Transform translation="0.2 3-4 ">
        <Shape>
            <Appearance>
            <Material ambientIntensity="0.1" diffuseColor="0.8 0.2 0.2"/>
            </Appearance>
        <Text length="12.0" maxExtent="12.0" string="&quot;X3D 旋转 3 x 3 阶魔方!
```

```
                &quot;,&#10;&quot; ">
            <FontStyle family="&quot;SANS&quot;"
                justify="&quot;MIDDLE&quot;,&quot;MIDDLE&quot;" size="1.2"
                    style="BOLDITALIC"/>
                </Text>
        </Shape>
    </Transform>
    <Group>
      <Transform DEF="fan" scale="1 1 1" translation="0 0 0">
        <Inline url="px3d8-1-1.x3d"/>
        <CylinderSensor DEF="cylins" autoOffset="true"
          diskAngle="0.26179167" enabled="true" maxAngle="-1"
          minAngle="0" offset="1.571"/>
      </Transform>
    </Group>
    <ROUTE fromField="rotation_changed" fromNode="cylins"
      toField="set_rotation" toNode="fan"/>
<Group>
      <Transform DEF="fan" scale="1 1 1" translation="0 0 0">
        <Transform translation="-1 0 0">
      <Shape>
        <Appearance>
          <Material ambientIntensity="0.4" diffuseColor="0.2 0.5 0.7"
        shininess="0.2" specularColor="0 0 0"/>
      </Appearance>
      <Box size="1 1 1"/>
    </Shape>
  </Transform>
    <Transform translation="0 0 0" >
    <Shape>
    <Appearance>
      <Material ambientIntensity="0.4" diffuseColor="0.5 1.0 0.2"
        shininess="0.2" specularColor="0 0 0"/>
    </Appearance>
    <Box size="1 1 1"/>
  </Shape>
</Transform>
  <Transform translation="1 0 0" >
  <Shape>
```

```
        <Appearance>
          <Material ambientIntensity="0.4" diffuseColor="0.7 0.5 1.0"
            shininess="0.2" specularColor="0 0 0"/>
        </Appearance>
      <Box size="1 1 1"/>
    </Shape>
  </Transform>
  <Transform translation="-1 0 1">
    <Shape>
      <Appearance>
        <Material ambientIntensity="0.4" diffuseColor="1.0 0.5 0.2"
          shininess="0.2" specularColor="0 0 0"/>
      </Appearance>
      <Box size="1 1 1"/>
    </Shape>
  </Transform>
    <Transform translation="0 0 1" >
    <Shape>
      <Appearance>
        <Material ambientIntensity="0.4" diffuseColor="0.5 0.2 0.7"
          shininess="0.2" specularColor="0 0 0"/>
      </Appearance>
      <Box size="1 1 1"/>
    </Shape>
  </Transform>
    <Transform translation="1 0 1" >
    <Shape>
      <Appearance>
        <Material ambientIntensity="0.4" diffuseColor="1.0 0.5 0.2"
          shininess="0.2" specularColor="0 0 0"/>
      </Appearance>
      <Box size="1 1 1"/>
  </Shape>
</Transform>
  <Transform translation="-1 0-1">
  <Shape>
    <Appearance>
      <Material ambientIntensity="0.4" diffuseColor="1.0 0.5 0.7"
        shininess="0.2" specularColor="0 0 0"/>
```

```
            </Appearance>
            <Box size="1 1 1"/>
          </Shape>
        </Transform>
          <Transform translation="0 0-1" >
          <Shape>
            <Appearance>
              <Material ambientIntensity="0.4" diffuseColor="0.7 1.0 0.5"
                shininess="0.2" specularColor="0 0 0"/>
            </Appearance>
            <Box size="1 1 1"/>
          </Shape>
        </Transform>
          <Transform translation="1 0 - 1" >
          <Shape>
            <Appearance>
              <Material ambientIntensity="0.4" diffuseColor="0.5 0.7 1.0"
                shininess="0.2" specularColor="0 0 0"/>
            </Appearance>
            <Box size="1 1 1"/>
          </Shape>
        </Transform>
          <CylinderSensor DEF="cylins" autoOffset="true"
            diskAngle="0.26179167" enabled="true" maxAngle="-1"
            minAngle="0" offset="1.571"/>
          </Transform>
        </Group>
        <ROUTE fromField="rotation_changed" fromNode="cylins"
          toField="set_rotation" toNode="fan"/>
    <Group>
          <Transform DEF="fan" scale="1 1 1" translation="0 0 0">
            <Transform translation="-1-1 0">
          <Shape>
            <Appearance>
              <Material ambientIntensity="0.4" diffuseColor="1.0 0.0 0.0"
                shininess="0.2" specularColor="0 0 0"/>
            </Appearance>
            <Box size="1 1 1"/>
          </Shape>
```

```
</Transform>
<Transform translation="0 -1 0" >
<Shape>
<Appearance>
<Material ambientIntensity="0.4" diffuseColor="0.0 1.0 0.0"
shininess="0.2" specularColor="0 0 0"/>
</Appearance>
<Box size="1 1 1"/>
</Shape>
</Transform>
<Transform translation="1 -1 0" >
<Shape>
<Appearance>
<Material ambientIntensity="0.4" diffuseColor="0.0 0.0 1.0"
shininess="0.2" specularColor="0 0 0"/>
</Appearance>
<Box size="1 1 1"/>
</Shape>
</Transform>
<Transform translation=" -1 -1 1">
<Shape>
<Appearance>
<Material ambientIntensity="0.4" diffuseColor="1.0 1.0 0.0"
shininess="0.2" specularColor="0 0 0"/>
</Appearance>
<Box size="1 1 1"/>
</Shape>
</Transform>
<Transform translation="0 -1 1" >
<Shape>
<Appearance>
<Material ambientIntensity="0.4" diffuseColor="0.0 1.0 1.0"
shininess="0.2" specularColor="0 0 0"/>
</Appearance>
<Box size="1 1 1"/>
</Shape>
</Transform>
<Transform translation="1 -1 1" >
<Shape>
```

```
<Appearance>
  <Material ambientIntensity="0.4" diffuseColor="1.0 0.0 1.0"
    shininess="0.2" specularColor="0 0 0"/>
</Appearance>
<Box size="1 1 1"/>
</Shape>
</Transform>
  <Transform translation="-1 -1 -1">
  <Shape>
    <Appearance>
      <Material ambientIntensity="0.4" diffuseColor="1.0 0.5 0.0"
        shininess="0.2" specularColor="0 0 0"/>
    </Appearance>
    <Box size="1 1 1"/>
  </Shape>
</Transform>
  <Transform translation="0 -1 -1" >
  <Shape>
    <Appearance>
      <Material ambientIntensity="0.4" diffuseColor="0.0 1.0 0.5"
        shininess="0.2" specularColor="0 0 0"/>
    </Appearance>
    <Box size="1 1 1"/>
  </Shape>
</Transform>
  <Transform translation="1 -1 -1" >
  <Shape>
    <Appearance>
      <Material ambientIntensity="0.4" diffuseColor="0.5 0.0 1.0"
        shininess="0.2" specularColor="0 0 0"/>
    </Appearance>
    <Box size="1 1 1"/>
    </Shape>
  </Transform>
    <CylinderSensor DEF="cylins" autoOffset="true"
      diskAngle="0.26179167" enabled="true" maxAngle="-1"
      minAngle="0" offset="1.571"/>
  </Transform>
</Group>
```

```
    <ROUTE fromField="rotation_changed" fromNode="cylins"
      toField="set_rotation" toNode="fan"/>
</Scene>
```

X3D旋转魔方游戏项目场景设计运行程序如下，首先，启动 Xj3D-browser 或 BS Contact VRML-X3D 7.2 浏览器，然后打开“X3D源代码案例/第8章源代码案例/px3d8-1/px3d8-1.x3d”，即可启动X3D旋转魔方游戏项目场景设计程序，X3D旋转魔方游戏场景效果展示，如图8-4所示。

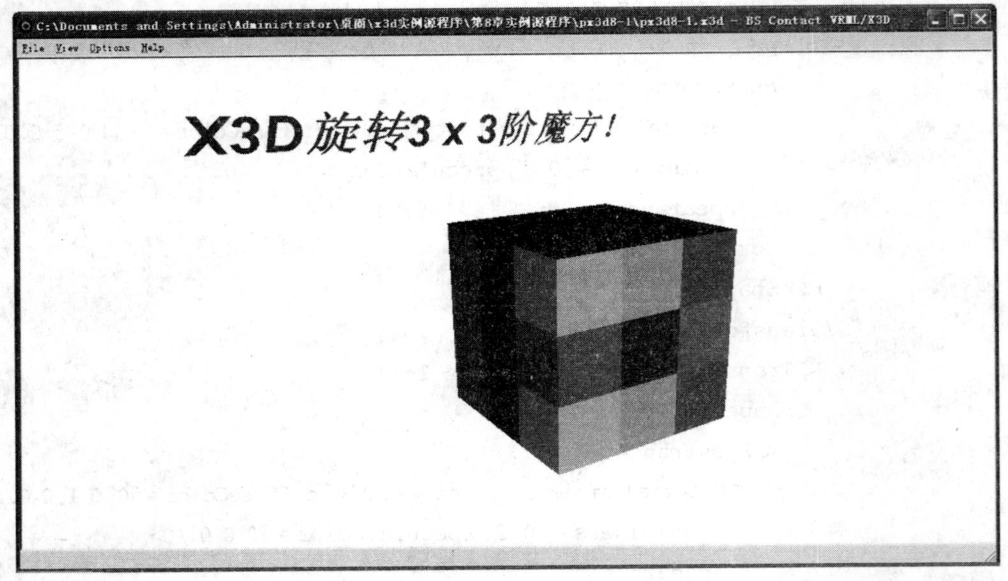

图 8-4　X3D旋转魔方游戏项目场景设计效果图

8.4　X3D转动齿轮项目案例

齿轮传动是利用两齿轮的轮齿相互啮合传递动力和运动的机械传动装置，具有结构紧凑、效率高、寿命长等特点。齿轮传动是指用主、从动轮轮齿直接、传递运动和动力的装置。在所有的机械传动中，齿轮传动应用最广，可用来传递相对位置不远的两轴之间的运动和动力。

齿轮传动特点：①效率高，在常用的机械传动中，以齿轮传动效率为最高，闭式传动效率为96%～99%，这对大功率传动有很大的经济意义；②结构紧凑比带、链传动所需的空间尺寸小；③传动比稳定，传动比稳定往往是对传动性能的基本要求，齿轮传动获得广泛应用，正是由于其具有这一特点；④工作可靠、寿命长，设计制造正确合理、使用维护良好的齿轮传动，工作十分可靠，寿命可长达一二十年，这也是其他机械传动所不能比拟的。这对车辆及在矿井内工作的机器尤为重要。但齿轮传动的制造及安装精度要求高，价格较贵，且不宜用于传动距离过大的场合。

齿轮传动按齿轮的外形可分为圆柱齿轮传动、锥齿轮传动、非圆齿轮传动、齿条传动和

蜗杆传动。按轮齿的齿廓曲线可分为渐开线齿轮传动、摆线齿轮传动和圆弧齿轮传动等。由两个以上的齿轮组成的传动称为轮系。根据轮系中是否有轴线运动的齿轮可将齿轮传动分为普通齿轮传动和行星齿轮传动，轮系中有轴线运动的齿轮就称为行星齿轮。齿轮传动按其工作条件又可分为闭式、开式和半开式传动。把传动密封在刚性的箱壳内，并保证良好的润滑，称为闭式传动，较多采用，尤其是速度较高的齿轮传动，必须采用闭式传动。开式传动是外露的，不能保证良好的润滑，仅用于低速或不重要的传动。半开式传动介于二者之间。

啮合定律：齿轮传动的平稳性要求在轮齿啮合过程中瞬时传动比

$$i=\text{主动轮角速度}/\text{从动轮角速度}=\omega_1/\omega_2=\text{常数}$$

这个要求靠齿廓来保证。

在三维立体空间背景下，开发设计一个齿轮机械装置，利用齿轮传动动力三维动画效果，在齿轮轴上有一个转动的弹簧造型。使用视觉节点、背景节点、模型节点、几何节点、节点的重定义、时间传感器节点、游戏动画节点以及方位变换等节点来创建一个三维立体转动的齿轮物体造型。

8.4.1 X3D 转动齿轮项目开发设计

X3D 转动齿轮项目设计是利用软件工程的思想进行开发、设计、编码。转动齿轮项目设计按照需求分析、总体设计、详细设计、编码测试过程，循序渐进不断完善软件的项目开发。X3D 转动齿轮设计主要由主动轮设计、被动轮设计、辅助轮设计、弹簧设计、文字造型以及动画设计等组成，设计出逼真的 X3D 转动齿轮三维动画场景造型。采用模块化、组件化设计思想，层次清晰、结构合理的 X3D 转动齿轮项目设计。

X3D 转动齿轮动画场景设计利用 X3D 虚拟现实场景建模技术中几何体节点、坐标变换节点、内联节点、模型节点、面节点、挤压节点以及动画游戏节点，创建一个 X3D 转动齿轮动画场景。X3D 转动齿轮项目层次结构图，如图 8-5 所示。

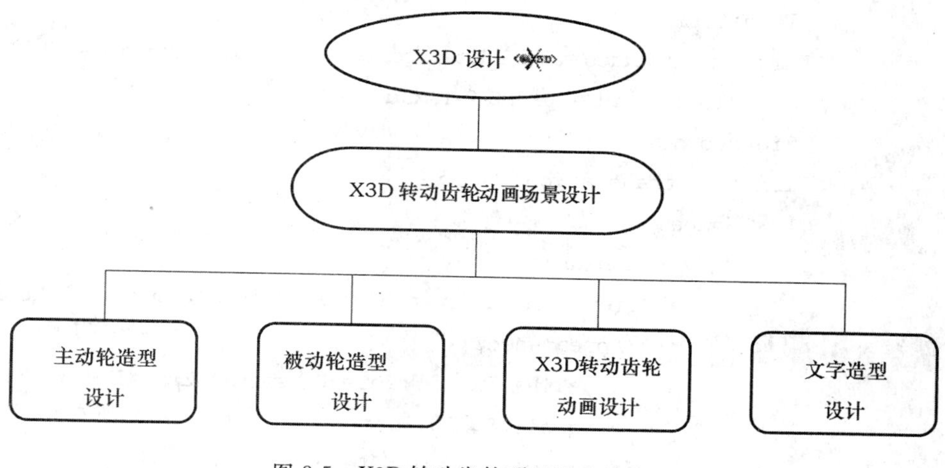

图 8-5 X3D 转动齿轮项目层次结构图

8.4.2 X3D 转动齿轮项目源代码

X3D 转动齿轮项目设计是利用编程的思想，采用绝对编程、自动测试、简单设计以及先测试后设计的开发理念。使用 X3D 虚拟现实技术对三维立体场景进行开发、设计、编码和调试。采用结构化、组件化、模块化以及面向对象的开发思想，设计出层次清晰、结构合理的三维立体场景。利用虚拟现实的各种节点创建生动、鲜活、逼真的 X3D 转动齿轮三维立体动画场景。

利用 X3D 基本几何节点、复杂节点创建 X3D 齿轮造型，使用坐标变换节点、视点节点对主动轮、被动轮进行组合设计。利用内联节点、几何节点、面节点以及挤压造型节点设计一个弹簧造型，采用背景节点衬托 X3D 转动齿轮场景造型设计，利用 X3D 游戏动画节点使 X3D 转动齿轮和弹簧组合造型更加生动、逼真、鲜活。

【实例 8-2】 X3D 转动齿轮三维立体动画场景造型设计，利用 X3D 几何体节点、坐标变换节点、导航节点模型节点、面节点、挤压造型节点以及动画游戏设计节点进行开发与设计编写源代码，X3D 转动齿轮项目设计主程序源代码 px3d8-2. x3d 展示如下：

```
<Scene>
        <Viewpoint DEF = "_1" position = '0 0 100' description = "gears">
        </Viewpoint>
        <Background DEF = "_2" skyAngle = '1.571,2' skyColor = '1 1 1,0.2 0.2 0.6,0.2 0.6 0.2'>
        </Background>
        <Transform  rotation = '0 0 1 1.571' scale = '1 1 1' translation = '25.0-8 5'>
              <Inline url = 'px3d8-2-1.x3d'/>
        </Transform>
        <Transform  rotation = '0 0 1 1.571' scale = '2 2 2' translation = '-29-9 6'>
              <Inline url = 'px3d8-2-1.x3d'/>
        </Transform>
        <Transform  rotation = '0 0 1 1.571' scale = '2 2 2' translation = '-2.0-10 6'>
              <Inline url = 'px3d8-2-1.x3d'/>
        </Transform>
        <Transform translation = "0 25 0">
              <Shape>
                    <Appearance>
                    <Material ambientIntensity = "0.1" diffuseColor = "0.8 0.2 0.2"/>
                    </Appearance>
                    <Text length = "60.0" maxExtent = "60.0" string = "&quot;X3D 转动齿轮......!
                         &quot;,&#10;&quot; ">
                    <FontStyle family = "&quot;SANS&quot;"
                         justify = "&quot;MIDDLE&quot;,&quot;MIDDLE&quot;" size = "8"
                              style = "BOLDITALIC"/>
```

```
            </Text>
        </Shape>
    </Transform>
    <Transform DEF = "Gears1" rotation = '0 1 0 1.26778' scale = '1 3 1' translation = '26 0 2'>
        <Group DEF = "Gear7">
            <Shape>
                <Appearance DEF = "black">
                    <Material ambientIntensity = '0.4' diffuseColor = '0 0 0'
                            shininess = '0.2' specularColor = '0.7 0.7 0.6'>
                    </Material>
                </Appearance>
                <Cylinder containerField = "geometry" height = '4.7' radius = '1'>
                </Cylinder>
            </Shape>
            <Shape>
                <Appearance USE = "black"/>
                <Cylinder containerField = "geometry" height = '2' radius = '7'>
                </Cylinder>
            </Shape>
            <Transform DEF = "Tooth7" scale = '0.65 1 1' translation = '0 0 7'>
                <Shape>
                    <Appearance USE = "black"/>
                    <Cylinder containerField = "geometry" height = '1.8' radius = '3'>
                    </Cylinder>
                </Shape>
            </Transform>
            <Transform rotation = '0 1 0 0.8976'>
                <Transform USE = "Tooth7"/>
            </Transform>
            <Transform rotation = '0 1 0 1.7952'>
                <Transform USE = "Tooth7"/>
            </Transform>
            <Transform rotation = '0 1 0 2.6928'>
                <Transform USE = "Tooth7"/>
            </Transform>
            <Transform rotation = '0 1 0 3.5904'>
                <Transform USE = "Tooth7"/>
            </Transform>
            <Transform rotation = '0 1 0 4.488'>
```

```
                <Transform USE="Tooth7"/>
            </Transform>
            <Transform rotation='0 1 0 5.3856'>
                <Transform USE="Tooth7"/>
            </Transform>
        </Group>
</Transform>
<Transform DEF="Gears2" rotation='0 1 0 1.88695' translation='-27 4.3 0'>
        <Group DEF="Gear14">
            <Shape DEF="_3">
                <Appearance DEF="gold">
                    <Material ambientIntensity='0.4' diffuseColor='0.3 0.2 0'
                        shininess='0.2' specularColor='0.7 0.7 0.6'>
                    </Material>
                </Appearance>
                <Cylinder containerField="geometry" DEF="_4" height='20' radius='2'>
                </Cylinder>
            </Shape>
            <Shape>
                <Appearance USE="gold"/>
                <Cylinder containerField="geometry" height='4' radius='16'>
                </Cylinder>
            </Shape>
            <Transform DEF="Tooth14" scale='0.4 1 1' translation='0 0 14'>
                <Shape>
                    <Appearance USE="gold"/>
                    <Cylinder containerField="geometry" height='3.6' radius='6'>
                    </Cylinder>
                </Shape>
            </Transform>
            <Transform rotation='0 1 0 0.4488'>
                <Transform USE="Tooth14"/>
            </Transform>
            <Transform rotation='0 1 0 0.8976'>
                <Transform USE="Tooth14"/>
            </Transform>
            <Transform rotation='0 1 0 1.3464'>
                <Transform USE="Tooth14"/>
            </Transform>
            <Transform rotation='0 1 0 1.7952'>
```

```
          <Transform USE="Tooth14"/>
      </Transform>
      <Transform rotation='0 1 0 2.244'>
          <Transform USE="Tooth14"/>
      </Transform>
      <Transform rotation='0 1 0 2.6928'>
          <Transform USE="Tooth14"/>
      </Transform>
      <Transform rotation='0 1 0 3.1416'>
          <Transform USE="Tooth14"/>
      </Transform>
      <Transform rotation='0 1 0 3.5904'>
          <Transform USE="Tooth14"/>
      </Transform>
      <Transform rotation='0 1 0 4.0392'>
          <Transform USE="Tooth14"/>
      </Transform>
      <Transform rotation='0 1 0 4.488'>
        <Transform USE="Tooth14"/>
      </Transform>
      <Transform rotation='0 1 0 4.9368'>
        <Transform USE="Tooth14"/>
      </Transform>
      <Transform rotation='0 1 0 5.3856'>
        <Transform USE="Tooth14"/>
      </Transform>
      <Transform rotation='0 1 0 5.8344'>
        <Transform USE="Tooth14"/>
      </Transform>
    </Group>
  </Transform>
  <Transform DEF="Gears3" rotation='-0-1-0 3.77389'>
  <Transform rotation='0 1 0 0.24' scale='1 2.4 1' translation='0 4.2 0'>
      <Group USE="Gear7"/>
  </Transform>
  <Transform DEF="_5">
      <Group USE="Gear14"/>
  </Transform>
</Transform>
<TimeSensor DEF="Time1" cycleInterval='8' loop='true'>
```

```
        </TimeSensor>
        <TimeSensor DEF="Time2" cycleInterval='32' loop='true'>
        </TimeSensor>
        <TimeSensor DEF="Time3" cycleInterval='16' loop='true'>
        </TimeSensor>
        <OrientationInterpolator DEF="GearPath1" key='0,0.5,1' keyValue='0 1 0 0,0 1 0 3.14,0
                1 0 6.28'>
        </OrientationInterpolator>
        <OrientationInterpolator DEF="GearPath2" key='0,0.5,1' keyValue='0 1 0 0,0 1 0 3.14,0
                1 0 6.28'>
        </OrientationInterpolator>
        <OrientationInterpolator DEF="GearPath3" key='0,0.5,1' keyValue='0 1 0 0,0 1 0-3.14,0
              1 0-6.28'>
        </OrientationInterpolator>
        <ROUTE fromNode="Time1" fromField="fraction_changed" toNode="GearPath1"
                toField="set_fraction"/>
        <ROUTE fromNode="Time2" fromField="fraction_changed" toNode="GearPath2"
                toField="set_fraction"/>
        <ROUTE fromNode="Time3" fromField="fraction_changed" toNode="GearPath3"
                toField="set_fraction"/>
        <ROUTE fromNode="GearPath1" fromField="value_changed" toNode="Gears1"
                toField="set_rotation"/>
        <ROUTE fromNode="GearPath2" fromField="value_changed" toNode="Gears2"
              toField="set_rotation"/>
        <ROUTE fromNode="GearPath3" fromField="value_changed" toNode="Gears3"
              toField="set_rotation"/>
    </Scene>
```

X3D 转动齿轮、旋转弹簧子程序三维立体动画场景造型设计程序，利用 X3D 背景节点、坐标变换节点、模型节点、面节点、挤压造型节点以及动画游戏节点等进行开发与设计编写源代码，X3D 转动齿轮、旋转弹簧子程序源代码 px3d8-2-1. x3d 展示如下：

```
    <Scene>
        <Background skyAngle="1.571" skyColor="0.2 0.2 1.0&#10;1.0 1.0 1.0"/>
        <Group>
        <Transform rotation="1 0 0 1.57" translation="0-9-3">
        <Transform DEF="orient" rotation="0 0 1 0" scale="1.5 1.5 1.5" translation="0 0-8">
        <ColorInterpolator DEF='myColor' key='0.0 0.3 0.6 1.0' keyValue='1 0 0 0 1 1 0 0 1 1 0 0'/>
        <TimeSensor DEF='myClock' cycleInterval='3.0' loop='true'/>
        <Transform translation='-4.0 0.0 0.0' >
          <Shape>
            <Appearance>
```

```
          <Material DEF = 'myMaterial'/>
      </Appearance>
        <Extrusion containerField = "geometry" creaseAngle = '3.7850000'
          solid = 'false' beginCap = 'false' endCap = 'false'
          crossSection = "0.25 0.0,0.23 - 0.095,0.177 - 0.177,0.095 - 0.23,
          0.0 - 0.25, - 0.095 - 0.23, - 0.177 - 0.178, - 0.23 - 0.095,
          - 0.25 - 0.0, - 0.23 0.095, - 0.177 0.178, - 0.095 0.23,
          0.0 0.25,0.095 0.23,0.177 0.177,0.23 0.095,0.25 0.0"
          spine = "0.0 1.0 0.0   0.1 0.920 - 0.380   0.2 0.710 - 0.710   0.3 0.380 - 0.920
          0.4 0.0 - 1.0   0.5 - 0.380 - 0.920   0.6 - 0.710 - 0.710   0.7 - 0.920 - 0.380
          0.8 - 1.0 - 0.0   0.8 - 0.920 0.380   1.0 - 0.710 0.710   1.1 - 0.380 0.920
          1.2 0.0 1.0   1.3 0.380 0.920   1.4 0.710 0.710   1.5 0.920 0.380   1.6 1.0 0.0
          1.7 0.920 - 0.380   1.8 0.710 - 0.710   1.9 0.380 - 0.920   2.0 0.0 - 1.0
          2.1 - 0.380 - 0.920   2.2 - 0.710 - 0.710   2.3 - 0.920 - 0.380   2.4 - 1.0 - 0.0
          2.5 - 0.920 0.380   2.6 - 0.710 0.710   2.7 - 0.380 0.920   2.8 0.0 1.0
          2.9 0.380 0.920   3.0 0.710 0.710   3.1 0.920 0.380   3.2 1.0 0.0
          3.3 0.920 - 0.380   3.4 0.710 - 0.710   3.5 0.380 - 0.920   3.6 0.0 - 1.0
          3.7 - 0.380 - 0.920   3.8 - 0.710 - 0.710   3.9 - 0.920 - 0.380   4.0 - 1.0 - 0.0
          4.1 - 0.920 0.380   4.2 - 0.710 0.710   4.3 - 0.380 0.920   4.4 0.0 1.0
          4.5 0.380 0.920   4.6 0.710 0.710   4.7 0.920 0.380   4.8 1.0 0.0
          4.9 0.920 - 0.380   5.0 0.710 - 0.710   5.1 0.380 - 0.920   5.2 0.0 - 1.0
          5.3 - 0.380 - 0.920   5.4 - 0.710 - 0.710   5.5 - 0.920 - 0.380   5.6 - 1.0 - 0.0
          5.7 - 0.920 0.380   5.8 - 0.710 0.710   5.9 - 0.380 0.920   6.0 0.0 1.0
          6.1 0.380 0.920   6.2 0.710 0.710   6.3 0.920 0.380   6.4 1.0 0.0
          6.5 0.920 - 0.380   6.6 0.710 - 0.710   6.7 0.380 - 0.920   6.8 0.0 - 1.0
          6.9 - 0.380 - 0.920   7.0 - 0.710 - 0.710   7.1 - 0.920 - 0.380   7.2 - 1.0 - 0.0
          7.3 - 0.920 0.380   7.4 - 0.710 0.710   7.5 - 0.380 0.920   7.6 0.0 1.0
          7.7 0.380 0.920   7.8 0.710 0.710   7.9 0.920 0.380   8.0 1.0 0.0">
          </Extrusion>
    </Shape>
  </Transform>
  <ROUTE fromNode = 'myClock' fromField = 'fraction_changed' toNode = 'myColor'
        toField = 'set_fraction'/>
  <ROUTE fromNode = 'myColor' fromField = 'value_changed' toNode = 'myMaterial'
        toField = 'diffuseColor'/>
     <TimeSensor DEF = "time1" cycleInterval = "1" loop = "true"/>
     <OrientationInterpolator DEF = "orientinter"
        key = "0.0,0.1,0.2,0.3,0.4,0.5,0.6,0.7,0.8,0.9,1.0"
        keyValue = "1 0 0 0.524,1 0 0 0.785,1 0 0 1.571,1 0 0 2.356,1 0 0 3.141,
  1 0 0 - 2.356,1 0 0 - 1.571,1 0 0 - 0.785,1 0 0 - 0.0,1 0 0 0.324,1 0 0 0.524,"/>
```

```
          </Transform>
        </Transform>
      </Group>
      <ROUTE fromField="fraction_changed" fromNode="time1"
          toField="set_fraction" toNode="orientinter"/>
      <ROUTE fromField="value_changed" fromNode="orientinter"
          toField="set_rotation" toNode="orient"/>
    </Scene>
```

X3D 转动齿轮项目场景设计运行程序如下，首先，启动 Xj3D-browser 或 BS Contact VRML-X3D 7.2 浏览器，然后打开“X3D 源代码案例/第 8 章源代码案例/px3d8-2/px3d8-2.x3d”，即可启动 X3D 转动齿轮项目场景设计程序，X3D 转动齿轮动画游戏场景效果展示，如图 8-6 所示。

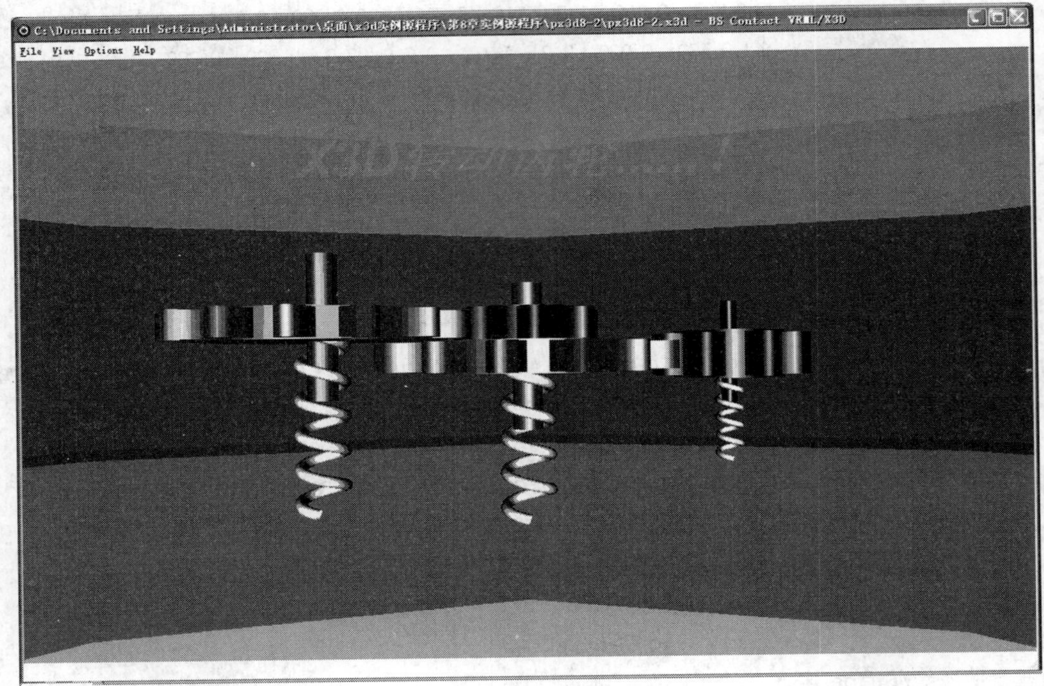

图 8-6　X3D 转动齿轮项目场景设计效果图

8.5　X3D 投篮游戏项目案例

篮球投篮是一项技术综合性较强的运动，投篮命中率决定着比赛的胜负，如何提高投篮的命中率，是投篮运动关键技术。篮球投篮的动作有单手和双手，单手原地投篮对初学者来说是一种基本投篮方式。不论采用哪种方式，都要严格地按规范化动作去做。同时运动员身体素质训练对命中率也有着较大影响。

因此选择良好的投篮时机、果断出手，是提高投篮命中率的关键。良好的投篮时机，一次好的得分机会是靠个人和全队配合来创造的，要善于捕捉投篮的时机，选择合适的投篮出手角度和球的飞行路线。理论和实践证明，球的出手角度影响着球的飞行路线，球的飞行路线一般有低弧线、中弧线和高弧线 3 种，一般以中弧线为最佳。但由于投篮距离的远近、队员身材的高矮和弹跳素质的不同，因而在投篮时，球的飞行路线也就有所不同，在训练中要根据实际情况来定。同时，稳定的心理因素也是至关重要的，学会自我调节和自我心理暗示，不要受裁判、场地、观众、气氛和比分的影响，采取合理、果断的行动进行投篮。

X3D 投篮游戏是一款模拟篮球投篮的一项体育活动，用户可以在虚拟三维空间进行投篮运动，享受体育带来的乐趣，实现互动投篮游戏的真实感和交互性。

8.5.1 X3D 投篮游戏项目开发设计

X3D 投篮游戏项目场景软件设计是利用软件工程思想开发设计，从需求分析、总体设计、详细设计、编码和测试过程中，循序渐进不断完善软件的项目开发。利用 X3D 虚拟现实技术，创建出逼真 X3D 投篮游戏三维立体造型场景，使浏览者体验身临其境的动态交互感受。

X3D 投篮游戏用到的主要技术是利用场景建模技术中的几何节点、坐标变换节点、挤压造型节点、内联节点、纹理节点、声音节点以及动画游戏节点等，开发设计一个互动投篮游戏场景。篮板设计利用几何节点、坐标变换节点以及纹理节点进行设计。篮球设计使用模型节点、坐标变换节点、几何节点以及纹理节点等开发设计。游戏动画设计利用坐标变换节点、背景节点、文字造型节点以及动画游戏节点等进行设计，实现互动投篮动画游戏设计，使 X3D 投篮游戏三维立体场景更加逼真、生动和鲜活。采用 X3D 先进的前沿技术以及面向对象的设计思想，设计层次清晰、结构合理的三维立体 X3D 投篮游戏项目场景。X3D 投篮游戏项目设计层次结构，如图 8-7 所示。

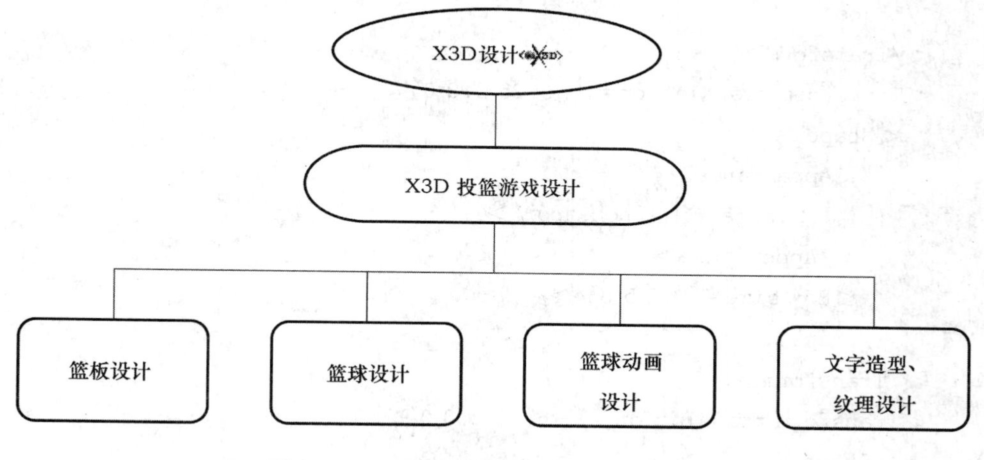

图 8-7 X3D 投篮游戏项目设计层次结构图

8.5.2 X3D 投篮游戏项目源代码

X3D 投篮游戏项目设计利用场景建模技术中各种节点开发设计互动投篮游戏动画场景。利用极端编程思想，先编程、再调试运行。将篮板、篮球、文字以及动态交互过程融为一体，突显互动投篮游戏的特点，使 X3D 投篮游戏更加逼真、鲜活，具有动态交互感受。

【实例 8-3】 X3D 投篮游戏三维立体场景造型设计，利用 X3D 几何体节点、坐标变换节点、模型节点、纹理节点以及声音节点等进行开发与设计编写源代码，使用 X3D 背景节点、视点节点、文字造型节点、球体节点、坐标变换节点以及动画游戏节点等设计编写，X3D 投篮游戏三维立体场景造型设计源代码 px3d8-3. x3d 主程序：

```
<Scene>
 <Viewpoint description="View-1" position="0 2.5 11.8" orientation='0 1 0 0'/>
 <Background skyColor="0.98 0.98 0.98"/>
 <Transform translation="3 7-5">
 <Shape>
          <Appearance>
          <Material ambientIntensity="0.1" diffuseColor="0.8 0.2 0.2"/>
          </Appearance>
          <Text length="15.0" maxExtent="15.0" string="&quot;X3D 投球游戏!
               &quot;,&#10;&quot; ">
          <FontStyle family="&quot;SANS&quot;"
               justify="&quot;MIDDLE&quot;,&quot;MIDDLE&quot;" size="2"
                    style="BOLDITALIC"/>
          </Text>
</Shape>
 </Transform>
 <Transform translation=" -5.25 3.8 0">
   <Shape>
      <Appearance>
         <Image url='bob.jpg'/>
      </Appearance>
      <Box size="0.2 5 8"/>
   </Shape>
 </Transform>
 <Transform translation=" -5.05 2.0 0">
   <Shape>
     <Appearance>
        <Material ambientIntensity="0.4" diffuseColor="0.7 0.6 0.0"
```

```
        shininess = "0.2" specularColor = "0.7 0.7 0.6"/>
        </Appearance>
        <Box size = "0.2 0.2 0.8"/>
      </Shape>
    </Transform>
    <Sound direction = '0 0 1' location = "0 0 -10" spatialize = "true" maxBack = '500' maxFront = '500'
          minFront = '100' minBack = '100'>
    <AudioClip description = 'sound1' loop = 'true' stopTime = '0' url = "paiq_sound.mp3"/>
  </Sound>
<Transform translation = " -4 2 0" rotation = "0 0 1 1.571">
<Shape>
      <Appearance>
          <Material ambientIntensity = "0.4" diffuseColor = "0.7 0.6 0"
                    shininess = "0.2" specularColor = "0.7 0.7 0.3"/>
      </Appearance>
      <Extrusion containerField = "geometry" creaseAngle = '0.7850000' solid = "true"
          crossSection = '
              0.1 0.0,0.0920 -0.0380,0.0710 -0.0710,0.0380 -0.0920,
              0.0 -0.1, -0.0380 -0.0920, -0.0710 -0.0710, -0.0920 -0.0380,
              -0.1 -0.0, -0.0920 0.0380, -0.0710 0.0710, -0.0380 0.0920,
              0.0 0.1,0.0380 0.0920,0.0710 0.0710,0.0920 0.0380,0.1 0.0
          'spine = '0 1.0 0.0,0 0.920 -0.380,0 0.710 -0.710,0 0.380 -0.920,
              0 0.0 -1.0,0 -0.380 -0.920,0 -0.710 -0.710,0 -0.920 -0.380,
              0 -1.0 -0.0,0 -0.920 0.380,0 -0.710 0.710,0 -0.380 0.920,
              0 0.0 1.0,0 0.380 0.920,0 0.710 0.710,0 0.920 0.380,0 1.0 0.0
              '>
      </Extrusion>
    </Shape>
    </Transform>
    <Group>
      <Transform DEF = "fly" rotation = "0 0 1 0" scale = "1 1 1" translation = "0 0 0">
          <Transform translation = "0 1 0" rotation = "0 0 1 0">
              <Shape>
        <Appearance>
                <Image url = 'basketball.png'/>
        </Appearance>
  <Sphere/>
  <Sphere radius = "0.75"/>
        </Shape>
```

```
  </Transform>
  <TimeSensor DEF="time1" cycleInterval="2.0" loop="true"/>
  <PositionInterpolator DEF="flyinter"
    key="0.0,0.05,0.1,0.15,0.2,0.3,0.4,0.5,0.55,0.6,0.7,0.8,085,0.9,0.95,1.0,"
    keyValue=" 3-1 0,2.5 0.179 0,2 0.621 0,1.5 0.871 0,&#10;1 1 0,0.5 1.33 0,0 1.583 0,-0.5
          1.77 0,&#10; -1 1.899 0,-1.5 1.975 0,-2 2 0,
          -2.5 1.975 0,&#10;-3 1.899 0,-3.5 1.77 0,-4 1.583 0,-4.5 1.33 0,"/>
  </Transform>
</Group>
      <ROUTE fromField="fraction_changed" fromNode="time1"
            toField="set_fraction" toNode="flyinter"/>
      <ROUTE fromField="value_changed" fromNode="flyinter"
            toField="set_translation" toNode="fly"/>
   </Scene>
```

X3D 投篮游戏项目三维立体场景设计运行程序如下，首先，启动 Xj3D-browser 或 BS Contact VRML-X3D 7.2 浏览器，然后打开“X3D 源代码案例/第 8 章源代码案例/px3d8-3/px3d8-3.x3d”，即可启动 X3D 投篮游戏项目三维立体场景设计程序，X3D 投篮游戏场景效果展示，如图 8-8 所示。

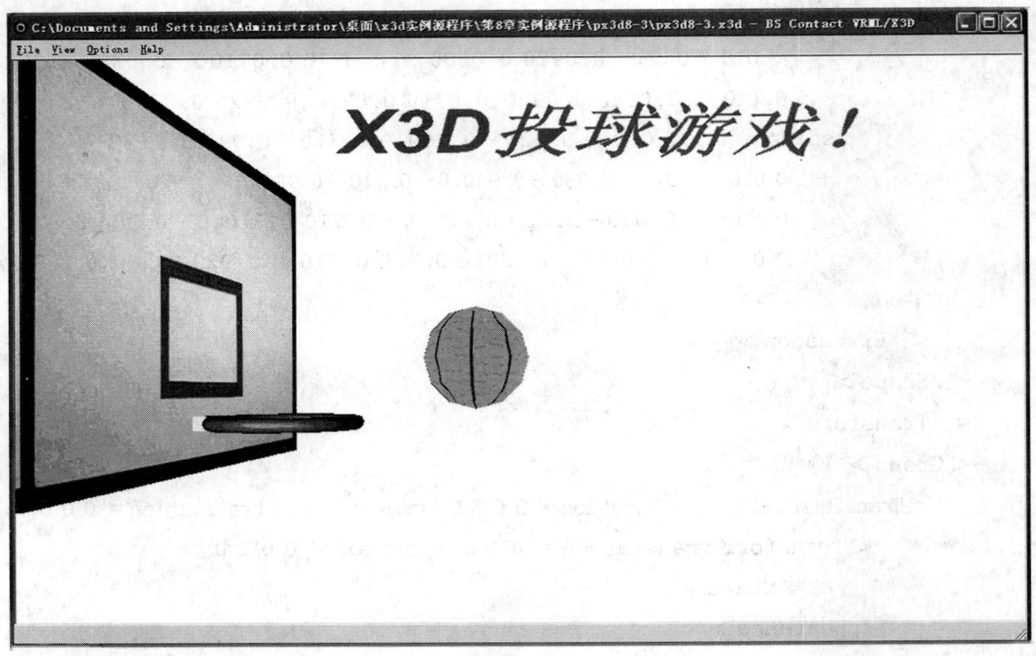

图 8-8　X3D 投篮游戏项目场景设计效果图

第9章 X3D灯光效果渲染设计

光起源于阳光、月光、星光和火光，伴随着原始人的生活，旭日与夕阳交替，白昼和黑夜循环，原始人在阳光的沐浴下生成发育繁衍，原始人围着火堆，举起火把狂欢舞蹈，一堆堆火光映红了每一个笑脸，一串串舞动的火把构成巨大火龙，这就是人类早期的用光构成的原始光艺术雏型。随着灯泡、日光灯、聚光灯等人工光源的发明创造，人类跨越了一个又一个文明阶段，进入了当今灯光照明高科技时代，由于人工照明技术的迅速发展和人造光源的普及，人们的夜生活变得越来越丰富多彩，把人们的生活空间装点得更加美丽。灯光艺术已被广泛地应用在人们的日常生活里。

9.1 灯光效果渲染原理

在光照下，万事万物都会产生明暗界面和光影等各种层次的变化，并在视觉上赋予立体感。如果改变光源的光谱成分、光通量、光线强弱、投射位置和方向，就会产生色调、明暗、浓淡、虚实、轮廓界面的各种变化，这是运用光照效果渲染环境艺术气氛和烘托人物性格的重要手段。本章通过灯光效果渲染原理的分析，利用光的特点开发设计现实生活中更具艺术魅力的虚拟场景灯光效果。

9.1.1 灯光效果渲染原理

光是有颜色的，人们看到的光通常是白色的，一束白光通过三棱镜后，会变成赤、橙、黄、绿、青、蓝、紫七种颜色的光。色光混合三定律，人对不同的色光有不同感受，人的眼睛不仅对单色光产生一种色觉，而且对混合光也可以产生同样的色觉。光谱中色光混合是一种加色混合，用三种原色光：红(R)、绿(G)、蓝(B)，按一定比例混合可以得到白色光或光谱上任意一种光。格拉斯曼将色光混合现象归纳为三条定律：补光色律、中间色律、代替律。

① 补光色律：每一种色光都有另一种同它相混合而产生白色的色光，这两种色光称为互补色光，如蓝光和黄光、绿光与紫光、红光与青光混合都能产生白光。

② 中间色律：两种非补色光混合则不能产生白光，其混合的结果是介乎两者之间的中间色光，如红光与绿光，按混合的比例不同，可以和到介乎两者之间的橙、黄、黄橙等色光。

③ 代替律：看起来相同的颜色却可以由不同的光谱组成。只要感觉上是相似的颜色，都可以相互代替。

三原色光：混合色彩物理理论中的加色法混合理论证明，红、绿、蓝三原色光等量混合时产生白光；红光与绿光等量混合产生黄光；红光与蓝光等量混合产生品红；绿光与蓝光等量混合产生青光。

9.1.2 灯光效果渲染分析

光照的效果对人的视觉功能的发挥极为重要，因为没有光就没有明暗和色彩感觉，也看不到一切。光照不仅是人眼视觉对物体形状、空间、色彩的生理的需要，光照可以构成空间，又能改变空间，既能美化空间，又能破坏空间。不同的光照不仅照亮了各种空间，而且能营造不同的空间意境情调和气氛。同样的空间采用不同的光照方式，不同的位置、角度方向，不同的灯具造型，不同的光照强度和色彩，可以获得多种多样的视觉空间效应。不同的光照效果渲染，可以产生不同感受，如明亮宽敞、温馨舒适、烦躁不安、喜庆欢快、阴森恐怖、温暖浪漫热情感觉等，光照的魅力可谓变幻莫测。

利用灯光照明的明暗、色彩、强度，使整个场景烘托绚丽梦幻般的超现实世界，获得声、光、色的综合艺术效果。灯照效果设计原则。包括以下方面。

① 功能性原则：灯照效果要根据不同的空间、不同的场合、不同的对象选择不同的光照方式、恰当的光照强度和亮度。例如，会议大厅的灯光照明设计应采用垂直式照明，要求亮度分布均匀，避免出现眩光。商店的橱窗和商品陈列，为了吸引顾客，一般采用强光照射以强调商品的形象，其亮度比一般照明要高出3～5倍，为了强化商品的立体感、质感和广告效应，常使用方向性强的光照射和利用色光来提高商品的艺术感染力。

② 美观性原则：灯光照明是装饰美化环境和创造艺术气氛的重要手段。为了对室内空间进行装饰，增加空间层次，渲染环境气氛，采用装饰照明，使用装饰灯具十分重要。在现代家居建筑、影院建筑、商业建筑和娱乐性建筑的环境设计中，灯光照明更成为重要的一部分。灯光设计通过灯光的明暗、隐现、抑扬、强弱等有节奏的控制，充分发挥灯光的光辉和色彩的作用，采用透射、反射、折射等多种手段，创造温馨柔和、宁静幽雅、怡情浪漫、光辉灿烂、富丽堂皇、欢乐喜庆、节奏明快等艺术情调气氛，为人们的生活环境增添了丰富多彩的情趣。

灯光的表现方式：面光是指室内天棚、墙面和地面做成的发光面。天棚在光的特点是光照均匀，光线充足，表现形式多种多样。带光是将光源布置成长条形的光带。表现形式变化多样，有方形、格子形、条形、条格形、环形（圆环形、椭圆形）、三角形以及其他多边形。长条形光带具有一定的导向性，在人流众多的公共场所环境设计中常常用作导向照明，其他几何形光带一般作装饰之用。点光是指投光范围小而集中的光源。点光表现手法多样，有顶光、底光、顺光、逆光、侧光等。顶光是自上而下的照明，类似夏日正午日光直射，光照物体投影小，明暗对比强，不宜作造型光。底光是自下而上的照明，宜作辅助配光。顺光是来自正前方的照明，投影平淡，光照物体色彩显现完全，但立体感觉差。逆光是来自正后方的照明，光照物体的外轮廓分明，具有艺术魅力的剪影效果，是摄影艺术和舞台天幕中常用的配光方式。侧光光线自左右及左上、右上、左下、右下方向的照射，光照物体投影明确，立体感较强，层次丰富，是人们最容易接受的光照方式。按光源的静止与否又分为静止灯光与流动灯光，静止灯光光源固定不动，光照静止不变，不出现闪烁的灯光为静止灯光，绝大多数室内照明采用静止灯光，这种照明方式能充分利用光能，并创造出稳定、柔和、和谐的光环境气氛；流动灯光是流动的照明方式，它具有丰富的艺术表现力，是舞台灯光和都市霓虹灯广告设计中

常用的手段,如舞台上使用"追光灯",不断追逐移动的演员。

9.1.3 X3D 灯光设计分析

光源通常由不同的颜色组成,光源颜色由一个 RGB 颜色控制,与材料设置的颜色相似。光源发出的光线的颜色跟光源的颜色相同,如一个红色的光源发出的光线是红色的。在现实中,一个白色的光源照射到一个有色的物体表面,将发生两种现象,一种是人所能看到的反射现象,另一种现象就是吸收光线,它导致光强的衰减,反射光是红色的。这是因为白色的光线由多种颜色的光组成,物体吸收了其中除了红色光的所有光线,红色则被反射。但是如果物体表面是黑色的,它将不反射任何光线。

在 X3D 中,可使用 Material、Color 和纹理节点设置造型的颜色,来自顶灯的白光线射到有色造型上时,每个造型将反射光中的某些颜色,这一点跟现实生活中一样。顶灯是一个白色的光源,不能设置颜色。一个有色光源照射到一个有色的造型上时,情况比较复杂。例如一个蓝色物体只能反射蓝色的光线,而一束红色的光线中又含有蓝色的成分,当一束红色的光线照射到一个蓝色的造型上时,由于没有蓝色光线可以反射,它将显示黑色。

现实中物体表面的亮度由直接照射它的光源的强度和环境中各种物体所反射的光线的多少决定,处于真空的单个物体由于没有漫反射发生,它的亮度只由直接照射它的光线的强度决定;但是在一间没有直接光源照射的房间里,有时也可能看到其中的物体,这是因为各种物体的反射光线在物体之间发生了多次复杂的反射和吸收,产生了环境光,它的原色是白色的。在 X3D 中可以模拟直接光线和环境光线所产生的效果。为了控制环境光线的多少,对 X3D 提供的光源节点,可以设置一个环境亮度值,如果该值高,则表示 X3D 世界中产生的环境光线较多。X3D 提供 3 种常用光源有点光源、聚光灯以及平行光源等。下面以聚光灯工作原理为例剖析光源的照射原理。

聚光灯 SpotLight 节点可作为独立节点,也可作为其他节点的子节点。使用聚光灯光源节点,可以在 X3D 虚拟现实立体空间创建一些具有特别光照特效的场景,如舞台灯光、艺术摄影以及其他一些特效虚拟场景等。聚光灯光源照射的原理,如图 9-1 所示。

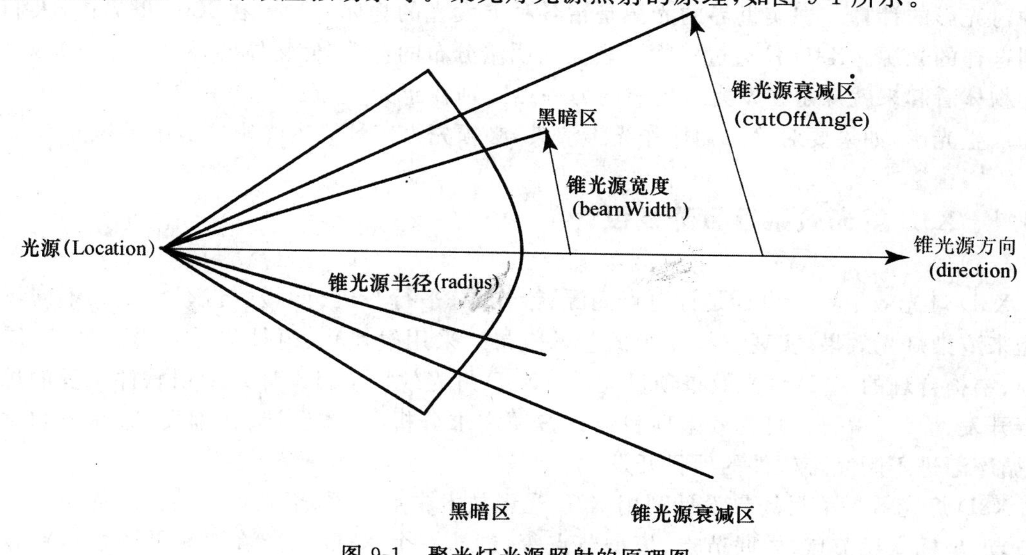

图 9-1 聚光灯光源照射的原理图

9.2 灯光效果渲染分析

人类能看到自然界的万物，主要是由于光线的作用，光线的产生需要光源。光源分为自然界光源和人造光源。在自然界和人造光源中，光源又分为点光源、锥光源和平行光源3种。在X3D文件中，按光线的照射方位分为：点光源、平行光源和聚光光源。X3D中的光源并不是真正存在的实体造型，而是根据其所发出的光线假想出来的空间中的一个点或面。只能观察到由光源所产生的实际的光照效果，而不能真正观察到光源的几何形状。

9.3 X3D光影分析

X3D场景中只有光照没有影，如果要制造出光影，通常需要一些小技巧仿真出光影的感觉。目前Web3D正在制定光影的节点，在光影的节点中，通过程序语言，如OpenGL Shader Language、NVIDIA Cg Shader Language或Microsoft High-Level Shader Language计算出光影的效果。X3D场景中新增光影节点设计涵盖ShaderPart节点、ShaderProgram节点、ComposedShader节点、ProgramShader节点、PackagedShader节点等。

9.4 X3D灯光效果项目案例

在X3D灯光环境渲染设计中，开发设计出更完美、更逼真的三维立体场景和造型，还需要对X3D场景进行渲染和升华，主要包括PointLight节点、DirectionLight节点、SpotLight节点、TextureBackground节点、Fog节点设计等。X3D对现实世界中光源的模拟实质上是一种对光影的计算。现实世界的光源是指各种能发光的物体，但是，在X3D世界中，人们看不到这样的光源。X3D是通过对物体表面的明暗分布的计算，使物体同环境产生明暗对比，这样物体看起来就像是在发光。光源的另一点区别在于光影，在X3D中的光源系统中不会自动产生光影，如果要对静态物体作光影渲染，必须先人工计算出光影的范围模拟光影。

9.4.1 X3D灯光效果项目开发设计

X3D灯光效果项目设计是针对点光源、锥光源、平行光进行开发与设计，更具不同场景造型来渲染灯光效果，实现三维光影的艺术效果。采用模块化、组件化设计思想，实现层次清晰、结构合理的X3D灯光效果项目设计。X3D灯光效果项目设计是利用软件工程的思想进行开发、设计、编码。灯光效果项目设计按照需求分析、总体设计、详细设计、编码测试过程，循序渐进不断完善软件的项目开发。

X3D灯光效果项目场景设计利用X3D光影技术中点光源、聚光灯、平行光、雾节点几何体节点、坐标变换节点、内联节点、模型节点等，创建一个X3D灯光渲染效果场景。X3D灯光效果项目层次结构图，如图 9-2 所示。

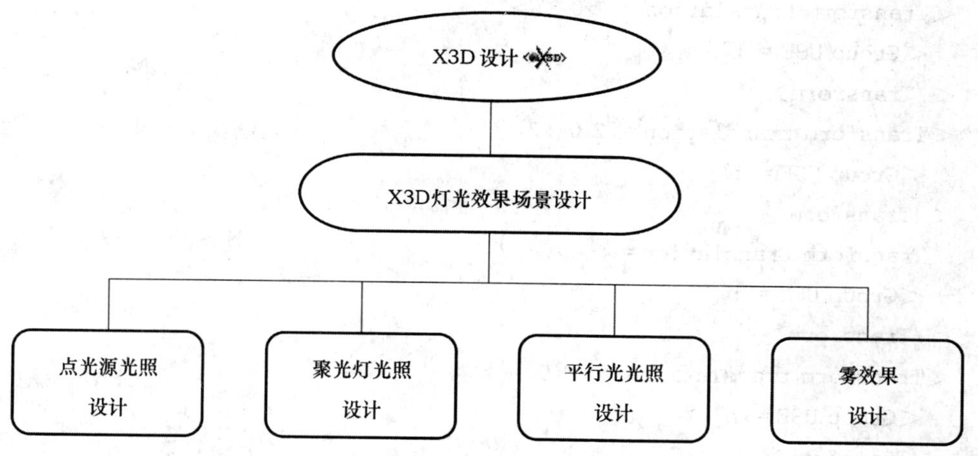

图 9-2 X3D 灯光效果项目层次结构图

9.4.2 X3D 灯光效果项目源代码

X3D 灯光效果项目源代码涵盖点光源、聚光灯、平行光源以及雾节点开发与设计。

(1) PointLight 节点是一个点光源，是往所有的方向发射光线，光线照亮所有的几何对象，并不限制于场景图的层级，光线自身没有可见的形状，生成的光线是向四面八方照射的。

【实例 9-1】 利用 Background 节点、视点节点、几何节点、坐标变换节点以及 PointLight(点光源)节点创建一个三维立体空间点光源浏览效果。虚拟现实 PointLight 点光源节点三维立体场景设计 X3D 文件 px3d9-1.x3d 主程序源代码展示如下：

```
<Scene>
    <Viewpoint description="PointLight at center of spheres.  Note that light rays pass through geometry." position="0 0 18"/>
      <NavigationInfo headlight="false" type='"EXAMINE" "ANY"'/>
    <Background skyColor="0.0 0.4 0.6"/>
    <PointLight radius="4" color="1 0 0"/>
    <Transform translation="0 5 0">
      <Transform translation="-2 0 2">
      <Group DEF="b">
        <Shape>
          <Appearance>
            <Material diffuseColor="1 1 1" transparency="0"/>
   </Appearance>
   <Box size="1 1 1"/>
  </Shape>
</Group>
```

```
</Transform>
<Transform translation="2 0 2">
  <Group USE="b"/>
</Transform>
<Transform translation="2 0 -2">
  <Group USE="b"/>
</Transform>
<Transform translation="-2 0 -2">
  <Group USE="b"/>
</Transform>
<Transform translation="-4 0 0">
  <Group USE="b"/>
</Transform>
<Transform translation="4 0 0">
  <Group USE="b"/>
</Transform>
<Transform translation="0 0 -4">
  <Group USE="b"/>
</Transform>
<Transform translation="0 0 4">
  <Group USE="b"/>
</Transform>
</Transform>
<Transform translation="0 4 0" rotation="0 1 0 0.262">
  <Transform translation="-2 0 2">
  <Group DEF="b">
    <Shape>
      <Appearance>
        <Material diffuseColor="1 1 1" transparency="0"/>
      </Appearance>
      <Box size="1 1 1"/>
    </Shape>
  </Group>
 </Transform>
 <Transform translation="2 0 2">
   <Group USE="b"/>
 </Transform>
 <Transform translation="2 0 -2">
   <Group USE="b"/>
```

```
</Transform>
<Transform translation="-2 0 -2">
  <Group USE="b"/>
</Transform>
<Transform translation="-4 0 0">
  <Group USE="b"/>
</Transform>
<Transform translation="4 0 0">
  <Group USE="b"/>
</Transform>
<Transform translation="0 0 -4">
  <Group USE="b"/>
</Transform>
<Transform translation="0 0 4">
  <Group USE="b"/>
</Transform>
</Transform>
<Transform translation="0 3 0" rotation="0 1 0 0.524">
  <Transform translation="-2 0 2">
  <Group DEF="b">
    <Shape>
      <Appearance>
        <Material diffuseColor="1 1 1" transparency="0"/>
      </Appearance>
      <Box size="1 1 1"/>
    </Shape>
  </Group>
</Transform>
<Transform translation="2 0 2">
  <Group USE="b"/>
</Transform>
<Transform translation="2 0 -2">
  <Group USE="b"/>
</Transform>
<Transform translation="-2 0 -2">
  <Group USE="b"/>
</Transform>
<Transform translation="-4 0 0">
  <Group USE="b"/>
```

```
</Transform>
<Transform translation="4 0 0">
  <Group USE="b"/>
</Transform>
<Transform translation="0 0 -4">
  <Group USE="b"/>
</Transform>
<Transform translation="0 0 4">
  <Group USE="b"/>
</Transform>
</Transform>
<Transform translation="0 2 0" rotation="0 1 0 0.785">
  <Transform translation="-2 0 2">
  <Group DEF="b">
    <Shape>
      <Appearance>
        <Material diffuseColor="1 1 1" transparency="0"/>
      </Appearance>
      <Box size="1 1 1"/>
    </Shape>
  </Group>
</Transform>
<Transform translation="2 0 2">
  <Group USE="b"/>
</Transform>
<Transform translation="2 0 -2">
  <Group USE="b"/>
</Transform>
<Transform translation="-2 0 -2">
  <Group USE="b"/>
</Transform>
<Transform translation="-4 0 0">
  <Group USE="b"/>
</Transform>
<Transform translation="4 0 0">
  <Group USE="b"/>
</Transform>
<Transform translation="0 0 -4">
  <Group USE="b"/>
```

```
    </Transform>
    <Transform translation="0 0 4">
        <Group USE="b"/>
    </Transform>

    </Transform>
    <Transform translation="0 1 0" rotation="0 1 0 1.047">
        <Transform translation="-2 0 2">
        <Group DEF="b">
            <Shape>
                <Appearance>
                    <Material diffuseColor="1 1 1" transparency="0"/>
                </Appearance>
                <Box size="1 1 1"/>
            </Shape>
        </Group>
    </Transform>
    <Transform translation="2 0 2">
        <Group USE="b"/>
    </Transform>
    <Transform translation="2 0 -2">
        <Group USE="b"/>
    </Transform>
    <Transform translation="-2 0 -2">
        <Group USE="b"/>
    </Transform>
    <Transform translation="-4 0 0">
        <Group USE="b"/>
    </Transform>
    <Transform translation="4 0 0">
        <Group USE="b"/>
    </Transform>
    <Transform translation="0 0 -4">
        <Group USE="b"/>
    </Transform>
    <Transform translation="0 0 4">
        <Group USE="b"/>
    </Transform>
    </Transform>
```

```
<Transform translation="0 0 0" rotation="0 1 0 1.309">
    <Transform translation="-2 0 2">
    <Group DEF="b">
        <Shape>
            <Appearance>
                <Material diffuseColor="1 1 1" transparency="0"/>
            </Appearance>
            <Box size="1 1 1"/>
        </Shape>
    </Group>
</Transform>
<Transform translation="2 0 2">
    <Group USE="b"/>
</Transform>
<Transform translation="2 0 -2">
    <Group USE="b"/>
</Transform>
<Transform translation="-2 0 -2">
    <Group USE="b"/>
</Transform>
<Transform translation="-4 0 0">
    <Group USE="b"/>
</Transform>
<Transform translation="4 0 0">
    <Group USE="b"/>
</Transform>
<Transform translation="0 0 -4">
    <Group USE="b"/>
</Transform>
<Transform translation="0 0 4">
    <Group USE="b"/>
</Transform>
</Transform>
<Transform translation="0 -1 0" rotation="0 1 0 1.571">
    <Transform translation="-2 0 2">
    <Group DEF="b">
        <Shape>
            <Appearance>
                <Material diffuseColor="1 1 1" transparency="0"/>
```

```
            </Appearance>
            <Box size="1 1 1"/>
          </Shape>
        </Group>
    </Transform>
    <Transform translation="2 0 2">
        <Group USE="b"/>
    </Transform>
    <Transform translation="2 0 -2">
        <Group USE="b"/>
    </Transform>
    <Transform translation="-2 0 -2">
        <Group USE="b"/>
    </Transform>
    <Transform translation="-4 0 0">
        <Group USE="b"/>
    </Transform>
    <Transform translation="4 0 0">
        <Group USE="b"/>
    </Transform>
    <Transform translation="0 0 -4">
        <Group USE="b"/>
    </Transform>
    <Transform translation="0 0 4">
        <Group USE="b"/>
    </Transform>
    </Transform>
    <Transform translation="0 -2 0" rotation="0 1 0 1.833">
        <Transform translation="-2 0 2">
        <Group DEF="b">
            <Shape>
                <Appearance>
                    <Material diffuseColor="1 1 1" transparency="0"/>
                </Appearance>
                <Box size="1 1 1"/>
            </Shape>
        </Group>
    </Transform>
    <Transform translation="2 0 2">
```

```
    <Group USE="b"/>
</Transform>
<Transform translation="2 0 -2">
    <Group USE="b"/>
</Transform>
<Transform translation="-2 0 -2">
    <Group USE="b"/>
</Transform>
<Transform translation="-4 0 0">
    <Group USE="b"/>
</Transform>
<Transform translation="4 0 0">
    <Group USE="b"/>
</Transform>
<Transform translation="0 0 -4">
    <Group USE="b"/>
</Transform>
<Transform translation="0 0 4">
    <Group USE="b"/>
</Transform>
</Transform>
<Transform translation="0 -3 0" rotation="0 1 0 2.095">
    <Transform translation="-2 0 2">
    <Group DEF="b">
        <Shape>
            <Appearance>
                <Material diffuseColor="1 1 1" transparency="0"/>
            </Appearance>
            <Box size="1 1 1"/>
        </Shape>
    </Group>
</Transform>
<Transform translation="2 0 2">
    <Group USE="b"/>
</Transform>
<Transform translation="2 0 -2">
    <Group USE="b"/>
</Transform>
<Transform translation="-2 0 -2">
```

```
    <Group USE = "b"/>
  </Transform>
  <Transform translation = " - 4 0 0">
    <Group USE = "b"/>
  </Transform>
  <Transform translation = "4 0 0">
    <Group USE = "b"/>
  </Transform>
  <Transform translation = "0 0 - 4">
    <Group USE = "b"/>
  </Transform>
  <Transform translation = "0 0 4">
    <Group USE = "b"/>
  </Transform>
  </Transform>
  <Transform translation = "0 - 4 0" rotation = "0 1 0 2.356">
    <Transform translation = " - 2 0 2">
    <Group DEF = "b">
      <Shape>
        <Appearance>
        <Material diffuseColor = "1 1 1" transparency = "0"/>
      </Appearance>
      <Box size = "1 1 1"/>
   </Shape>
  </Group>
 </Transform>
 <Transform translation = "2 0 2">
    <Group USE = "b"/>
 </Transform>
 <Transform translation = "2 0 - 2">
    <Group USE = "b"/>
 </Transform>
 <Transform translation = " - 2 0 - 2">
    <Group USE = "b"/>
 </Transform>
 <Transform translation = " - 4 0 0">
    <Group USE = "b"/>
 </Transform>
 <Transform translation = "4 0 0">
```

```
        <Group USE="b"/>
      </Transform>
      <Transform translation="0 0 -4">
        <Group USE="b"/>
      </Transform>
      <Transform translation="0 0 4">
        <Group USE="b"/>
      </Transform>
      </Transform>
    </Scene>
```

X3D 光照效果项目案例中，利用 PointLight 节点创建一个三维立体空间点光源浏览效果。首先，启动 xj3d-browser 浏览器，然后打开“X3D 实例源代码/第 9 章实例源代码/px3d9-1.x3d”，即可运行 X3D 虚拟现实 PointLight 节点创建一个三维立体点光源浏览的场景造型。PointLight 节点运行结果，如图 9-3 所示。

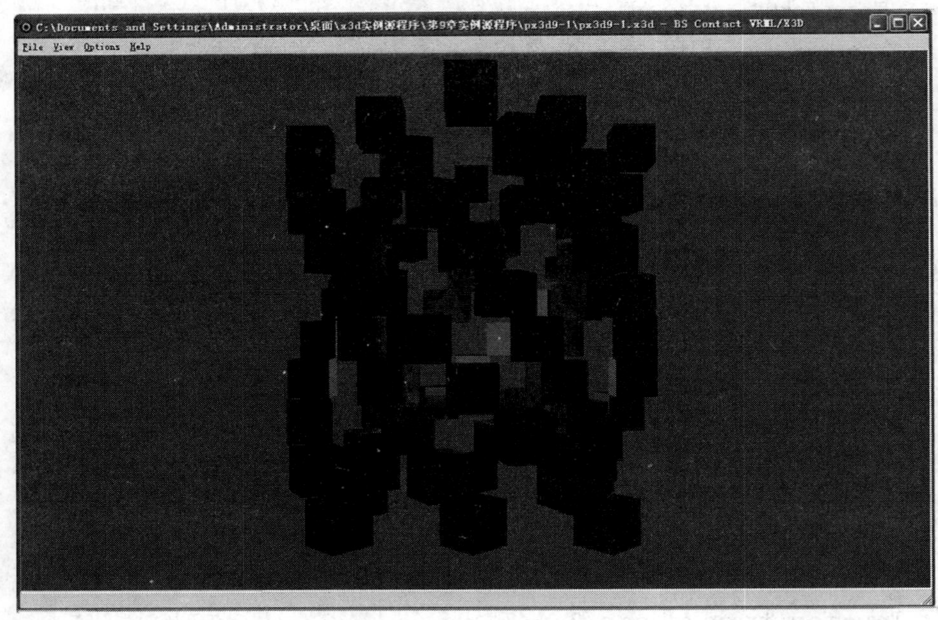

图 9-3 PointLight 节点浏览效果图

(2) SpotLight(聚光灯光源)节点可以创建一个锥光源，圆锥体的顶点就是光源的位置，光线被限制在一个呈圆锥体状态的空间里，只有在此圆锥体空间内造型才会被照亮，其他部分不会被照亮。SpotLight 节点从一个光点位置呈锥体状朝向一个特定的方向照射。

【实例 9-2】 利用 Background 节点、视点节点、NavigationInfo 节点、Inline 节点以及 SpotLight 节点创建一个三维立体空间聚光灯光源浏览效果。虚拟现实 SpotLight 节点三维立体场景设计 X3D 文件 px3d9-2.x3d 主程序源代码展示如下：

```
        <Scene>
            <Viewpoint description="PointLight at center of spheres.  Note
```

```
that light rays pass through geometry." position="0 0 30"/>
            <NavigationInfo headlight="false" type='"EXAMINE" "ANY"'/>
            <Background skyColor="0.58 0.58 0.58"/>
            <Group>
              <SpotLight direction="0 -2 0" location="0 8 0" color="0 1 0" radius="15"
                   cutoffAngle="1.571" beamWidth="0.524"/>
                <Transform translation="-7.5 -7.5 0.0">
            <Group DEF="BallRow">
               <Shape DEF="Ball">
                  <Appearance>
                     <Material diffuseColor="1 1.0 1.0"/>
                  </Appearance>
                  <Sphere/>
               </Shape>
               <Transform translation="3 0 0">
                  <Shape USE="Ball"/>
               </Transform>
               <Transform translation="6 0 0">
                  <Shape USE="Ball"/>
               </Transform>
               <Transform translation="9 0 0">
                  <Shape USE="Ball"/>
               </Transform>
               <Transform translation="12 0 0">
                  <Shape USE="Ball"/>
               </Transform>
               <Transform translation="15 0 0">
                  <Shape USE="Ball"/>
               </Transform>
            </Group>
            <Transform translation="0 3 0">
               <Group USE="BallRow"/>
            </Transform>
            <Transform translation="0 6 0">
               <Group USE="BallRow"/>
            </Transform>
            <Transform translation="0 9 0">
               <Group USE="BallRow"/>
            </Transform>
            <Transform translation="0 12 0">
```

```
        <Group USE = "BallRow"/>
      </Transform>
      <Transform translation = "0 15 0">
        <Group USE = "BallRow"/>
      </Transform>
    </Transform>
      </Group>
    <Transform translation = "0 0 - 4">
        <Transform translation = " - 7.5 - 7.5 0.0">
      <Group DEF = "BallRow">
        <Shape DEF = "Ball">
          <Appearance>
            <Material diffuseColor = "1 1.0 1.0"/>
          </Appearance>
          <Sphere/>
        </Shape>
        <Transform translation = "3 0 0">
          <Shape USE = "Ball"/>
        </Transform>
        <Transform translation = "6 0 0">
          <Shape USE = "Ball"/>
        </Transform>
        <Transform translation = "9 0 0">
          <Shape USE = "Ball"/>
        </Transform>
        <Transform translation = "12 0 0">
          <Shape USE = "Ball"/>
        </Transform>
        <Transform translation = "15 0 0">
          <Shape USE = "Ball"/>
        </Transform>
    </Group>
    <Transform translation = "0 3 0">
      <Group USE = "BallRow"/>
    </Transform>
    <Transform translation = "0 6 0">
      <Group USE = "BallRow"/>
    </Transform>
    <Transform translation = "0 9 0">
      <Group USE = "BallRow"/>
```

```
    </Transform>
    <Transform translation="0 12 0">
        <Group USE="BallRow"/>
    </Transform>
    <Transform translation="0 15 0">
        <Group USE="BallRow"/>
    </Transform>
</Transform>

</Transform>
<Transform translation="0 0 -8">
        <Transform translation="-7.5 -7.5 0.0">
   <Group DEF="BallRow">
      <Shape DEF="Ball">
         <Appearance>
            <Material diffuseColor="1 1.0 1.0"/>
         </Appearance>
         <Sphere/>
      </Shape>
      <Transform translation="3 0 0">
         <Shape USE="Ball"/>
      </Transform>
      <Transform translation="6 0 0">
         <Shape USE="Ball"/>
      </Transform>
      <Transform translation="9 0 0">
         <Shape USE="Ball"/>
      </Transform>
      <Transform translation="12 0 0">
         <Shape USE="Ball"/>
      </Transform>
      <Transform translation="15 0 0">
         <Shape USE="Ball"/>
      </Transform>
   </Group>
   <Transform translation="0 3 0">
      <Group USE="BallRow"/>
   </Transform>
   <Transform translation="0 6 0">
      <Group USE="BallRow"/>
```

```
    </Transform>
    <Transform translation="0 9 0">
      <Group USE="BallRow"/>
    </Transform>
    <Transform translation="0 12 0">
      <Group USE="BallRow"/>
    </Transform>
    <Transform translation="0 15 0">
      <Group USE="BallRow"/>
    </Transform>
</Transform>

</Transform>
<Transform translation="0 0 4">
        <Transform translation=" - 7.5 - 7.5 0.0">
  <Group DEF="BallRow">
    <Shape DEF="Ball">
      <Appearance>
        <Material diffuseColor="1 1.0 1.0"/>
      </Appearance>
      <Sphere/>
    </Shape>
    <Transform translation="3 0 0">
      <Shape USE="Ball"/>
    </Transform>
    <Transform translation="6 0 0">
      <Shape USE="Ball"/>
    </Transform>
    <Transform translation="9 0 0">
      <Shape USE="Ball"/>
    </Transform>
    <Transform translation="12 0 0">
      <Shape USE="Ball"/>
    </Transform>
    <Transform translation="15 0 0">
      <Shape USE="Ball"/>
    </Transform>
  </Group>
  <Transform translation="0 3 0">
    <Group USE="BallRow"/>.
```

```
        </Transform>
        <Transform translation="0 6 0">
          <Group USE="BallRow"/>
        </Transform>
        <Transform translation="0 9 0">
          <Group USE="BallRow"/>
        </Transform>
        <Transform translation="0 12 0">
          <Group USE="BallRow"/>
        </Transform>
        <Transform translation="0 15 0">
          <Group USE="BallRow"/>
        </Transform>
    </Transform>
    </Transform>
    <Transform translation="0 0 8">
          <Transform translation=" - 7.5 - 7.5 0.0">
        <Group DEF="BallRow">
          <Shape DEF="Ball">
            <Appearance>
              <Material diffuseColor="1 1.0 1.0"/>
            </Appearance>
            <Sphere/>
          </Shape>
          <Transform translation="3 0 0">
            <Shape USE="Ball"/>
          </Transform>
          <Transform translation="6 0 0">
            <Shape USE="Ball"/>
          </Transform>
          <Transform translation="9 0 0">
            <Shape USE="Ball"/>
          </Transform>
          <Transform translation="12 0 0">
            <Shape USE="Ball"/>
          </Transform>
          <Transform translation="15 0 0">
            <Shape USE="Ball"/>
            </Transform>
          </Group>
```

```
            <Transform translation="0 3 0">
               <Group USE="BallRow"/>
            </Transform>
            <Transform translation="0 6 0">
               <Group USE="BallRow"/>
            </Transform>
            <Transform translation="0 9 0">
               <Group USE="BallRow"/>
            </Transform>
            <Transform translation="0 12 0">
               <Group USE="BallRow"/>
            </Transform>
            <Transform translation="0 15 0">
               <Group USE="BallRow"/>
            </Transform>
         </Transform>
         </Transform>
        </Scene>
```

X3D 灯光效果利用 SpotLight 节点创建一个三维立体空间聚光灯光源浏览效果。首先，启动 xj3d-browser 浏览器，单击“Open”按钮，然后打开“X3D 案例源代码/第 9 章案例源代码/px3d9-2. x3d”，即可运行虚拟现实 SpotLight 节点创建一个三维立体聚光灯光源浏览的场景造型。SpotLight 节点运行结果，如图 9-4 所示。

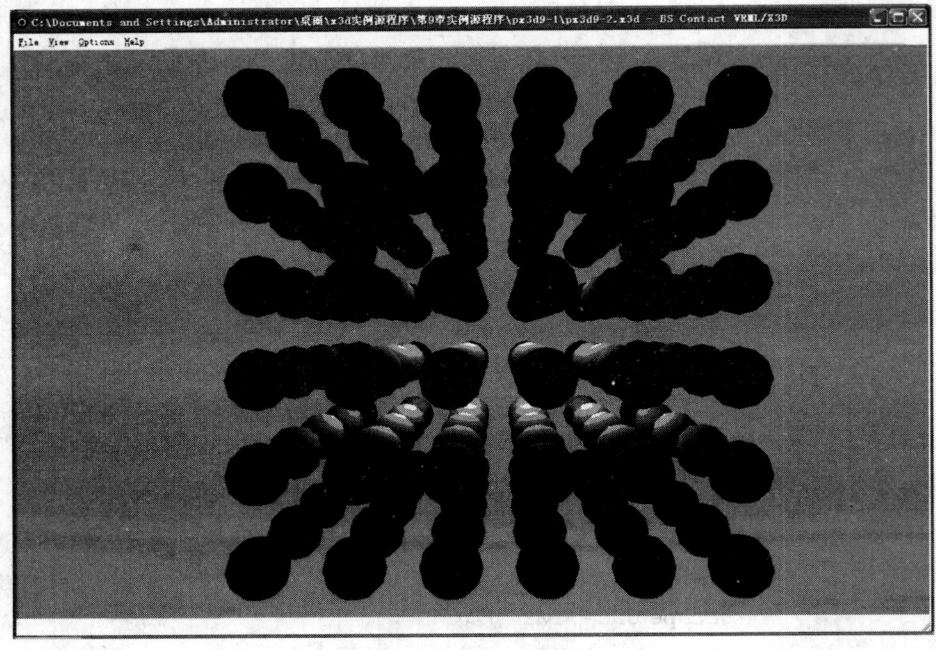

图 9-4　SpotLight 节点浏览效果图

(3) DirectionalLight(定向光源)节点生成一个平行光线来照亮几何体。光线从无限远处平行照射不需要考虑光源的位置。DirectionalLight 节点的光不随距离变化而衰减,光线自身没有可见的形状,可以动态改变方向,也可以模拟天空的太阳光线变化。

下面的项目将在 X3D 场景中添加雾气,设计自然界雾气效果,使其具有朦胧之美。控制雾化效果有两个重要条件,一是雾的浓度,二是雾的颜色。雾的浓度与观察者的能见度相反,距离观察者越远的虚拟现实景物的能见度越低,即雾越浓;距离观察者越近的虚拟现实景物的能见度越高,即雾越淡。当模拟烟雾时,需要改变雾的颜色,但通常情况下,雾是白色。

【实例 9-3】 利用 Background 节点、视点节点、NavigationInfo 节点、坐标变换节点、雾节点、重用节点以及 DirectionalLight 节点创建一个三维立体空间定向光源浏览效果。虚拟现实 DirectionalLight 节点三维立体场景设计 X3D 文件 px3d9-3. x3d 主程序源代码展示如下:

```
<Scene>
    <Viewpoint description = "DirectionalLight shining parallel rays to right.  No location, light source is infinitely distant." position = "0 - 1 30"/>
    <NavigationInfo headlight = "false" type = '"EXAMINE" "ANY"'/>
    <Background skyColor = "0.98 0.98 0.98"/>
    <Group DEF = "Lamp">
  <DirectionalLight direction = "0 - 1 0" color = "1 0 0 "/>
  <Fog fogType = "LINEAR" visibilityRange = "80" color = "1 1 1"/>
  <Transform translation = "0 1.8 0" scale = "0.27 0.27 0.27">
  <Transform translation = "0 0 - 4.9" >
    <Group DEF = "BallRow1">
      <Shape DEF = "Ball">
        <Appearance DEF = "appr">
          <Material diffuseColor = "1 1 1"/>
        </Appearance>
        <Sphere radius = "0.9"/>
      </Shape>
    <Transform translation = "0 0 1.9" rotation = "1 0 0 1.57">
  <Shape>
      <Appearance>
        <Material diffuseColor = "1 1 1"/>
      </Appearance>
      <Cylinder height = '2.2' radius = '0.3' >
   </Cylinder>
     </Shape>
   </Transform>
  </Group>
```

```
</Transform>
      <Transform translation="0 0 0" >
    <Shape>
      <Appearance>
        <Material diffuseColor="1 1 1"/>
      </Appearance>
      <Cylinder height='0.4' radius='2' >
  </Cylinder>
    </Shape>
  </Transform>
<Transform translation="0 0 4.9" rotation="0 1 0 3.14">
<Group USE="BallRow1"/>
</Transform>
<Transform translation="-4.9 0 0" rotation="0 1 0 1.57">
  <Group USE="BallRow1"/>
</Transform>
<Transform translation="4.9 0 0" rotation="0 1 0 -1.57">
  <Group USE="BallRow1"/>
</Transform>
<Transform translation="-3.7 0 3.3" rotation="0 1 0 2.25">
  <Group USE="BallRow1"/>
</Transform>
<Transform translation="3.7 0 3.3" rotation="0 1 0 -2.25">
  <Group USE="BallRow1"/>
</Transform>
<Transform translation="-3.7 0 -3.3" rotation="0 1 0 0.785">
  <Group USE="BallRow1"/>
</Transform>
<Transform translation="3.7 0 -3.3" rotation="0 1 0 -0.785">
  <Group USE="BallRow1"/>
</Transform>
<Transform translation="0 0 4.9" rotation="0 1 0 3.14">
  <Group USE="BallRow1"/>
</Transform>
</Transform>
<Transform translation="0 0.9 0" scale="0.4 0.4 0.4">
 <Transform translation="0 0 -4.9" >
   <Group DEF="BallRow1">
     <Shape DEF="Ball">
```

```
            <Appearance DEF = "appr">
              <Material diffuseColor = "1 1 1"/>
            </Appearance>
            <Sphere radius = "0.9"/>
          </Shape>
         <Transform translation = "0 0 1.9" rotation = "1 0 0 1.57">
       <Shape>
           <Appearance>
             <Material diffuseColor = "1 1 1"/>
           </Appearance>
           <Cylinder  height = '2.2' radius = '0.3' >
        </Cylinder>
         </Shape>
        </Transform>
      </Group>
    </Transform>
        <Transform translation = "0 0 0" >
     <Shape>
          <Appearance>
            <Material diffuseColor = "1 1 1"/>
         </Appearance>
         <Cylinder  height = '0.4' radius = '2' >
     </Cylinder>
       </Shape>
      </Transform>
   <Transform translation = "0 0 4.9" rotation = "0 1 0 3.14">
     <Group USE = "BallRow1"/>
     </Transform>
     <Transform translation = " - 4.9 0 0" rotation = "0 1 0 1.57">
       <Group USE = "BallRow1"/>
     </Transform>
     <Transform translation = "4.9 0 0" rotation = "0 1 0 - 1.57">
       <Group USE = "BallRow1"/>
     </Transform>
     <Transform translation = " - 3.7 0 3.3" rotation = "0 1 0 2.25">
       <Group USE = "BallRow1"/>
     </Transform>
     <Transform translation = "3.7 0 3.3" rotation = "0 1 0 - 2.25">
       <Group USE = "BallRow1"/>
```

```
    </Transform>
    <Transform translation = " - 3.7 0 - 3.3" rotation = "0 1 0 0.785">
      <Group USE = "BallRow1"/>
    </Transform>
    <Transform translation = "3.7 0 - 3.3" rotation = "0 1 0 - 0.785">
      <Group USE = "BallRow1"/>
    </Transform>
    <Transform translation = "0 0 4.9" rotation = "0 1 0 3.14">
      <Group USE = "BallRow1"/>
    </Transform>
  </Transform>
  <Transform translation = "0 0 0" scale = "0.5 0.5 0.5">
    <Transform translation = "0 0 - 4.9" >
      <Group DEF = "BallRow1">
        <Shape DEF = "Ball">
          <Appearance DEF = "appr">
            <Material diffuseColor = "1 1 1"/>
          </Appearance>
          <Sphere radius = "0.9"/>
        </Shape>
        <Transform translation = "0 0 1.9" rotation = "1 0 0 1.57">
      <Shape>
          <Appearance>
            <Material diffuseColor = "1 1 1"/>
          </Appearance>
          <Cylinder  height = '2.2' radius = '0.3' >
      </Cylinder>
      </Shape>
    </Transform>
  </Group>
</Transform>
    <Transform translation = "0 0 0" >
<Shape>
        <Appearance>
          <Material diffuseColor = "1 1 1"/>
        </Appearance>
        <Cylinder  height = '0.4' radius = '2' >
  </Cylinder>
     </Shape>
```

```
</Transform>
    <Transform translation = "0 0 4.9" rotation = "0 1 0 3.14">
     <Group USE = "BallRow1"/>
    </Transform>
    <Transform translation = " - 4.9 0 0" rotation = "0 1 0 1.57">
     <Group USE = "BallRow1"/>
    </Transform>
    <Transform translation = "4.9 0 0" rotation = "0 1 0 - 1.57">
     <Group USE = "BallRow1"/>
    </Transform>
    <Transform translation = " - 3.7 0 3.3" rotation = "0 1 0 2.25">
     <Group USE = "BallRow1"/>
    </Transform>
    <Transform translation = "3.7 0 3.3" rotation = "0 1 0 - 2.25">
     <Group USE = "BallRow1"/>
    </Transform>
    <Transform translation = " - 3.7 0 - 3.3" rotation = "0 1 0 0.785">
     <Group USE = "BallRow1"/>
    </Transform>
    <Transform translation = "3.7 0 - 3.3" rotation = "0 1 0 - 0.785">
     <Group USE = "BallRow1"/>
    </Transform>
    <Transform translation = "0 0 4.9" rotation = "0 1 0 3.14">
     <Group USE = "BallRow1"/>
    </Transform>

    </Transform>
    <Transform translation = "0 - 0.9 0" scale = "0.4 0.4 0.4">
     <Transform translation = "0 0 - 4.9" >
       <Group DEF = "BallRow1">
           <Shape DEF = "Ball">
               <Appearance DEF = "appr">
                   <Material diffuseColor = "1 1 1"/>
               </Appearance>
               <Sphere radius = "0.9"/>
           </Shape>
         <Transform translation = "0 0 1.9" rotation = "1 0 0 1.57">
     <Shape>
             <Appearance>
                 <Material diffuseColor = "1 1 1"/>
```

```
            </Appearance>
            <Cylinder  height='2.2' radius='0.3' >
    </Cylinder>
      </Shape>
    </Transform>
  </Group>
</Transform>
    <Transform translation="0 0 0" >
  <Shape>
       <Appearance>
          <Material diffuseColor="1 1 1"/>
       </Appearance>
       <Cylinder  height='0.4' radius='2' >
  </Cylinder>
    </Shape>
    </Transform>
<Transform translation="0 0 4.9" rotation="0 1 0 3.14">
  <Group USE="BallRow1"/>
</Transform>
<Transform translation="-4.9 0 0" rotation="0 1 0 1.57">
  <Group USE="BallRow1"/>
</Transform>
<Transform translation="4.9 0 0" rotation="0 1 0 -1.57">
  <Group USE="BallRow1"/>
</Transform>
<Transform translation="-3.7 0 3.3" rotation="0 1 0 2.25">
  <Group USE="BallRow1"/>
</Transform>
<Transform translation="3.7 0 3.3" rotation="0 1 0 -2.25">
  <Group USE="BallRow1"/>
</Transform>
<Transform translation="-3.7 0 -3.3" rotation="0 1 0 0.785">
  <Group USE="BallRow1"/>
</Transform>
<Transform translation="3.7 0 -3.3" rotation="0 1 0 -0.785">
  <Group USE="BallRow1"/>
</Transform>
<Transform translation="0 0 4.9" rotation="0 1 0 3.14">
  <Group USE="BallRow1"/>
```

```
    </Transform>
    </Transform>
  <Transform translation="0 -1.8 0" scale="0.27 0.27 0.27">
  <Transform translation="0 0 -4.9" >
    <Group DEF="BallRow1">
      <Shape DEF="Ball">
         <Appearance DEF="appr">
            <Material diffuseColor="1 1 1"/>
         </Appearance>
         <Sphere radius="0.9"/>
      </Shape>
     <Transform translation="0 0 1.9" rotation="1 0 0 1.57">
 <Shape>
        <Appearance>
           <Material diffuseColor="1 1 1"/>
        </Appearance>
        <Cylinder  height='2.2' radius='0.3' >
   </Cylinder>
     </Shape>
   </Transform>
 </Group>
</Transform>
   <Transform translation="0 0 0" >
 <Shape>
        <Appearance>
           <Material diffuseColor="1 1 1"/>
        </Appearance>
        <Cylinder  height='0.4' radius='2' >
 </Cylinder>
    </Shape>
    </Transform>
 <Transform translation="0 0 4.9" rotation="0 1 0 3.14">
  <Group USE="BallRow1"/>
 </Transform>
 <Transform translation="-4.9 0 0" rotation="0 1 0 1.57">
  <Group USE="BallRow1"/>
 </Transform>
 <Transform translation="4.9 0 0" rotation="0 1 0 -1.57">
  <Group USE="BallRow1"/>
```

```
</Transform>
<Transform translation="-3.7 0 3.3" rotation="0 1 0 2.25">
 <Group USE="BallRow1"/>
</Transform>
<Transform translation="3.7 0 3.3" rotation="0 1 0 -2.25">
 <Group USE="BallRow1"/>
</Transform>
<Transform translation="-3.7 0 -3.3" rotation="0 1 0 0.785">
 <Group USE="BallRow1"/>
</Transform>
<Transform translation="3.7 0 -3.3" rotation="0 1 0 -0.785">
 <Group USE="BallRow1"/>
</Transform>
<Transform translation="0 0 4.9" rotation="0 1 0 3.14">
 <Group USE="BallRow1"/>
</Transform>
</Transform>
<Transform translation="0 -3.9 0" >
<Shape>
      <Appearance>
         <Material diffuseColor="1 1 1"/>
      </Appearance>
      <Cylinder  height='12' radius='0.3' >
  </Cylinder>
    </Shape>
   </Transform>
  <Transform translation="0 2.7 0">
 <Shape>
      <Appearance>
         <Material diffuseColor="1 1 1"/>
      </Appearance>
      <Sphere  radius='0.7' />
    </Shape>
   </Transform>
 <Transform translation="0 -10 0">
 <Shape>
      <Appearance>
         <Material diffuseColor="1 1 1"/>
      </Appearance>
```

```
        <Cylinder  radius='1' height='0.2'/>
      </Shape>
    </Transform>
    </Group>
    <Transform translation="10 0 0">
        <DirectionalLight direction="0 - 1 0" color="1 0 1 "/>
        <Group  USE="Lamp"/>
    </Transform>
    <Transform translation=" - 10 0 0">
          <DirectionalLight direction="0 - 1 0" color="0 1 0 "/>
          <Group  USE="Lamp"/>
      <Transform translation="10 0 - 20">
          <DirectionalLight direction="0 - 1 0" />
          <Group  USE="Lamp"/>
      </Transform>
      </Transform>
    </Scene>
```

X3D 灯光渲染效果 DirectionalLight 节点和雾节点三维立体空间场景设计运行程序如下，首先，启动 xj3d-browser 浏览器，单击“Open”按钮，然后打开“X3D 案例源代码/第 9 章案例源代码/px3d9-3. x3d”，即可运行虚拟现实 DirectionalLight 节点创建一个三维立体定向光源浏览的场景造型。DirectionalLight 节点源代码运行结果，如图 9-5 所示。

图 9-5　DirectionalLight 节点浏览效果图

9.5 X3D太阳系项目案例

太阳系即恒星系统，是由太阳、8颗行星（原有九大行星，因为冥王星被剔除为矮行星）、66颗卫星（原有67颗，冥王星的卫星被剔除）以及无数的小行星、彗星及陨星组成的。

太阳系是以太阳为中心和所有受到太阳的重力约束天体的集合体：8颗行星、至少165颗已知的卫星、5颗已经辨认出来的矮行星（冥王星和它的卫星）和数以亿计的太阳系小天体。这些小天体包括小行星、柯伊伯带的天体、彗星和星际尘埃。

太阳系中根据行星的距离依次是水星、金星、地球、火星、木星、土星、天王星和海王星，8颗中的6颗有天然的卫星环绕着。在外侧的行星都有由尘埃和许多小颗粒构成的行星环环绕着，而除了地球之外，肉眼可见的行星以五行为名，在西方则全都以希腊和罗马神话故事中的神仙为名。

9.5.1 X3D太阳系项目开发设计

X3D太阳系项目开发设计是一个以太阳为恒星，其他行星围绕太阳旋转的三维立体场景，其中地球围绕太阳转，月亮围绕地球转。利用X3D虚拟现实场景建模技术中坐标变换节点、内联节点、模型节点、几何体节点以及动画游戏节点创建一个X3D太阳系动画场景。X3D太阳系动画场景开发设计由太阳、地球、月球造型以及动画游戏设计等组成，X3D太阳系动画游戏场景层次结构图，如图9-6所示。

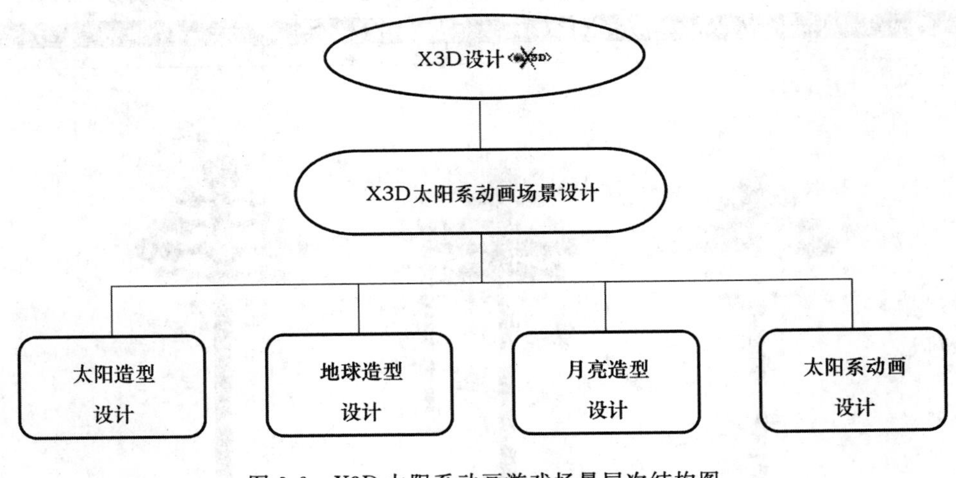

图9-6 X3D太阳系动画游戏场景层次结构图

9.5.2 X3D太阳系项目源代码

X3D太阳系项目开发设计是利用软件工程思想开发设计，对太阳系三维立体场景进行开发、设计、编码和调试。采用结构化、组件化、模块化以及面向对象的开发思想，设计出层

次清晰、结构合理的三维立体场景。利用虚拟现实的各种节点创建生动、鲜活、逼真的三维立体动画场景。

利用 X3D 基本几何节点创建 X3D 太阳系场景和造型，使用背景节点、坐标变换节点、视点节点、动画游戏节点对 X3D 太阳系场景进行组合和动画设计。

【实例 9-4】 X3D 太阳系三维立体动画场景造型设计，利用 X3D 几何体节点、坐标变换节点、模型节点以及动画游戏节点等进行开发与设计，X3D 太阳系三维立体动画场景源代码 px3d9-4.x3d 展示如下：

```
<Scene>
    <Background skyColor = "0.0 0.0 0.0"/>
    <Viewpoint DEF = "_Viewpoint1" orientation = '1 0 0 -0.85' position = '0 16 17' description = "up"/>
    <Viewpoint DEF = "_Viewpoint2" orientation = '0 0 0 0' position = '0 0 20' description = "far"/>
    <TimeSensor DEF = "TimeInterval" cycleInterval = "100" loop = "true"/>
    <OrientationInterpolator DEF = "SunAngle"
      key = "0.00 0.25 0.50 0.75 1.00" keyValue = "0 1 0 0, 0 1 0 1.5708, 0 1 0 3.14159,
0 1 0 4.7123889, 0 1 0 6.2831852"/>
    <ROUTE fromField = "fraction_changed" fromNode = "TimeInterval" toField = "
set_fraction" toNode = "SunAngle"/>
    <PointLight radius = "200"/>
    <PointLight on = "true" location = "0 0 0" intensity = "9" radius = "200" attenuation = "1 0 0" />
    <Transform DEF = "Sun">
        <Shape>
            <Appearance>
                <Material diffuseColor = '1 0 0'>
                    </Material>
                </Appearance>
            <Sphere radius = "1"/>
        </Shape>
    <Shape>
        <Appearance>
        <Material diffuseColor = "0.3 0.35 0.35"/>
        </Appearance>
        <Cylinder radius = "10" height = "0.01" top = "false" bottom = "false" solid = "false"/>
    </Shape>
    <Transform DEF = "Earth" scale = "0.3 0.3 0.3" translation = "0 0 10">
        <TimeSensor DEF = "TimeInterval" cycleInterval = "10.0" loop = "true"/>
     <OrientationInterpolator DEF = "EarthAngle"
            key = "0.00 0.25 0.50 0.75 1.00" keyValue = "0 1 0 0, 0 1 0 1.5708, 0 1 0 3.14159,
                0 1 0 4.7123889, 0 1 0 6.2831852"/>
    <ROUTE fromField = "fraction_changed" fromNode = "TimeInterval" toField = "set_fraction"
```

```
            toNode = "EarthAngle"/>
    <Transform DEF = "Earth">
        <Shape>
          <Appearance>
          <! -- Material diffuseColor = "0.3 0.35 0.35"/ -- >
          <ImageTexture url = "earth.jpg"/>
          </Appearance>
          <Sphere radius = "1"/>
          </Shape>
        <Shape>
            <Appearance>
                <Material diffuseColor = "0.3 0.35 0.35"/>
            </Appearance>
            <Cylinder radius = "5.1" height = "0.015" top = "false" bottom = "false" solid = "false"/>
          </Shape>
        <Transform DEF = "Moon" rotation = "1 0 0 .3"
          scale = "0.5 0.5 0.5" translation = "0 0 5">
          <Shape>
            <Appearance>
                <! -- ImageTexture url = "moon.jpg"/ -- >
                    <Material diffuseColor = "0.3 0.35 0.35"/>
            </Appearance>
             <Sphere/>
           </Shape>
             </Transform>
          </Transform>
          <ROUTE fromField = "value_changed" fromNode = "EarthAngle"  toField = "rotation"
                toNode = "Earth"/>
          </Transform>
      </Transform>
      <ROUTE fromField = "value_changed" fromNode = "SunAngle"
        toField = "rotation" toNode = "Sun"/>
    </Scene>
```

X3D 太阳系三维立体动画场景造型设计运行程序如下，首先，安装 Xj3d2.0 浏览器，启动 Xj3d-browser 浏览器，然后在 Xj3d2.0 浏览器中，单击“Open”按钮，选择“X3D 实例源代码/第 9 章实例源代码/px3d9-4.x3d”路径，即可运行 X3D 太阳系三维立体动画场景造型设计运行结果，如图 9-7 所示。

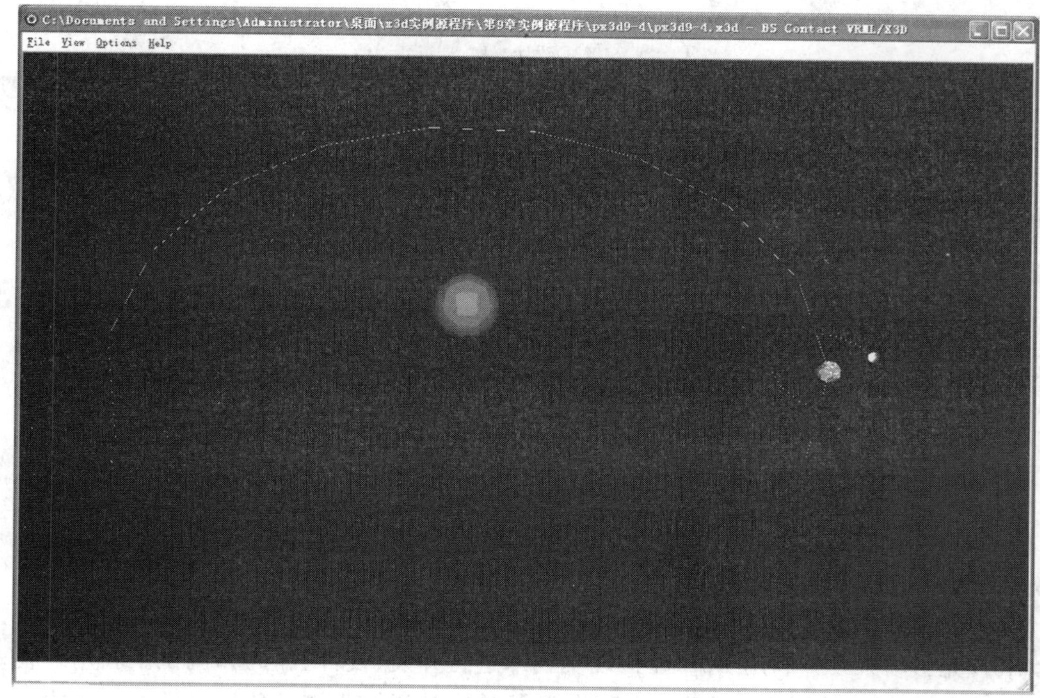

图 9-7 X3D 太阳系三维立体动画游戏设计运行效果图

9.6 X3D 光影项目案例

X3D 光影场景中有各种光照效果，如点光源、平行光源、聚光灯等，但只有光照没有阴影，如果要制造出阴影，通常需要一些编程技巧仿真出阴影的感觉。X3D 光影项目案例利用光影技术创建一个三维立体几何石膏镜面影像效果。

9.6.1 X3D 光影项目开发设计

X3D 光影场景项目设计是利用软件工程的思想进行开发、设计、编码。X3D 光影场景项目设计按照软件工程的思想从需求分析、总体设计、详细设计、编码测试等过程，循序渐进不断完善软件的项目开发。X3D 光影场景设计主要由球体、圆柱体、圆锥体、立方体等组成，设计出三维立体光照和阴影效果。采用模块化、组件化设计思想，设计出层次清晰、结构合理的 X3D 三维立体光影场景效果。

X3D 光影场景效果设计利用 X3D 虚拟现实场景建模技术中几何体节点、坐标变换节点、透明度节点、模型节点等，创建一个 X3D 光影场景效果。X3D 光影场景项目层次结构图，如图 9-8 所示。

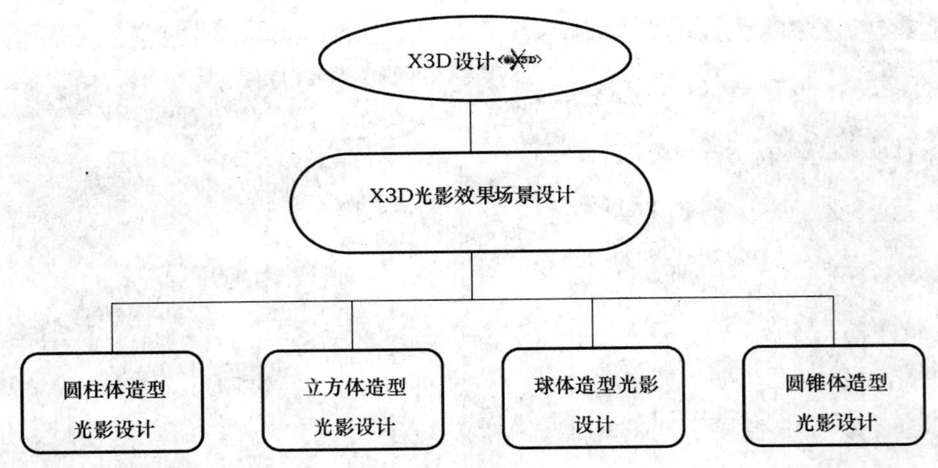

图 9-8 X3D 光影场景项目层次结构图

9.6.2 X3D 光影项目源代码

X3D 光影场景设计利用 X3D 虚拟现实技术进行开发、设计、编码和调试。利用现代软件开发的编程思想，采用绝对编程、自动测试、简单设计以及先测试后设计的开发理念。融合结构化、组件化和模块化的设计思想，使软件开发设计层次清晰、结构合理。利用虚拟现实语言的各种节点创建生动、逼真的模拟光影节点三维立体场景造型。使用 X3D 核心节点、背景节点、坐标变换节点以及几何节点进行设计和开发。

【实例 9-5】 利用 Shape 节点、Appearance 子节点和 Material 节点、几何节点在三维立体空间背景下，创建一个三维立体光影场景造型。X3D 光影场景造型三维立体场景设计 X3D 文件 px3d9-5. x3d 源代码展示如下：

```
<Scene>
    <Background DEF = "_Background" skyColor = "0.1 0.1 0.1"/>
    <Viewpoint DEF = "1_Viewpoint" jump = 'false' orientation = '0 1 0 0' position = '12 0 10'
        description = "View1">
        </Viewpoint>
    <Viewpoint DEF = "2_Viewpoint" jump = 'false' orientation = '0 1 0 0' position = '10 0 20'
        description = "View2">
        </Viewpoint>
    <Viewpoint DEF = "3_Viewpoint_1" jump = 'false' orientation = '0 1 0 0' position = '10 0 50'
        description = "View3">
        </Viewpoint>
<Transform translation = "8 0 - 10 ">
  <Shape>
  <Appearance>
```

```
        <Material ambientIntensity="0.1" diffuseColor="0.8 0.8 0.8"
          shininess="0.15" specularColor="0.2 0.2 0.2" transparency="0"/>
      </Appearance>
      <Cylinder height="3" radius="1.2"/>
    </Shape>
    </Transform>
     <Transform  translation="8 -2 -10 ">
       <Shape>
      <Appearance>
        <Material ambientIntensity="0.1" diffuseColor="0.8 0.8 0.8"
          shininess="0.15" specularColor="0.2 0.2 0.2" transparency="0.6"/>
      </Appearance>
      <Cylinder height="3" radius="1.2"/>
    </Shape>
    </Transform>
    <Transform rotation="0 0 1 1.571" translation="15 -4 -10">
      <Shape>
      <Appearance>
        <Material ambientIntensity="0.1" diffuseColor="0.8 0.8 0.8"
          shininess="0.15" specularColor="0.2 0.2 0.2" transparency="0.6"/>
      </Appearance>
      <Sphere radius="1"/>
    </Shape>
    </Transform>
      <Transform rotation="0 0 1 1.571" translation="15 1.5 -10">
      <Shape>
      <Appearance>
        <Material ambientIntensity="0.1" diffuseColor="0.8 0.8 0.8"
          shininess="0.15" specularColor="0.2 0.2 0.2" transparency="0"/>
      </Appearance>
      <Sphere radius="1"/>
    </Shape>
    </Transform>
<Transform rotation="0 0 1 1.571" translation="15 -0.5 -10">
      <Shape>
      <Appearance>
        <Material ambientIntensity="0.1" diffuseColor="0.8 0.8 0.8"
          shininess="0.15" specularColor="0.2 0.2 0.2" transparency="0"/>
```

```
    </Appearance>
    <Box size="2 2 2"/>
  </Shape>
  </Transform>
   <Transform rotation="0 0 1 1.571" translation="15 -2 -10">
      <Shape>
      <Appearance>
         <Material ambientIntensity="0.1" diffuseColor="0.8 0.8 0.8"
           shininess="0.15" specularColor="0.2 0.2 0.2" transparency="0.8"/>
      </Appearance>
      <Box size="2 2 2"/>
    </Shape>
    </Transform>
<Transform  translation="12 0 -10">
      <Shape>
      <Appearance>
         <Material ambientIntensity="0.1" diffuseColor="0.8 0.8 0.8"
           shininess="0.15" specularColor="0.2 0.2 0.2" transparency="0"/>
      </Appearance>
      <Cone bottom="true" bottomRadius="1.5" height="3" side="true"/>
  </Shape>
  </Transform>
<Transform rotation="0 0 1 3.141" translation="12 -3 -10">
     <Shape>
     <Appearance>
        <Material ambientIntensity="0.1" diffuseColor="0.8 0.8 0.8"
          shininess="0.15" specularColor="0.2 0.2 0.2" transparency="0.8"/>
     </Appearance>
     <Cone bottom="true" bottomRadius="1.5" height="3" side="true"/>
  </Shape>
  </Transform>
 </Scene>
```

X3D 光影场景三维立体造型设计运行程序如下，首先，安装 Xj3d2.0 浏览器，启动 Xj3d-browser 浏览器，然后在 Xj3d2.0 浏览器中，单击“Open”按钮，选择 “X3D 实例源代码/第 9 章实例源代码/px3d9-5.x3d”路径，即可运行虚拟现实模拟光影三维立体空间场景。X3D 光影场景造型代码运行结果，如图 9-9 所示。

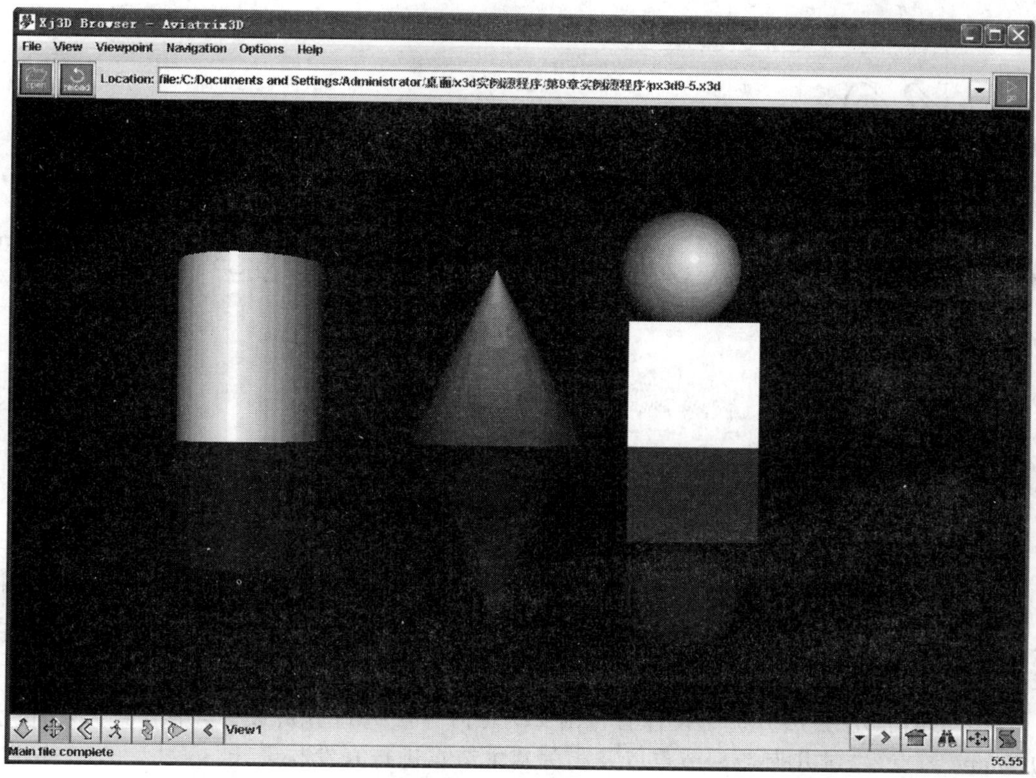

图 9-9 X3D光影三维立体场景造型运行效果图

第10章 X3D几何2D建模设计

10.1 X3D 几何 2D 算法分析设计

在三维立体设计中经常会遇到二维设计，如二维直线、二维矩形、平面圆以及二维曲线设计等。X3D 几何 2D 算法分析设计针对二维平面设计中的平面矩形、二维弧、平面圆环、二维三角面进行建模开发与设计。

X3D 几何 2D 算法分析与设计着重对 2D 几何算法进行分析设计，并结合 X3D 技术中的 Shape 节点、二维几何造型节点以及相关基本节点进行开发与设计。

10.1.1 X3D 几何 2D 算法分析

X3D 几何 2D 算法分析主要涵盖矩形算法、平面圆算法、圆环算法、弧长算法以及扇形面积算法进行分析。

(1) 矩形算法分析

矩形是一种平面图形，矩形的四个角都是直角，其对角线相等且互相平分，矩形所在平面内任一点到其两对角线端点的距离的平方和相等，矩形既是轴对称图形，也是中心对称图形，对称轴是任何一组对边中点的连线，它至少有两条对称轴。矩形的面积计算公式为：

$$S=wh$$

其中，S 为矩形的面积，w 为矩形长，h 为矩形宽。矩形的周长计算公式为：

$$C=2(w+h)$$

其中，C 为矩形的周长，w 为矩形长，h 为矩形宽。

黄金矩形也称黄金分割：即矩形宽与长的比是$(\sqrt{5}-1)/2$(约为 0.618)的矩形叫做黄金矩形。黄金矩形体现一种协调、匀称、均衡的美感。世界各国许多著名的建筑为取得最佳的视觉效果，都采用了黄金矩形的设计。

(2) 平面圆算法分析

若已知圆的半径为 r，圆心角为 α，圆心在坐标原点上($x_0=0$，$y_0=0$)，求平面圆上点的坐标(x，y)的值。则有：

$$\begin{cases} x = x_0 + r\cos\alpha \\ y = y_0 + r\sin\alpha \end{cases}$$

(3) 圆环算法分析

由两个同心圆的圆周所围成的部分叫做圆环,圆环面积的一般算法是用外圆面积减去内圆面积。

已知外圆的半径为 r_2,则外圆的面积为 πr_2^2;内圆的半径为 r_1,内圆的面积为 πr_1^2,则圆环面积算法为

$$\text{圆环面积} = \pi r_2^2 - \pi r_1^2$$

(4) 弧长算法分析

在圆周上的任意一段弧的长度叫做弧长,n 是圆心角度数,r 是半径,α 是圆心角弧度,弧长为 l。弧长算法为

$$l = n\pi r/180° \text{ 或 } l = |\alpha| r$$

(5) 扇形面积算法分析

扇形是与圆形有关的一种重要图形,其面积与圆心角、圆半径相关,圆心角为 n,半径为 R 的扇形面积为$\frac{n\pi r^2}{360°}$。如果其顶角采用弧度单位,则可简化为 1/2×弧长×半径(弧长=半径×弧度),扇形面积公式为

$$S_{\text{扇}} = \frac{n\pi r^2}{360°} = \frac{1}{2}lr(n\text{ 为圆心角的度数},r\text{ 为圆的半径})$$

其中,π 为圆周率,n 为圆心角度数,r 为扇形半径,l 为扇形弧长。

10.1.2 X3D 几何 2D 算法设计

X3D 几何 2D 算法设计主要包括矩形算法设计、平面圆算法设计、圆环算法设计、弧长算法设计以及扇形面积算法设计等相关内容。

利用 X3D 几何 2D 节点算法设计二维几何造型,还可以对其进行着色。X3D 三维立体几何 2D 节点设计包含在 Shape 节点下,Shape 节点由 Appearance 节点和几何节点构成。Appearance 子节点定义了物体造型的外观,包括纹理映像、纹理坐标变换以及外观的材料等;Geometry 子节点定义了立体空间物体的几何造型,如二维平面基本几何节点 Arc2D、ArcClose2D、Circle2D 和 Disk2D 节点等分别用来绘制圆弧、封闭圆弧、圆和环等二维空间平面造型等基本的几何模型。在 X3D 三维立体几何 2D 节点组件中,使用模型组件里定义的 Shape 中的几何属性(Geometry properties)和外观节点。2D 几何(Geometry2D)节点可以看成是一些平面对象(planar objects)。在 X3D 中所有的二维空间节点造型是由二维坐标系指定的与当前三维坐标系中(x,y,0)相一致的二维平面,二维坐标系的原点与三维坐标系的原点重合。在 X3D 文件中的二维平面几何组件是由 x、y 轴形成的平面构成的各种几何图形,如圆弧、圆、圆盘、圆环等。还包括 Polypoint2D(点 2D)节点、Polyline2D(线 2D)节点、TriangleSet2D(三角形 2D)节点等。利用 X3D 三维立体几何 2D 节点创建的造型编程简洁、快速、方便,有利于浏览器的快速浏览,提高软件编程和运行的效率。

采用 X3D 先进的前沿技术以及面向对象的设计思想,设计层次清晰、结构合理的 X3D 几何 2D 算法。X3D 几何 2D 算法设计思想层次结构,如图 10-1 所示。

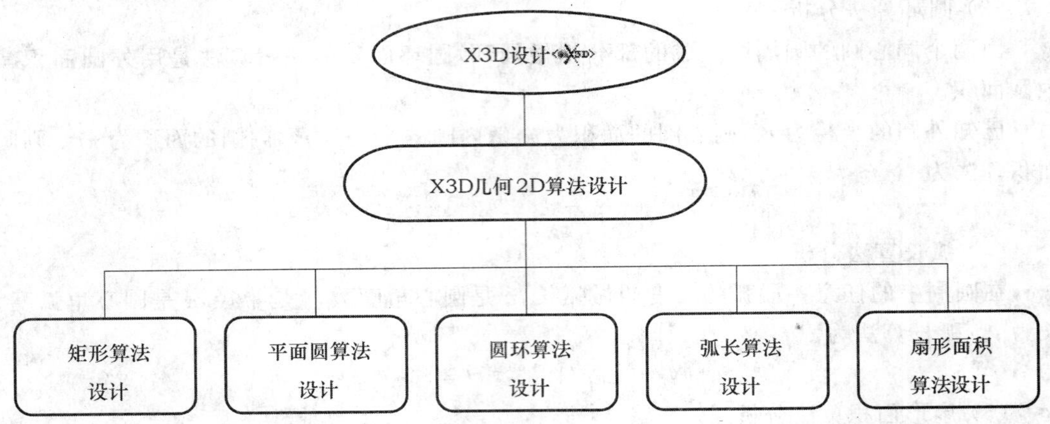

图 10-1　X3D 几何 2D 算法设计思想层次结构图

10.2　X3D 几何 2D 建模分析

X3D 几何 2D 建模语法分析主要包括二维平面 Arc2D、Circle2D、ArcClose2D、Rectangle2D、Disk2D、Polypoint2D、Polyline2D、TriangleSet2D、FillProperties、LineProperties、Contour2D 以及 ContourPolyline2D 语法定义、剖析和理解。

10.3　X3D 花瓣项目案例设计

本项目利用 X3D 几何 2D 建模技术创建一个花瓣三维造型,利用软件工程的思想对三维几何体进行开发与设计,使用模型节点、2D 弧节点、坐标变换节点、外观节点以及材料节点等开发与设计。

10.3.1　X3D 花瓣项目开发设计

X3D 花瓣项目案例设计利用 X3D 平面 2D 弧节点、坐标变换节点以及模型节点进行开发与设计。X3D 花瓣项目案例由 3 个 2D 弧组成一个 X3D 花瓣造型,利用坐标变换节点对花瓣进行定位。X3D 花瓣项目案例层次图,如图 10-2 所示。

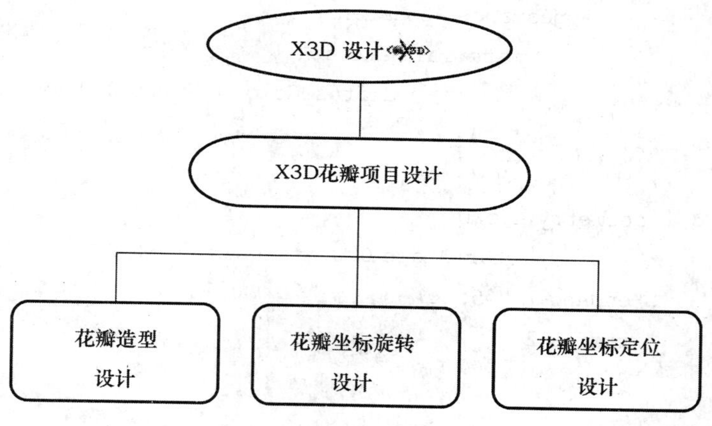

图 10-2 X3D 花瓣项目案例层次结构图

10.3.2 X3D 花瓣项目源代码

X3D 花瓣项目设计是利用 Arc2D(弧)节点是在 Shape 节点中的 Geometry 子节点下创建二维圆弧平面造型，使用 Appearance 子节点和 Material 子节点描述空间物体造型的颜色、材料漫反射、环境光反射、物体镜面反射、物体发光颜色、外观材料的亮度以及透明度等，使二维空间场景和造型更具真实感。Arc2D 节点二维平面造型设计利用虚拟现实 X3D 技术进行设计、编码和调试。利用现代软件开发的思想，融合结构化、组件化和模块化的设计思想，使软件开发设计层次清晰、结构合理。利用虚拟现实语言的各种节点创建生动、逼真的 Arc2D 节点二维平面造型。使用 X3D/VRML 节点、背景节点以及 Arc2D 节点进行设计和开发。

【实例 10-1】 在 X3D 三维立体空间场景环境下，利用 Shape 节点、Appearance 子节点和 Material 节点以及 Arc2D 节点在三维立体空间背景下，创建一个 X3D 花瓣二维几何图形的 X3D/VRML 源代码。X3D 花瓣二维几何场景设计 X3D 文件 pvrml10-1. wrl 源代码展示如下：

```
# [Scene]========== ========== ==========
NavigationInfo { type [ "EXAMINE" "ANY" ] }
DEF view1 Viewpoint { position 2 -1.5 10 description "View1"
                    }
DEF view2 Viewpoint { position 0 0 20  description "View2"
                    }
Background {
  skyColor [ 0.98 0.98 0.98 ]
}
Transform{ translation 0 0 0
     children[
     Shape {
```

```
                appearance Appearance {
                    material Material {
                            diffuseColor 0.0 0.0 0.0
                        }
                  }
            geometry Arc2D {
                    startAngle 0.0
            endAngle   5.141
            radius 2
            }
          }
          ]
      }
    Transform{ translation 4 0 0 rotation 0 0 1 - 2.00
          children[
          Shape {
              appearance Appearance {
                  material Material {
                          diffuseColor 0.0 0.0 0.0
                      }
                  }
          geometry Arc2D {
                  startAngle 0.0
            endAngle   5.141
            radius 2
            }
          }
          ]
    }
  Transform{ translation 2 - 3.45 0 rotation 0 0 1 - 4.071
        children[
        Shape {
            appearance Appearance {
                material Material {
                        diffuseColor 0.0 0.0 0.0
                    }
                }
        geometry Arc2D {
                startAngle 0.0
```

```
        endAngle   5.041
        radius 2
        }
    }
    ]
}
```

X3D 花瓣项目虚拟现实 2D 节点花瓣造型程序运行如下，首先，启动 Xj3d-browser 浏览器，然后在 Xj3d2.0 浏览器中，单击“Open”按钮，打开“X3D 案例源代码/第 10 章案例源代码/pvrml10-1.wrl”，即可运行 X3D 虚拟现实 2D 节点花瓣造型场景造型。

在三维立体空间背景下，圆弧的半径为 2，圆弧的圆心分别在 3 个不同坐标点上，由 3 个弧构成一个花瓣造型，X3D 花瓣项目运行后的场景效果，如图 10-3 所示。

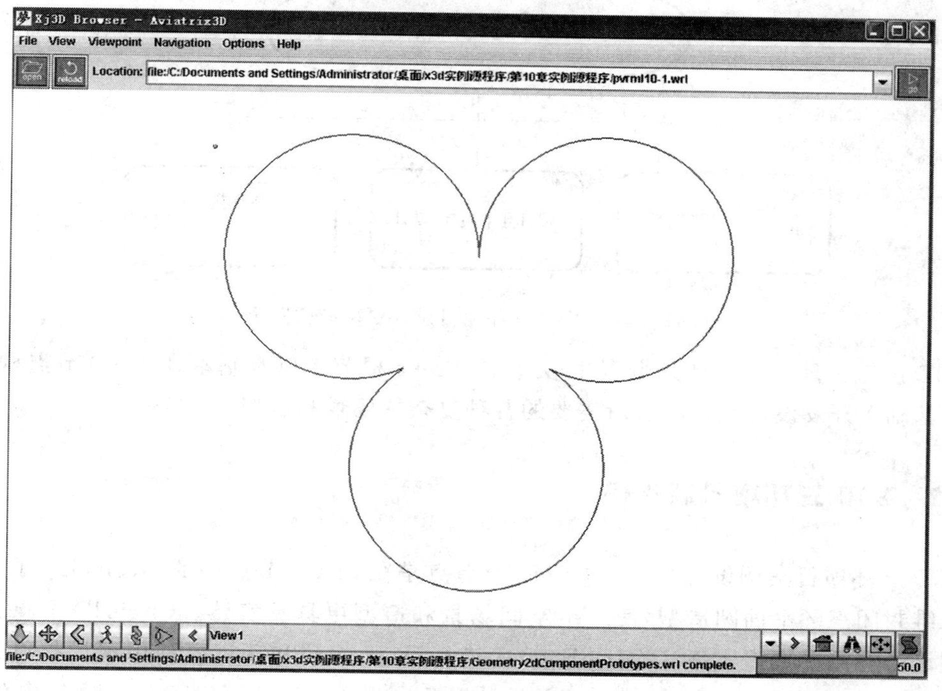

图 10-3　X3D 花瓣项目运行效果图

10.4　X3D 三环项目案例设计

X3D 三环项目案例是利用基本几何 2D 平面圆节点、视点节点以及坐标变换节点等进行开发、设计、编程。X3D 三环项目设计是采用先进的渐进式软件开发模式，对虚拟现实场景和造型进行开发、设计、编程及调试。利用计算机前沿技术 X3D 虚拟现实技术开发二维立体三环项目场景和造型。利用结构化、模块化、组件化以及面向对象的开发设计思想，采用循序渐进由浅入深的策略，开发虚拟现实软件工程项目。

10.4.1 X3D 三环项目开发设计

X3D 三环项目开发与设计包括 X3D 头节点与 Scene 根节点的语法结构定义。X3D 三环项目开发设计由 3 个 2D 平面圆作为主体设计、视点定位、坐标变换设计等构成。利用结构化、模块化以及组件化思想进行设计和开发。在 X3D 三环项目案例设计中，采用浅灰色为背景来突出三环造型设计效果。X3D 虚拟三环项目设计层次结构，如图 10-4 所示。

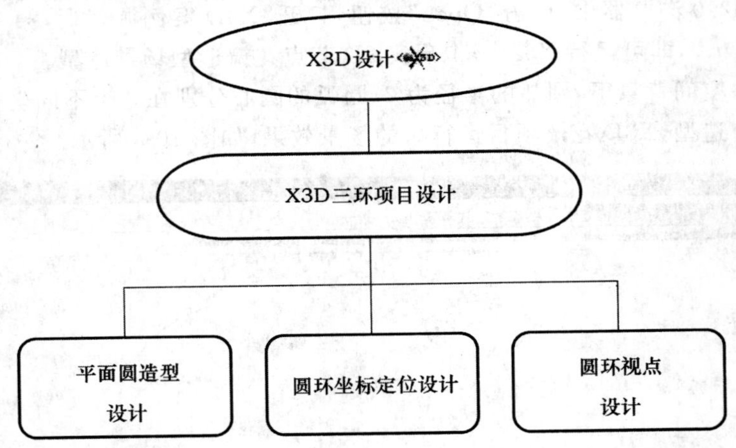

图 10-4 X3D 三环项目设计层次结构图

X3D 虚拟三环项目设计是由 X3D 头节点、Scene 根节点以及基本几何 2D 节点构成，也可在此基础上开发设计软件项目所需要的各种复杂的场景和造型。

10.4.2 X3D 三环项目源代码

X3D 三环项目案例设计是利用 Circle2D 节点是在 Shape 节点中的 Geometry 子节点下创建二维封闭三环平面圆造型，使二维空间场景和造型更具真实感。Circle2D 节点二维平面造型设计利用虚拟现实 X3D/VRML 技术进行设计、编码和调试。利用现代软件开发的编程思想，采用绝对编程、自动测试、简单设计以及先测试后设计开发理念。融合结构化、组件化和模块化的设计思想，使软件开发设计层次清晰、结构合理。利用虚拟现实语言的各种节点创建生动、逼真的 Circle2D 节点二维三环造型。使用 X3D/VRML 节点、背景节点以及 Circle2D 节点进行设计和开发。

【实例 10-2】 在 X3D 三维立体空间场景环境下，利用 Shape 节点、Appearance 子节点和 Material 节点以及 Circle2D 节点在三维立体空间背景下，创建一个三环 2D 封闭平面圆的 X3D/VRML 源代码。X3D 三环项目几何立体场景设计 X3D/VRML 文件 pvrml10-2.wrl 源代码展示如下：

```
# [Scene] ========== ========== ==========
EXTERNPROTO Circle2D [
  field SFFloat radius
```

```
field SFBool solid
exposedField SFNode metadata # [appinfo] Metadata node only
][
  "Geometry2dComponentPrototypes.wrl#Circle2D"
]
NavigationInfo { type [ "EXAMINE" "ANY" ] }
DEF view1 Viewpoint { position 0 0 10 description "View1"
                    }
DEF view2 Viewpoint { position 0 0 20 description "View2"
                    }
Background {
  skyColor [ 0.98 0.98 0.98 ]
}
Transform{ translation 0 0 0
      children[
      Shape {
          appearance Appearance {
               material Material {
                        diffuseColor 0.0 0.0 0.0
                  }
              }
          geometry Circle2D {
          radius 2
          }
      }
      ]
}
Transform{ translation 3 0 0
      children[
      Shape {
          appearance Appearance {
                material Material {
                         diffuseColor 0.0 0.0 0.0
              }
          }
      geometry Circle2D {
      radius 2
      }
}
```

```
    ]
  }
  Transform{ translation-3 0 0
      children[
      Shape {
          appearance Appearance {
              material Material {
                  diffuseColor 0.0 0.0 0.0
              }
          }
      geometry Circle2D {
      radius 2
      }
  }
  ]
}
```

X3D 三环项目案例运行程序如下，首先，启动 Xj3d-browser 浏览器，然后在 Xj3d2.0 浏览器中，单击"Open"按钮，选择"X3D 案例源代码/第 10 章案例源代码/pvrml10-2.wrl"，即可运行虚拟现实 X3D 三环项目场景造型，在三维立体空间背景下，平面圆的半径为 2，平面圆的圆心分别在(0,0,0)、(－3,0,0)、(3,0,0)位置上，三圆环的颜色为红、绿、蓝 3 种颜色，X3D 三环项目运行后的场景效果，如图 10-5 所示。

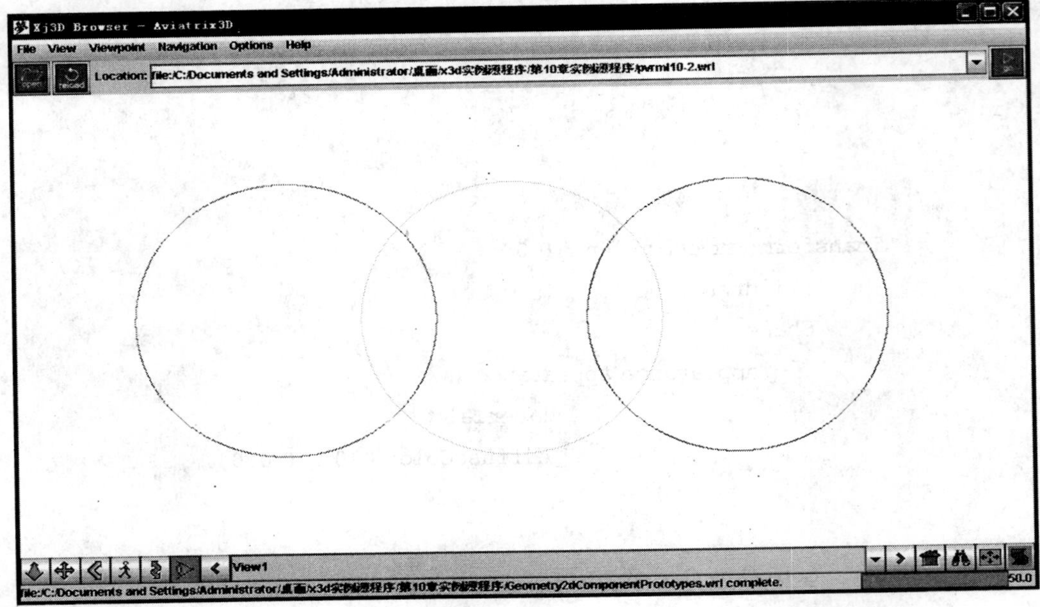

图 10-5　X3D 三环项目案例运行效果图

10.5 X3D 扇面项目案例设计

X3D 扇面项目案例设计是采用先进的渐进式软件开发模式，对虚拟现实场景和造型进行开发、设计、编程及调试。利用 X3D 互动游戏开发技术对二维平面场景进行编码、测试和运行。利用结构化、模块化、组件化以及面向对象开发的设计思想，采用循序渐进的策略开发虚拟现实软件工程项目。

10.5.1 X3D 扇面项目开发设计

X3D 扇面项目案例场景软件开发设计是利用软件工程思想开发设计，从需求分析、总体设计、详细设计、编码和测试过程中，循序渐进不断完善软件的项目开发。利用 X3D 虚拟现实技术，创建出逼真 X3D 二维立体扇面和矩形场景。X3D 扇面项目场景包括 2D 扇面、2D 矩形等，可以在虚拟世界体验二维立体 X3D 扇面项目场景给人们带来的无穷魅力。

在三维立体世界中，经常会用到二维平面设计。X3D 扇面项目案例场景设计是由二维平面扇形、矩形构成的造型。采用 X3D 先进的前沿技术以及面向对象的设计思想，设计层次清晰、结构合理的二维平面 X3D 扇面项目场景。X3D 扇面项目二维平面场景设计层次结构，如图 10-6 所示。

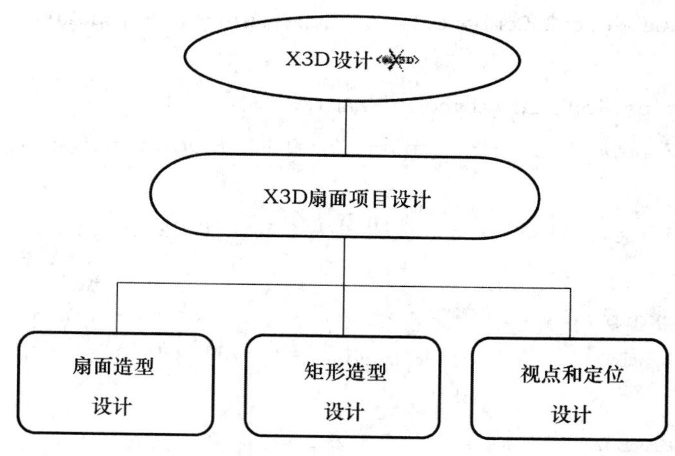

图 10-6　X3D 扇面项目场景设计层次结构图

10.5.2 X3D 扇面项目源代码

X3D 扇面项目案例源代码设计是利用 ArcClose2D 节点和 Rectangle2D 节点在 Shape 节点中的 Geometry 子节点下创建二维封闭圆弧平面造型，使用 Appearance 子节点和 Material子节点描述空间物体造型的颜色、材料漫反射光，使二维空间场景和造型更具真实感。

ArcClose2D 节点和 Rectangle2D 节点创建二维平面造型设计，利用虚拟现实 X3D/VRML 技术进行设计、编码和调试。利用现代软件开发的编程思想，采用绝对编程、自动测试、简单设计以及先测试后设计的开发理念。融合结构化、组件化和模块化的设计思想，使软件开发设计层次清晰、结构合理。利用虚拟现实语言的各种节点创建生动、逼真的扇面和平面矩形组合的二维平面造型。

【实例 10-3】 在 X3D/VRML 三维立体空间场景环境下，利用 Shape 节点、Appearance 子节点和 Material 节点以及 ArcClose2D 节点在三维立体空间背景下，创建一个绿色、120°二维几何封闭圆弧的 X3D/VRML 源代码。ArcClose2D 节点和 Rectangle2D 节点开发设计几何场景 X3D/VRML 文件 pvrml10-3.wrl 源代码展示如下：

```
# [Scene]========== ========== ==========
EXTERNPROTO ArcClose2D [
  field SFFloat startAngle
  field SFFloat endAngle
  field SFFloat radius
  field SFString closureType
  field SFBool solid
  exposedField SFNode metadata # [appinfo] Metadata node only
 ][
   "Geometry2dComponentPrototypes.wrl#ArcClose2D"
 ]
 NavigationInfo { type [ "EXAMINE" "ANY" ] }
 DEF view1 Viewpoint { position 0 1.5 8 description "View1"
                 }
 DEF view2 Viewpoint { position 0 1.5 20 description "View2"
                   }
 Background {
   skyColor [ 0.98 0.98 0.98 ]
 }
 Transform{ translation 0 1.5 0
      children[
      Shape {
          appearance Appearance {
               material Material {
               diffuseColor 0.0 0.8 0.0
               }
          }
          geometry ArcClose2D {
```

```
                startAngle 0.524
                endAngle 2.618
                radius 3
                solid TRUE
                }
            }
        ]
}
EXTERNPROTO Rectangle2D [
    field SFVec2f size
    field SFBool solid
    exposedField SFNode metadata # [appinfo] Metadata node only
][
    "Geometry2dComponentPrototypes.wrl#Rectangle2D"
]
NavigationInfo { type [ "EXAMINE" "ANY" ] }
Shape {
    appearance Appearance {
        material Material {
            diffuseColor 0.0 1.0 1.0
        }
    }
    geometry Rectangle2D {
        size 5 3
        solid TRUE
    }
}
```

X3D二维平面扇形和平面矩形节点造型程序运行如下，首先，启动Xj3d-browser浏览器，然后在Xj3d2.0浏览器中，单击“Open”按钮，打开“X3D案例源代码/第10章案例源代码/pvrml10-3.wrl”，即可运行虚拟现实X3D平面扇形和平面矩形场景造型。

在三维立体空间背景下，圆弧的半径为3，圆弧的圆心为(0,1.5,0)，起始弧为0.524，终止弧为2.618，填充封闭圆弧的颜色为绿色。平面矩形宽为5，高为3。X3D平面扇形和平面矩形运行后的场景效果，如图10-7所示。

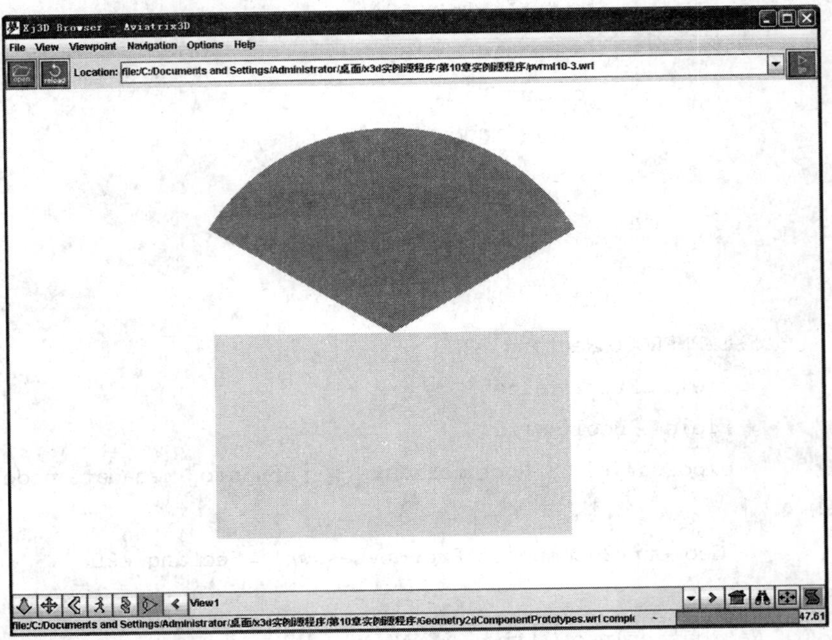

图 10-7　X3D 平面扇形和平面矩形运行效果图

10.6　X3D 奥运五环项目案例设计

在每届奥林匹克运动会开幕时，运动场中间都要悬挂一面奥林匹克旗帜，这面白色无边旗中间有五个圆环组成的图案，这是根据现代奥林匹克运动会创始人皮埃尔·德·顾拜旦男爵的建议和构思制作的。

奥林匹克旗帜五个不同颜色的圆环（天蓝色代表欧洲，黄色代表亚洲，黑色代表非洲，绿色代表澳洲，红色代表美洲）连接在一起象征五大洲的团结，象征全世界的运动员以公正、坦率的比赛和友好的精神在奥林匹克运动会上友好相见，欢聚一堂，以促进奥林匹克运动的发展。

10.6.1　X3D 奥运五环项目开发设计

X3D 奥运五环项目设计分析是对 2D 几何节点进行分析设计，利用 Disk2D 节点设计 X3D 奥运五环，包括蓝色圆环、黑色圆环、红色圆环、黄色圆环以及绿色圆环，背景颜色是白色。X3D 奥运五环项目设计层次结构图，如图 10-8 所示。

X3D 奥运五环项目层次结构分析与设计，利用 2D 几何节点中的 Disk2D 节点、坐标变换节点以及模型节点设计出 X3D 奥运五环场景。通过内径、外径设计出奥运五环中每一个圆环的大小，并对不同的圆环进行着色处理。

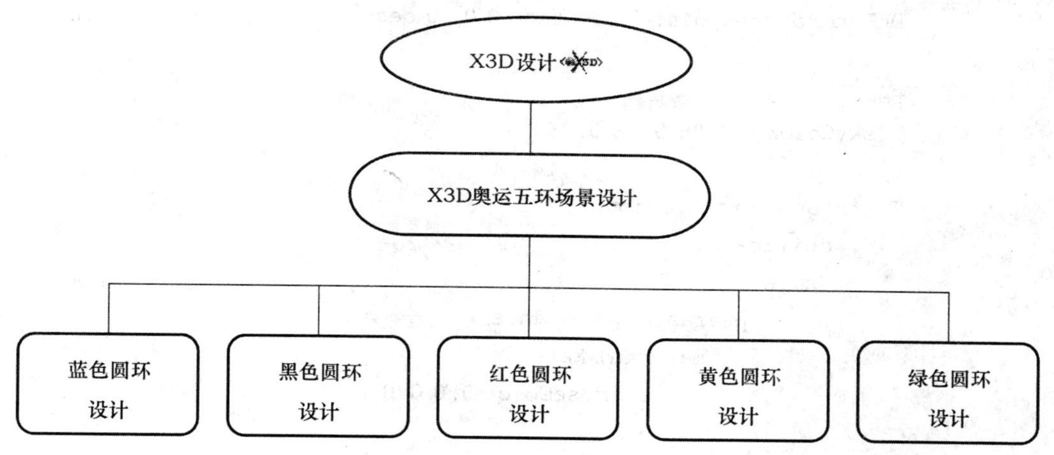

图 10-8 X3D 奥运五环场景层次结构图设计

10.6.2 X3D 奥运五环项目源代码

X3D 奥运五环项目设计是利用 Disk2D 节点在 Shape 节点中的 Geometry 子节点下创建二维填充圆造型，使用 Appearance 子节点和 Material 子节点描述空间物体造型的颜色、材料漫反射、环境光反射、物体镜面反射、物体发光颜色、外观材料的亮度以及透明度等，使二维空间场景和造型更具真实感。

X3D 奥运五环项目设计利用虚拟现实 X3D/VRML 技术进行设计、编码和调试。利用现代软件开发的编程思想，采用绝对编程、自动测试、简单设计以及先测试后设计开发理念。利用虚拟现实语言的各种节点创建生动、逼真的 X3D 奥运五环场景。使用 X3D/VRML 节点、背景节点、坐标变换、颜色节点以及 Disk2D 填充圆节点进行设计和开发。

【实例 10-4】 在 X3D 三维立体空间场景环境下，利用 Shape 节点、Appearance 子节点和 Material 节点、坐标变换节点以及 Disk2D 节点在三维立体空间背景下，创建一个 X3D 奥运五环场景的 X3D/VRML 源代码。X3D 奥运五环几何场景设计 X3D/VRML 文件 pvrml10-4. wrl 源代码展示如下：

```
# [Scene] ========== ========== ==========
EXTERNPROTO Disk2D [
  field SFFloat innerRadius
  field SFFloat outerRadius
  field SFBool solid
  exposedField SFNode metadata # [appinfo] Metadata node only
][
  "Geometry2dComponentPrototypes.wrl#Disk2D"
]
NavigationInfo { type [ "EXAMINE" "ANY" ] }
DEF view1 Viewpoint { position -0.5 -1 12 description "View1"
                }
```

```
DEF view2 Viewpoint { position 0 0 20 description "View2"
                    }
Background {
  skyColor [ 0.98 0.98 0.98 ]
}
Transform{ translation -5 0 0
     children[
     Shape {
          appearance Appearance {
               material Material {
                    diffuseColor 0.0 0.0 1.0
                    }
               }
          geometry Disk2D {
               innerRadius 1.8
               outerRadius 2
               solid TRUE
          }
     }
     ]
}
Transform{ translation -0.5 0 0
     children[
     Shape {
          appearance Appearance {
               material Material {
                    diffuseColor 0.0 0.0 0.0
                    }
               }
           geometry Disk2D {
               innerRadius 1.8
               outerRadius 2
               solid TRUE
           }
     }
     ]
}
Transform{ translation 4 0 0
     children[
     Shape {
          appearance Appearance {
               material Material {
```

```
                diffuseColor 1.0 0.0 0.0
                }
            }
        geometry Disk2D {
            innerRadius 1.8
            outerRadius 2
            solid TRUE
        }
    }
    ]
}
Transform{ translation -2.7 -2.2 0
    children[
    Shape {
        appearance Appearance {
            material Material {
                diffuseColor 1.0 1.0 0.0
                }
            }
        geometry Disk2D {
            innerRadius 1.8
            outerRadius 2
            solid TRUE
        }
    }
    ]
}
Transform{ translation 1.8 -2.2 0
    children[
    Shape {
        appearance Appearance {
            material Material {
                diffuseColor 0.0 1.0 0.0
                }
            }
        geometry Disk2D {
            innerRadius 1.8
            outerRadius 2
            solid TRUE
        }
```

```
        }
        ]
      }
```

X3D 奥运五环项目设计场景造型程序运行如下，首先，启动 Xj3d-browser 浏览器，然后在 Xj3d2.0 浏览器中，单击“Open”按钮，打开“X3D 案例源代码/第 10 章案例源代码/pvrml10-4.wrl”，即可运行虚拟现实 X3D 奥运五环项目设计场景造型，在三维立体空间背景下，填充圆节点的内径为 1.8，外径为 2，X3D 奥运五环颜色为红、绿、蓝、黄、黑 5 种颜色，X3D 奥运五环项目设计运行后的场景效果，如图 10-9 所示。

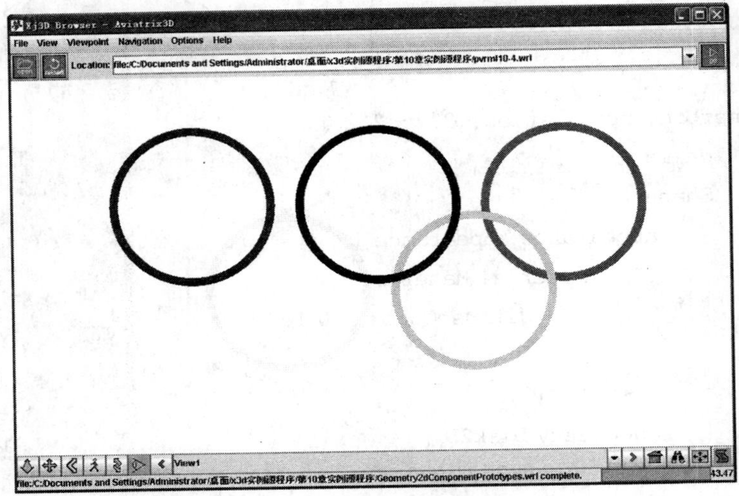

图 10-9　X3D 奥运五环项目设计运行效果图

第11章 X3D立体多边形建模设计

X3D立体多边形建模设计涵盖 TriangleSet 节点、TriangleStripSet 节点、TriangleFanSet 节点、QuadSet 节点、IndexedTriangleSet 节点、IndexedTriangleFanSet 节点、IndexedTriangleStripSet 节点、IndexedQuadSet 节点等。利用 X3D 三维立体三角形、四边形几何组件创建的造型和场景，使开发设计和编程更加简洁、快速、方便，有利于浏览器的快速浏览，提高软件编程和运行的效率。本章重点介绍 X3D 三角形、四边形几何组件节点的语法结构和节点的语法定义，并结合案例源代码进一步理解软件开发与设计的过程。

11.1 X3D 立体多边形算法分析设计

多边形算法分析：在一个网格矩阵上，若由 $M\times N$ 阶网格矩阵组成，相邻纵横网格点之间的距离是平行且等距的，则 $M\times N$ 阶网格矩阵的交点称为格点。

计算矩阵网格点阵中"顶点"在格点上的多边形面积公式：$S=a+b/2-1$，其中 a 表示多边形内部的点数，b 表示多边形边界上的点数，S 表示多边形的面积。$M\times N$ 阶网格矩阵如图 11-1 所示。

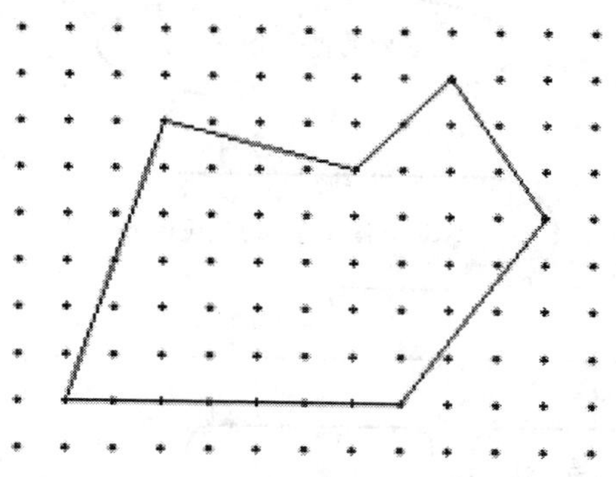

图 11-1　$M\times N$ 阶网格矩阵

一个多边形的顶点如果全是格点，该多边形就叫做格点多边形。根据格点上的多边形面积公式：$S=a+b/2-1$，可方便、快捷地计算出多边形的面积，只要数一下图形边线上的点的数目及图内的点的数目即可算出多边形的面积。

11.1.1 X3D 立体多边形算法分析

由于所有多边形都可以切割为一个三角形和另一个多边形。在 $M \times N$ 阶网格矩阵格点上的三角形、四边形、多边形均符合皮克公式：$S=a+b/2-1$。根据数学归纳法，对三角形、四边形、梯形以及不规则多边形，皮克公式都是成立的，如图 11-2 所示。

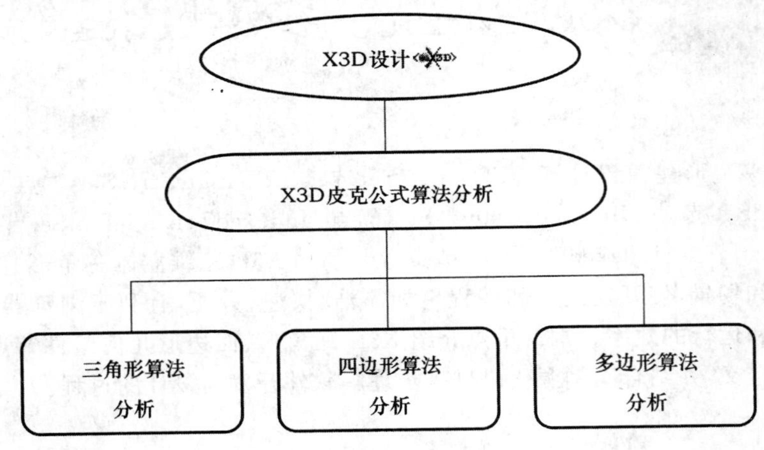

图 11-2　X3D 皮克公式算法分析

11.1.2 X3D 立体多边形算法设计

X3D 三角形、四边形以及多边形算法设计包含三角形、三角扇面、三角条带、四边形、索引三角面、四边形以及不规则多边形构成的三维立体造型和场景算法设计，X3D 立体多边形算法设计，如图 11-3 所示。

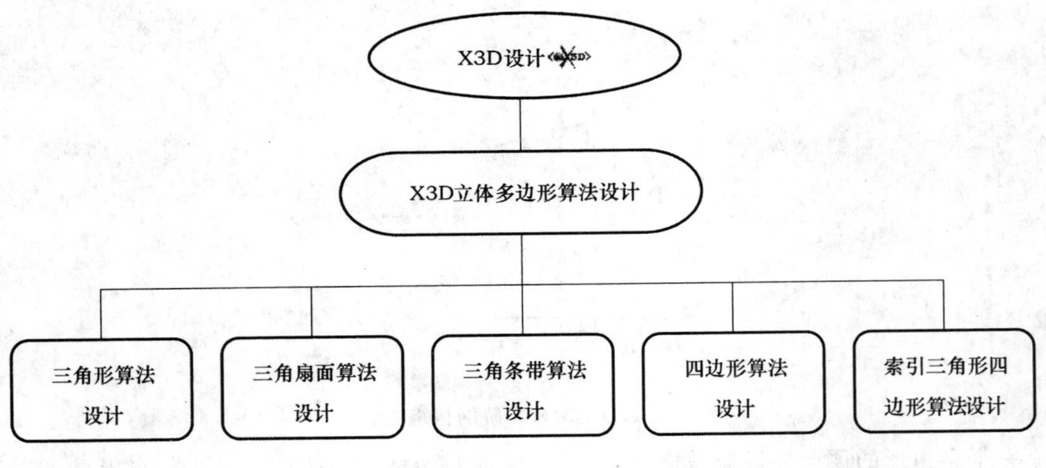

图 11-3　X3D 立体多边形算法设计

11.2 X3D 多边形建模分析

X3D 多边形建模语法分析通过语法分析和设计对 X3D 的三角形、四边形以及多边形进行分析设计。

11.3 X3D 多边形项目集锦案例设计

X3D 多边形项目集锦案例设计主要针对 TriangleSet、TriangleFanSet、TriangleStripSet、QuadSet、IndexedTriangleSet、IndexedTriangleFanSet、IndexedTriangleStripSet 以及 IndexedQuadSet 节点设计。

11.3.1 X3D 多边形项目开发设计

X3D 多边形项目集锦案例设计遵循软件工程的思想进行开发、设计、编码。多边形项目集锦案例设计按照需求分析、总体设计、详细设计、编码测试过程，循序渐进不断完善软件的项目开发。针对每一个节点进行实际案例分析和设计。

X3D 多边形项目集锦案例设计，如图 11-4 所示。

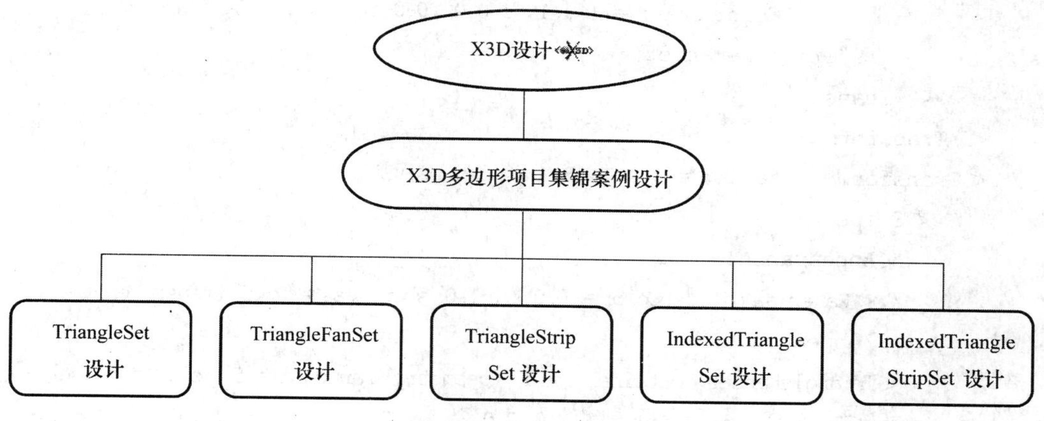

图 11-4 X3D 多边形项目集锦案例设计

11.3.2 X3D 多边形项目源代码

1. TriangleFanSet 节点源代码案例

TriangleFanSet 节点利用虚拟现实技术的各种节点创建生动、逼真的三角扇面三维立体造型。使用 X3D 节点、视点节点、背景节点以及几何三角扇面节点进行设计和开发。

【实例 11-1】 利用 Shape 节点、Appearance 子节点和 Material 节点、TriangleFanSet

(三角扇面几何)节点在三维立体空间背景下,创建一个三角扇面三维立体造型。虚拟现实 TriangleFanSet 节点三维立体场景设计 X3D 文件 px3d11-1. x3d 源代码展示如下:

```
<Scene>
    <! -- Scene graph nodes are added here -- >
        <Background skyColor="1 1 1"/>
          <Viewpoint description="Viewpoint-1" orientation="1 0 0 0" position="0 0.8 2.8"/>
    <Transform  rotation='0 0 1 0' scale='1 1 1' translation='2 0 0'>
        <Shape>
            <Appearance>
                <Material diffuseColor='0.2 0.0 1.0' shininess='0.15' transparency='0' />
            </Appearance>
            <TriangleFanSet containerField='geometry' fanCount='5' solid='false'>
                <Coordinate point='1 1 0,2 0 2,-2 0 2,-1 1 0, 0-1 0 ,'/>
            </TriangleFanSet>
        </Shape>
    </Transform>
    <Transform  rotation='0 0 1 0' scale='1 1 1' translation='-2 0 0'>
        <Shape>
            <TriangleFanSet containerField='geometry' fanCount='5' solid='false'>
              <Coordinate point='1 1 0,2 0 2,-2 0 2,-1 1 0, 0-1 0 ,'/>
              <Color color='0 1 1, 1 0 0 ,0 0 1 ,1 1 0,1 0 1'/>
           </TriangleFanSet>
        </Shape>
    </Transform>
    <Transform  rotation='1 0 0-3.141' scale='1 1 1' translation='0-1 2'>
        <Shape>
            <Appearance>
              <Material diffuseColor='0.0 1.0 1.0' shininess='0.15' transparency='0' />
            </Appearance>
            <TriangleFanSet containerField='geometry' fanCount='5' solid='false'>
              <Coordinate point='1 1 0,2 0 2,-2 0 2,-1 1 0, 0-1 0 ,'/>
            </TriangleFanSet>
        </Shape>
    </Transform>
</Scene>
```

TriangleFanSet 三角扇面节点三维立体造型设计运行程序如下,首先,启动 xj3d-browser 浏览器,单击“Open”按钮,然后打开“X3D 案例源代码/第 11 章案例源代码/px3d11-1. x3d”,即可运行虚拟现实 TriangleFanSet 节点创建一个三角扇面的三维立体空间场景造型。TriangleFanSet 节点源代码运行结果,如图 11-5 所示。

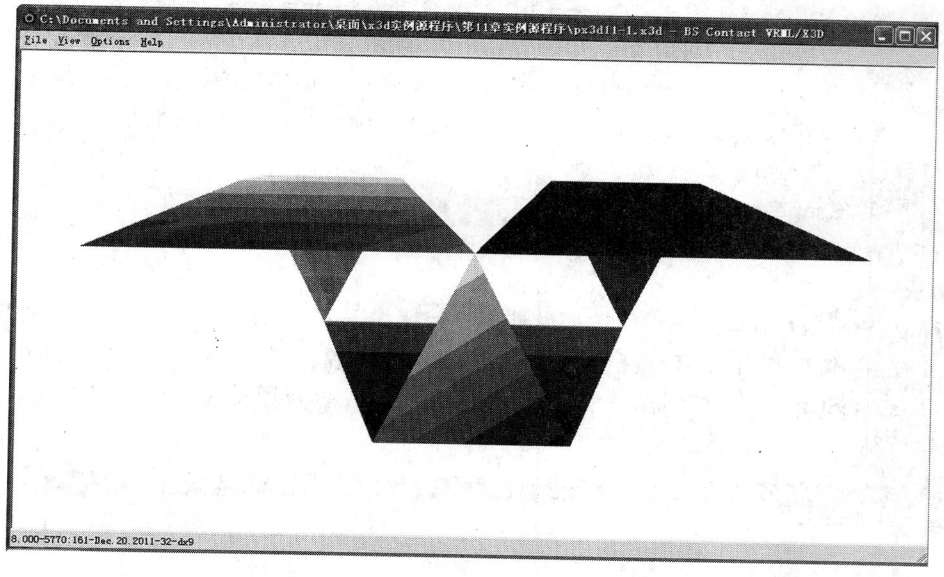

图 11-5 TriangleFanSet 节点运行效果图

2. TriangleStripSet 节点源代码案例

TriangleStripSet 节点三维立体造型设计利用虚拟现实技术的各种节点创建生动、逼真的三角面三维立体造型。使用 X3D 节点、视点节点、背景节点以及几何三角面节点进行设计和开发。

【实例 11-2】 利用视点节点、背景节点、Shape 节点、TriangleStripSet(三角条带几何)节点在三维立体空间背景下，创建一个三角面三维立体造型。TriangleStripSet 节点三维立体场景设计 X3D 文件 px3d11-2. x3d 源代码展示如下：

```
<Scene>
    <! -- Scene graph nodes are added here -- >
     <Viewpoint description = "Viewpoint - 1" orientation = "1 0 0 0" position = "0 0.8 5"/>
     <Background skyColor = "1 1 1"/>
     <Transform  rotation = '0 0 1 0' scale = '1 1 1' translation = '0 0 0'>
        <Shape>
            <Appearance>
                <Material diffuseColor = '0.0 0.8 0.8' shininess = '0.15' transparency = '0' />
            </Appearance>
            <TriangleStripSet containerField = 'geometry' solid = 'false' stripCount = '4'>
                <Coordinate point = '0 - 0.5 0, 1 1 0, - 1 1 0, 0 1 - 1.5,  '/>
            </TriangleStripSet>
        </Shape>
  </Transform>
  <Transform  rotation = '1 0 0 3.141' scale = '1 1 1' translation = '0 0.5 - 1.5'>
    <Shape>
      <Appearance>
```

```
        <Material diffuseColor='1.0 0.2 0.2' shininess='0.15' transparency='0' />
      </Appearance>
      <TriangleStripSet containerField='geometry' solid='false' stripCount='4'>
        <Coordinate point='0 -0.5 0, 1 1 0, -1 1 0, 0 1 -1.5,  '/>
      </TriangleStripSet>
    </Shape>
  </Transform>
</Scene>
```

TriangleStripSet 节点三维立体造型设计运行程序如下，首先，启动 xj3d-browser 浏览器，单击"Open"按钮，然后打开"X3D 案例源代码/第 11 章案例源代码/px3d11-2. x3d"，即可运行虚拟现实 TriangleStripSet 节点创建一个三角面的三维立体空间场景造型。TriangleStripSet 节点源代码运行结果，如图 11-6 所示。

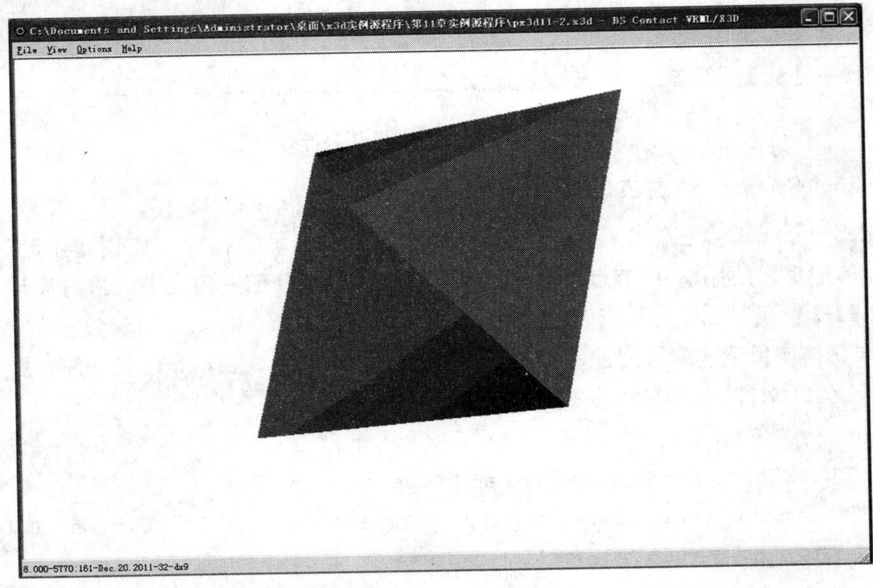

图 11-6　TriangleStripSet 节点运行效果图

3. IndexedTriangleStripSet 节点源代码案例

X3D 虚拟现实 IndexedTriangleStripSet 节点三维立体造型设计利用 X3D 节点、视点节点、背景节点以及几何三角面节点进行设计和开发。

【实例 11-3】 利用视点节点、Shape 节点、Appearance 子节点和 Material 节点、IndexedTriangleStripSet（三角面几何）节点在三维立体空间背景下，创建一个索引三角面三维立体造型。X3D 虚拟现实 IndexedTriangleStripSet 节点三维立体场景设计 X3D 文件 px3d11-3. x3d 源代码展示如下：

```
<Scene>
    <!-- Scene graph nodes are added here -->
    <Background skyColor="1 1 1"/>
    <Viewpoint position="2 2 8"/>
```

```
<Shape>
    <Appearance>
        <Material diffuseColor = "1.0  0.0  0.0"/>
    </Appearance>
    <IndexedTriangleStripSet ccw = "true" colorPerVertex = "true"
        index = "0,1,2,3,4, - 1" normalPerVertex = "true" solid = "false">
        <Coordinate point = " - 2 0 0,2 0 0,0 2 0,2 0 3,4 2 4,"/>
  </IndexedTriangleStripSet>
</Shape>

</Scene>
```

在 X3D 源文件中，在 Scene 根节点下添加 Background 节点和 Shape 节点，背景节点的颜色取白色，以突出三维立体几何三角面造型的显示效果。利用三维立体几何索引三角面节点创建一个三角面的三维立体造型，此外增加了 Appearance 节点和 Material 节点，对物体造型的外观颜色、物体发光颜色、外观材料的亮度以及透明度的设计，以提高空间索引三维立体三角面造型的显示效果。

虚拟现实 IndexedTriangleStripSet 节点三维立体造型设计运行程序如下，首先，启动 xj3d-browser 浏览器，单击“Open”按钮，然后打开“X3D 案例源代码/第 11 章案例源代码/px3d11-3. x3d”，即可运行虚拟现实 IndexedTriangleStripSet 节点创建一个索引三角面的三维立体空间场景造型。IndexedTriangleStripSet 节点源代码运行结果，如图 11-7 所示。

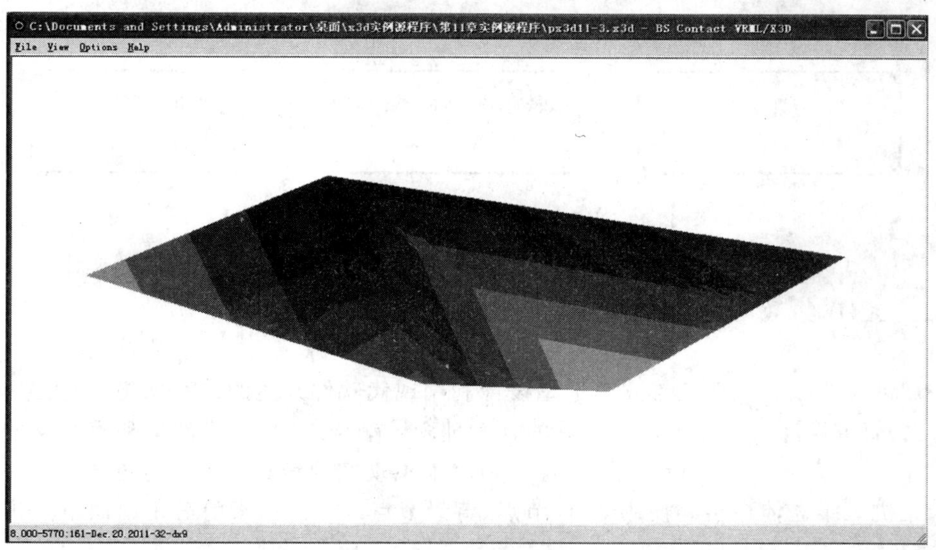

图 11-7 IndexedTriangleStripSet 节点运行效果图

11.4 X3D 纸飞机项目案例设计

纸飞机是一种用纸做成的玩具飞机，它是航空类折纸手工中的最常见形式，航空类折纸手工属于折纸手工的一个分支。由于它是最容易掌握的一种折纸类型,深受初学者乃至高手的喜爱。最简单的纸飞机折叠方法只需要 6 步就可以完成。现在"纸飞机"这个词也包括那些用纸板做成的飞机。

11.4.1 X3D 纸飞机项目开发设计

X3D 纸飞机项目案例设计是利用 X3D 虚拟现实技术在虚拟三维空间开发设计一个三维立体虚拟的纸飞机。

X3D 纸飞机项目案例开发与设计:包括 X3D 头节点与 Scene 根节点的语法结构定义。X3D 纸飞机项目开发设计由背景节点、坐标变换节点、模型节点、IndexedTriangleFanSet 节点、颜色节点等构成。利用结构化、模块化以及组件化思想设计和开发。在 X3D 纸飞机项目案例设计中,采用浅灰色为背景来突出彩色 X3D 纸飞机造型设计效果。X3D 纸飞机项目案例设计层次结构,如图 11-8 所示。

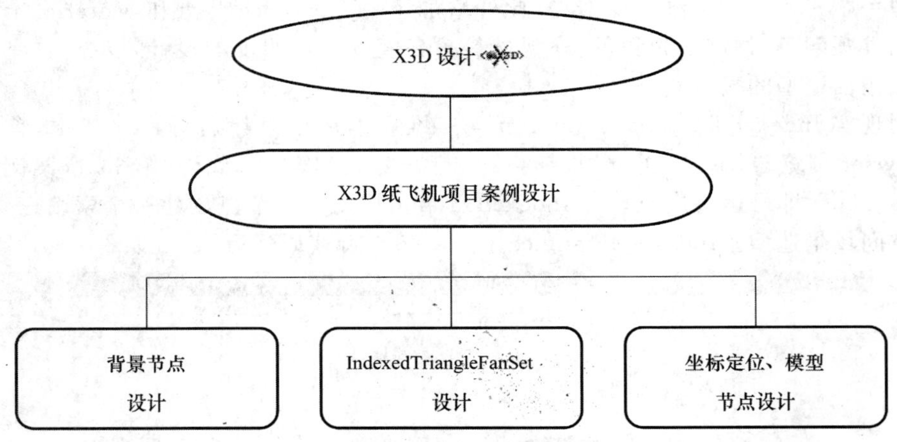

图 11-8 X3D 纸飞机项目案例设计层次结构图

11.4.2 X3D 纸飞机项目源代码

X3D 纸飞机项目案例三维立体造型设计利用现代软件开发的编程思想,采用绝对编程、自动测试、简单设计以及先测试后设计的开发理念。融合结构化、组件化和模块化的设计思想,使软件开发设计层次清晰、结构合理。利用虚拟现实语言的各种节点创建生动、逼真的 X3D 纸飞机三维立体造型。使用 X3D 节点、背景节点以及几何索引三角扇面节点进行设计和开发。

【实例 11-4】 利用 Shape 节点、Appearance 子节点和 Material 节点、IndexedTriangleFanSet 节点在三维立体空间背景下,创建一个 X3D 纸飞机三维立体造型。虚拟现实三维立体场景设计 X3D 文件 px3d11-4.x3d 源代码展示如下:

```
<Scene>
<Background skyColor="0.98 0.98 0.98"/>
<Transform scale="0.7 0.7 0.7">
```

```
<Shape>
    <Appearance>
        <Material diffuseColor="0.2 0.2 0.8"/>
    </Appearance>
    <IndexedTriangleFanSet index="0 1 2 3 -1, 0 4 5 3 -1" solid="false">
    <Coordinate point="0 8 0, -4.5 0 0, -0.5 0 0, 0 0 -3, 4.5 0 0, 0.5 0 0"/>
        <Color color='0 1 1, 1 0 0, 0 0 1,0 1 1, 1 0 0, 0 0 1,    '/>
    </IndexedTriangleFanSet>
</Shape>
</Transform>
</Scene>
```

在 Scene 根节点下添加背景节点、视点节点和 Shape 节点，背景节点的颜色取白色，以突出三维立体几何三角扇面造型的显示效果。利用三维立体几何三角扇面节点创建一个索引三角扇面的三维立体造型，此外增加了 Appearance 节点和 Material 节点，对物体造型的外观颜色、物体发光颜色、外观材料的亮度以及透明度的设计，以提高空间三维立体索引三角扇面造型的显示效果。

X3D 纸飞机项目案例设计，利用虚拟现实 IndexedTriangleFanSet 索引三角扇面节点三维立体造型设计运行程序，首先，启动 xj3d-browser 浏览器，单击“Open”按钮，然后打开“X3D 案例源代码/第 11 章案例源代码/px3d11-4. x3d”，即可运行虚拟现实 IndexedTriangleFanSet 节点创建一个 X3D 纸飞机三维立体空间场景造型。X3D 纸飞机项目运行结果，如图 11-9 所示。

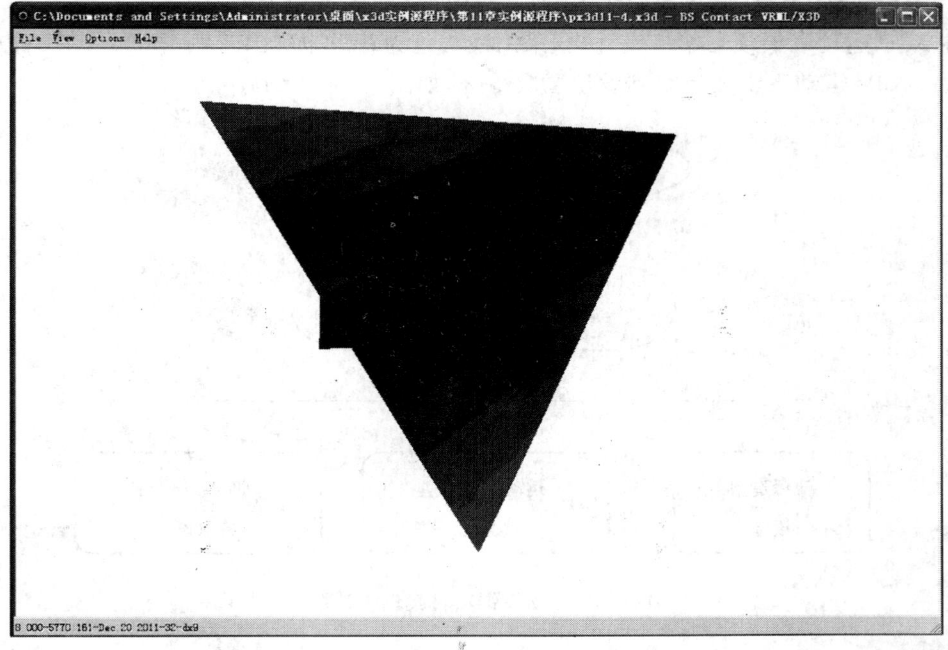

图 11-9　X3D 纸飞机项目运行效果图

11.5 X3D 飞镖项目案例设计

飞镖是中国古代战场上常用的暗器之一，亦称脱手镖。弯曲形投掷飞镖起源于澳大利亚，最初曾是澳大利亚土著人用于捕猎或打击敌人的武器。分为两种，一种为不可飞回的飞镖，仅可做直线飞行，一般为棒状，有一端呈鹤嘴锄状。另一种为可飞回的飞镖，由不飞回的飞镖发展而成，在飞行中会突然转向，体轻而细，多用坚硬的曲形木做成。可飞回的飞镖一般长 30～75 cm，重约 340 g，其形状有 V 字形、十字形、螺旋桨形等，以 V 字形最为常见。

飞镖运动历史悠久，它起源于 15 世纪的英格兰。20 世纪初，成为人们在酒吧进行日常休闲的必备活动。20 世纪 30 年代飞镖运动日趋职业化，出现了职业协会、职业比赛以及大量的职业高手。现在，飞镖在英国、法国、美国已是非常普及的大众运动。

现代飞镖运动出现在 19 世纪末，英国人贝利恩·甘林被认为发明了现在的飞镖计分系统。飞镖运动是一种集竞技、健身及娱乐于一体的运动。

11.5.1 X3D 飞镖项目开发设计

X3D 运动飞镖项目案例设计是利用 X3D 虚拟现实技术在虚拟三维空间开发设计一系列飞镖造型，包括中国古代飞镖、运动飞镖以及曲形投掷飞镖等。

X3D 飞镖项目开发与设计：包括 X3D 头节点与 Scene 根节点的语法结构定义。X3D 飞镖项目开发设计以“运动飞镖”为例设计开发，利用背景节点、坐标变换节点、模型节点、IndexedTriangleSet 节点、颜色节点等构成。利用结构化、模块化以及组件化思想设计和开发。在 X3D 运动飞镖项目案例设计中，采用浅灰色为背景来突出彩色 X3D 运动飞镖造型设计效果。X3D 运动飞镖项目案例设计层次结构，如图 11-10 所示。

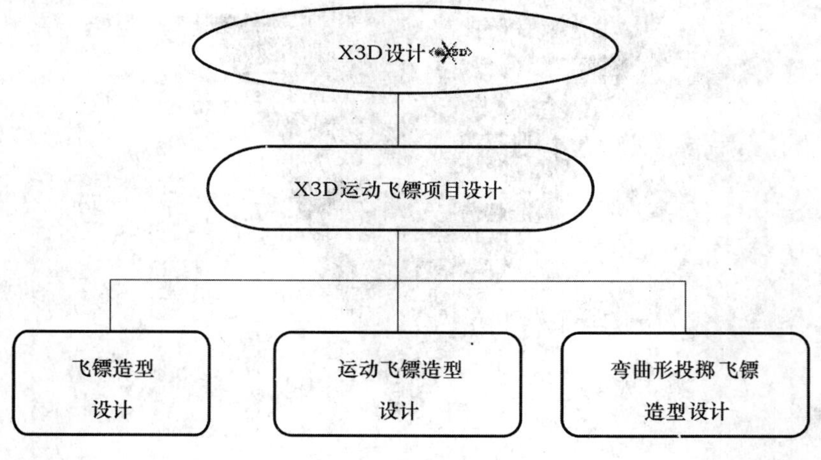

图 11-10　X3D 运动飞镖项目案例设计层次结构图

11.5.2 X3D 飞镖项目源代码

X3D 运动飞镖项目案例设计，利用虚拟现实 IndexedTriangleSet 节点创建生动、逼真的运动飞镖三维立体造型。使用 X3D 节点、背景节点以及几何索引三角面节点进行设计和开发。

【实例 11-5】 利用 Shape 节点、Appearance 子节点和 Material 节点、IndexedTriangleSet 节点在三维立体空间背景下，创建一个索引三角面三维立体造型。虚拟现实现代运动飞镖三维立体场景设计 X3D 文件 px3d11-5. x3d 源代码展示如下：

```
<Scene>
     <Background skyColor="0.98 0.98 0.98"/>
     <Shape>
        <Appearance>
           <Material diffuseColor="0.1 0.1  1.0"/>
        </Appearance>
        <IndexedTriangleSet index="0,1,2,-1,&#10;
                                   3,4,5,3,-1,&#10;
                                   6,7,8,6,-1,&#10;
                                   9,10,11,9,-1,&#10;
                   " solid="false">
          <Coordinate point="
                 0-2 0,0 1 0,-3-5 0,&#10;
                 0-2 0,0 1 0,3-5 0,&#10;
                 0-2 0,0 1 0,0-5 3,&#10;
                 0-2 0,0 1 0,0-5-3,&#10;
                 "/>
        <Color color='0 1 1, 1 0 0, 0 0 1,0 1 1, 1 0 0, 0 0 1, 0 1 1, 1 0 0, 0 0 1, 0 1 1, 1
                   0 0, 0 0 1,  '/>
    </IndexedTriangleSet>
  </Shape>
 <Transform translation="0 5.5 0">
  <Shape>
   <Appearance>
    <Material ambientIntensity="0.1" diffuseColor="1.0 0.0 0.0"
      shininess="0.15" specularColor="0.8 0.8 0.8" transparency="0"/>
    </Appearance>
    <Cylinder height="10" radius="0.2"/>
   </Shape>
   </Transform>
```

```
<Transform translation="0 12.2 0" scale="0.1 1 0.1">
<Shape>
  <Appearance>
    <Material ambientIntensity="0.1" diffuseColor="0.0 1.0 0.0"
      shininess="0.15" specularColor="0.8 0.8 0.8" transparency="0"/>
  </Appearance>
  <Sphere radius="0.5"/>
</Shape>
</Transform>
<Transform translation="0 10 0" scale="0.08 0.5 0.08">
<Shape>
  <Appearance>
    <Material ambientIntensity="0.1" diffuseColor="1.0 1.0 0.0"
      shininess="0.15" specularColor="0.8 0.8 0.8" transparency="0"/>
  </Appearance>
  <Sphere radius="4"/>
</Shape>
</Transform>
</Scene>
```

X3D 运动飞镖项目三维立体造型设计运行程序如下，首先，启动 xj3d-browser 浏览器，单击“Open”按钮，然后打开“X3D 案例源代码/第 11 章案例源代码/px3d11-5. x3d”，即可运行虚拟现实 IndexedTriangleSet 节点创建一个 X3D 运动飞镖三维立体空间场景造型。X3D 运动飞镖项目源代码运行结果，如图 11-11 所示。

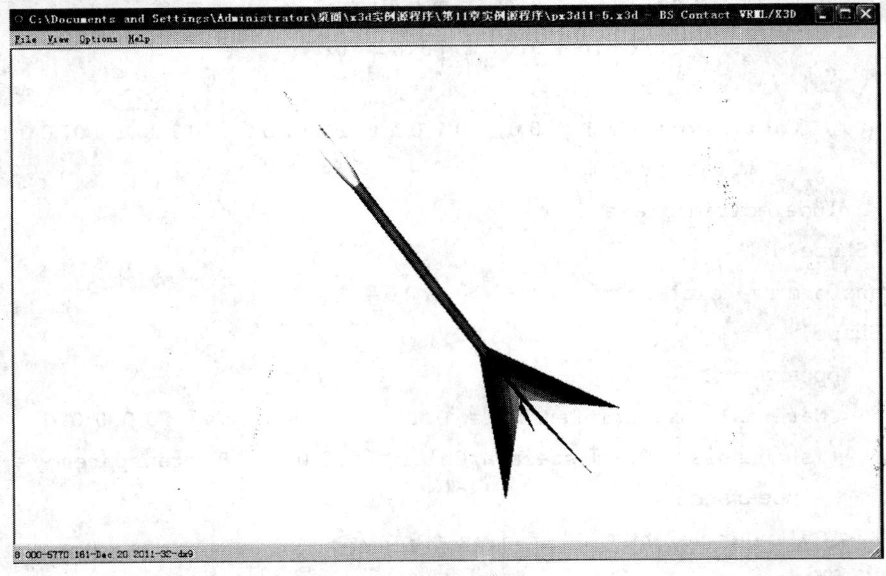

图 11-11　X3D 运动飞镖项目运行效果图

11.6 X3D纸船项目案例设计

纸船是指用纸折的手工船，是儿童喜爱的玩具，本节利用虚拟现实技术在三维空间创建一个三维立体纸船。

11.6.1 X3D纸船项目开发设计

X3D纸船项目案例设计是利用X3D虚拟现实技术在虚拟空间开发设计一个三维立体虚拟的纸船。

X3D纸船项目案例开发与设计：由背景节点、坐标变换节点、模型节点、IndexedTriangleFanSet节点、颜色节点等构成。利用结构化、模块化以及组件化思想设计和开发。在X3D纸船项目案例设计中，采用浅灰色为背景来突出X3D纸船造型设计效果。X3D纸船项目案例设计层次结构，如图11-12所示。

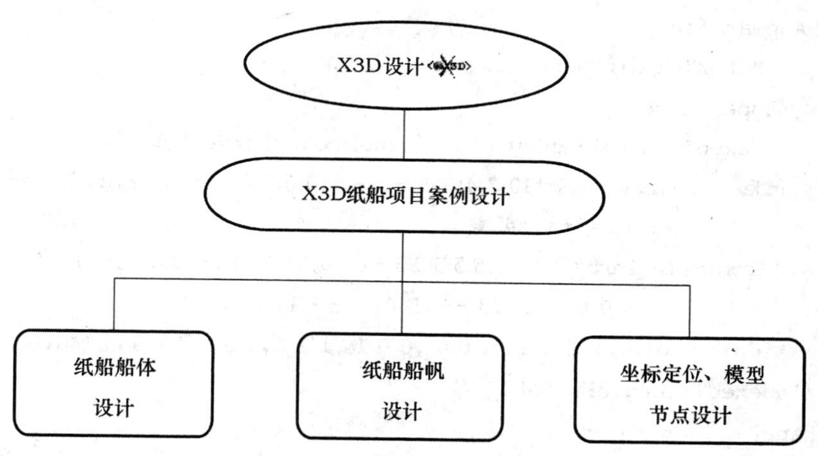

图11-12 X3D纸船项目案例设计层次结构图

11.6.2 X3D纸船项目源代码

X3D纸船项目案例三维立体造型设计利用现代软件开发的编程思想，采用绝对编程、自动测试、简单设计以及先测试后设计的开发理念。融合结构化、组件化和模块化的设计思想，使软件开发设计层次清晰、结构合理。利用虚拟现实语言的各种节点创建生动、逼真的X3D纸船三维立体造型。使用X3D节点、背景节点以及几何索引三角扇面节点进行设计和开发。

【实例11-6】 利用Shape节点、Appearance子节点和Material节点、索引三角扇面几何节点在三维立体空间背景下，创建一个X3D纸船三维立体造型。虚拟现实索引三角扇面节点三维立体纸船场景设计X3D文件px3d11-6.x3d源代码展示如下：

```
<Scene>
    <Background skyColor="0.98 0.98 0.98"/>
<Shape>
  <Appearance>
    <Material diffuseColor="0.1 1. 0.1"/>
  </Appearance>
  <IndexedTriangleFanSet ccw="true" colorPerVertex="true"
   index="0,1,2,0,-1,&#10;3,4,5,3,-1,&#10;6,7,8,6,-1," normalPerVertex="true"
        solid="false">
   <Coordinate point="0 0 1.5,5 3 0,3-1.5 0,&#10;0 0 1.5,-5 3 0,-3-1.5 0,&#10;
              0 0 1.5,3-1.5 0,-3-1.5 0,"/>
   <Color color='0 1 1, 1 0 0 ,0 0 1 ,1 1 0,1 0 1,1 0 1,1 1 0,0 1 0,1 1 1'/>
  </IndexedTriangleFanSet>
</Shape>
<Shape>
    <Appearance>
       <Material diffuseColor="0.1 1. 0.1"/>
     </Appearance>
     <IndexedTriangleFanSet ccw="true" colorPerVertex="true"
      index="0,1,2,0,-1,&#10;3,4,5,3,-1,&#10;6,7,8,6,-1," normalPerVertex="true"
            solid="false">
      <Coordinate point="0 0-1.5,5 3 0,3-1.5 0,&#10;0 0-1.5,-5 3 0,-3-1.5 0,&#10;
              0 0-1.5,3-1.5 0,-3-1.5 0,"/>
      <Color color='0 1 1, 1 0 0 ,0 0 1 ,1 1 0,1 0 1,1 0 1,1 1 0,0 1 0,1 1 1'/>
    </IndexedTriangleFanSet>
  </Shape>
  <Shape>
     <Appearance>
        <Material diffuseColor="0.1 1. 0.1"/>
     </Appearance>
     <IndexedTriangleFanSet ccw="true" colorPerVertex="true"
      index="0,1,2,0,-1,&#10;3,4,5,3,-1,&#10;6,7,8,6,-1," normalPerVertex="true"
            solid="false">
      <Coordinate point="0 0 1.5,5 3 0,3-1.5 0,&#10;0 0 1.5,-5 3 0,-3-1.5 0,&#10;
              0 4 0,2-1.5 0,-2-1.5 0,"/>
      <Color color='0 1 1, 1 0 0 ,0 0 1 ,1 1 0,1 0 1,1 0 1,1 1 0,0 1 0,1 1 1'/>
    </IndexedTriangleFanSet>
  </Shape>
</Scene>
```

X3D 纸船项目案例设计，利用虚拟现实索引三角扇面节点三维立体造型设计运行程序，首先，启动 xj3d-browser 浏览器，单击“Open”按钮，然后打开“X3D 案例源代码/第 11 章案例源代码/px3d11-6. x3d”，即可运行虚拟现实节点创建一个 X3D 纸船三维立体空间场景造型。X3D 纸船项目运行结果，如图 11-13 所示。

图 11-13　X3D 纸船项目运行效果图

第12章 X3D高级建模设计

X3D高级建模设计针对曲线、曲面的算法进行分析和设计，主要对空间解析几何算法、贝济埃曲线算法、*B*样条曲线曲面算法等公式、原理和方法进行分析与设计。并对曲线、曲面高级建模的语法进行深度剖析，结合实际项目案例将算法、定义以及设计融入真实项目开发中。

12.1 X3D高级建模算法分析设计

NURBS是非均匀有理*B*样条曲线（Non-Uniform Rational B-Splines）的缩写。NURBS由Versprille在其博士学位论文中提出。1991年，国际标准化组织（ISO）颁布的工业产品数据交换标准STEP中，把NURBS作为定义工业产品几何形状的唯一数学方法。1992年，国际标准化组织又将NURBS纳入到规定独立于设备的交互图形编程接口的国际标准PHIGS（程序员层次交互图形系统）中，作为PHIGS Plus的扩充部分。目前，Bezier、有理Bezier、均匀*B*样条和非均匀*B*样条都被统一到NURBS中。

NURBS是一种非常优秀的建模方式，是在高级三维软件当中都支持的一种建模方式。NURBS能够比传统的网格建模方式更好地控制物体表面的曲线度，从而能够创建出更逼真、生动的造型。

NURBS表面有4个边并有规律地排列UV参数的行和列。在NURBS表面中，UV始终存在，不像多边形需要创建或编辑，它具有NURBS面片内置的、不可以进行编辑的特性。法线决定NURBS曲面的正反，垂直法线的面为正面。用“UV右手定则”可以方便地定义哪边是正面，如果拇指指向U正方向，食指指向V正方向，中指垂直于食指和拇指，指向NURBS表面的法线，曲面设计原理如图12-1所示。

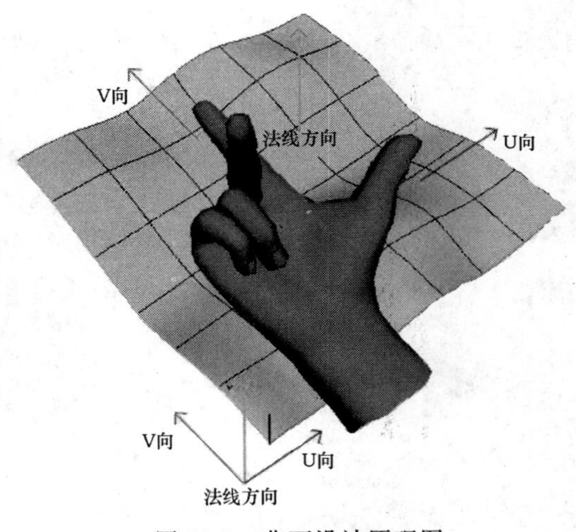

图12-1　曲面设计原理图

12.1.1 空间解析几何算法分析

X3D高级建模算法分析涵盖空间解析几何中的曲面、曲线算法分析与设计。空间解析几何中的曲线、曲面算法分析包含曲线和曲面方程的概念、原理以及计算方法,即算法。

(1) 曲面算法分析

空间曲面可看做点的轨迹,而点的轨迹可由点的坐标所满足的方程来表达。因此,空间曲面可由方程来表示,反过来也成立。

为此,可以给出如下定义,若曲面 S 与三元方程如下:

$$F(x,y,z)=0$$

有下述关系:

① 曲面 S 上任一点的坐标均满足方程;

② 不在曲面 S 上的点的坐标都不满足方程。

那么,上式方程称为曲面 S 的方程,而曲面 S 称为方程的图形。

下面讨论几个常见的曲面方程。例如,球心在点 $M_0(x_0,y_0,z_0)$,半径为 R 的球面方程。设 $M(x,y,z)$是球面上的任一点,那么 $M_0M=R$,方程如下:

$$\sqrt{(x-x_0)^2+(y-y_0)^2+(z-z_0)^2}=R$$

$$(x-x_0)^2+(y-y_0)^2+(z-z_0)^2=R^2 \tag{12-1}$$

上述方式就是球面上任一点的坐标所满足的方程。反过来,不在球面上的点 $M'(x',y',z')$,M'到 M_0 的距离 $M_0M'\neq R$,从而点 M'的坐标不适合于方程式(12-1)。

故方程式(12-1)就是以 $M_0(x_0,y_0,z_0)$为球心,R 为半径的球面方程。

若球心在原点,其球面方程为:

$$x^2+y^2+z^2=R^2$$

综上所述,作为点的几何轨迹的曲面可以用它的坐标间的方程来表示,反过来,变量 x、y、z 之间的方程一般表示点(x,y,z)的轨迹所形成的曲面。

因此,空间解析几何关于曲面的研究,有以下两个基本问题:①已知曲面作为点的几何轨迹,建立该曲面的方程;②已知坐标 x,y,z 的方程,研究该方程所表示的曲面形状。

(2) 空间曲线及其方程

空间曲线的一般方程,空间曲线可看成两曲面的交线,设 $F(x,y,z)=0$ 和 $G(x,y,z)=0$ 是两曲面的方程,它们的交线为 C。曲线上的任何点的坐标(x,y,z)应同时满足这两个曲面方程,因此,应满足方程组

$$\begin{cases}F(x,y,z)=0\\G(x,y,z)=0\end{cases}$$

反过来,如果点 M 不在曲线 C 上,那么它不可能同时在两曲面上,所以,它的坐标不满足方程组。由上述两点可知:曲线 C 可由方程组表示。方程组称为空间曲线的一般方程。

(3) 空间曲线的参数方程

对于空间曲线 C,若 C 上的动点的坐标(x,y,z)可表示成为参数 t 的函数

$$\begin{cases}x=x(t)\\y=y(t)\\z=z(t)\end{cases}$$

随着 t 的变动可得到曲线 C 上的全部点，方程组叫做空间曲线参数方程。

螺旋线的参数方程，由于动点在圆柱面上以角速度 ω 绕 z 轴旋转，经过时间 t，$\angle AOM' = \omega t$，从而

$$\begin{cases} x = a\cos\omega t \\ y = a\sin\omega t \end{cases}$$

又由于动点同时以线速度 v 沿平行于 z 轴正方向上升，所以

$$z = vt$$

因此，螺旋线的参数方程为

$$\begin{cases} x = a\cos\omega t \\ y = a\sin\omega t \\ z = vt \end{cases}$$

12.1.2 贝济埃曲线算法设计

贝济埃曲线(Bézier curve)是计算机图形学中相当重要的参数曲线。高维度的贝济埃曲线就称为贝济埃曲面，其中贝济埃三角是一种特殊的实例。贝济埃曲线于 1962 年，由法国工程师皮埃尔·贝济埃(Pierre Bézier)发表，他运用贝济埃曲线来为汽车的主体进行设计。贝济埃曲线最初由 Paul de Casteljau 于 1959 年运用 de Casteljau 算法开发，以稳定数值的方法求出贝济埃曲线。

(1) 线性贝济埃曲线

给定点 P_0、P_1，线性贝济埃曲线只是一条两点之间的直线。线性贝济埃曲线由下式给出：

$$B(t)=P_0+(P_1-P_0)t=(1-t)P_0+tP_1, \qquad t\in[0,1]$$

且其等同于线性插值。

线性贝济埃曲线函数中的 t 会经过由 P_0 至 P_1 的 $B(t)$ 所描述的曲线。如当 $t=0.25$ 时，$B(t)$ 即一条由点 P_0 至 P_1 路径的四分之一处。就像由 0 至 1 的连续 t，$B(t)$ 描述一条由 P_0 至 P_1 的直线，如图 12-2 所示。

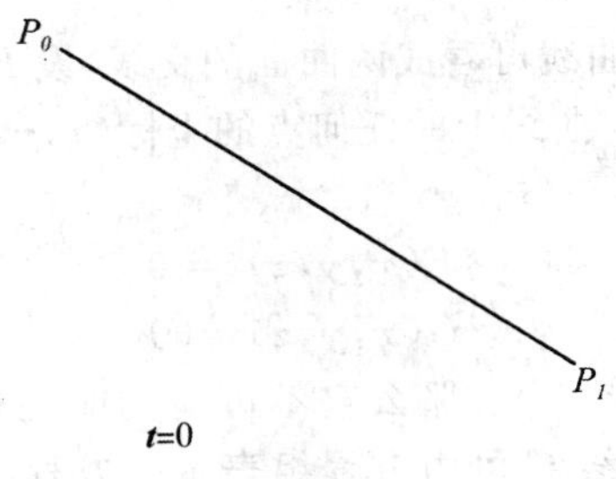

图 12-2 线性贝济埃曲线

(2) 二次方贝济埃曲线

二次方贝济埃曲线的路径由给定点 P_0、P_1、P_2 的函数 $B(t)$ 追踪，由下式给出：

$$B(t) = (1-t)^2 P_0 + 2t(1-t)P_1 + t^2 P_2, \qquad t \in [0,1]$$

为构建二次贝济埃曲线，可以借用中介点 Q_0 和 Q_1 作为由 0 至 1 的 t：首先由 P_0 至 P_1 的连续点 Q_0，描述一条线性贝济埃曲线。其次由 P_1 至 P_2 的连续点 Q_1，描述一条线性贝济埃曲线。最后由 Q_0 至 Q_1 的连续点 $B(t)$，(提示，Q_0 与 Q_1 表示曲线端点的切向量)描述一条二次贝济埃曲线，如图 12-3 所示。

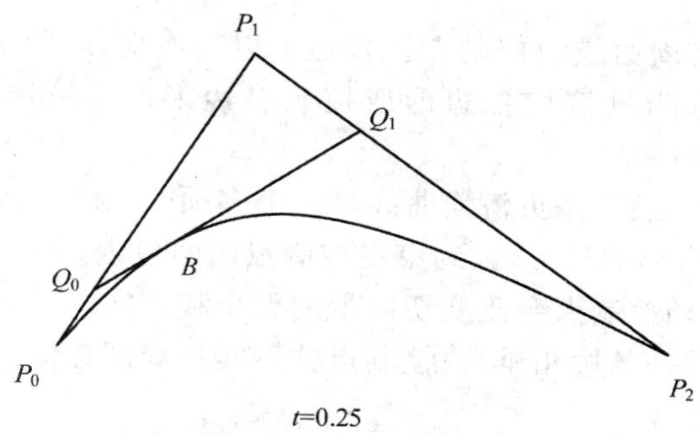

图 12-3 二次贝济埃曲线的结构

(3) 三次方贝济埃曲线

P_0、P_1、P_2、P_3 四个点在平面或在三维空间中定义了三次方贝济埃曲线。曲线起始于 P_0 走向 P_1，并从 P_2 的方向来到 P_3。一般不会经过 P_1 或 P_2；这两个点只是在那里提供方向资讯。P_0 和 P_1 之间的间距，决定了曲线在转而趋进 P_3 之前，走向 P_2 方向的"长度有多长"。

曲线的参数形式为

$$B(t) = P_0(1-t)^3 + 3P_1t(1-t)^2 + 3P_2t^2(1-t) + P_3t^3, \qquad t \in [0,1]$$

对于三次曲线，可由线性贝济埃曲线描述的中介点 Q_0、Q_1、Q_2 和由二次曲线描述的点 R_0、R_1 所建构，如图 12-4 所示。

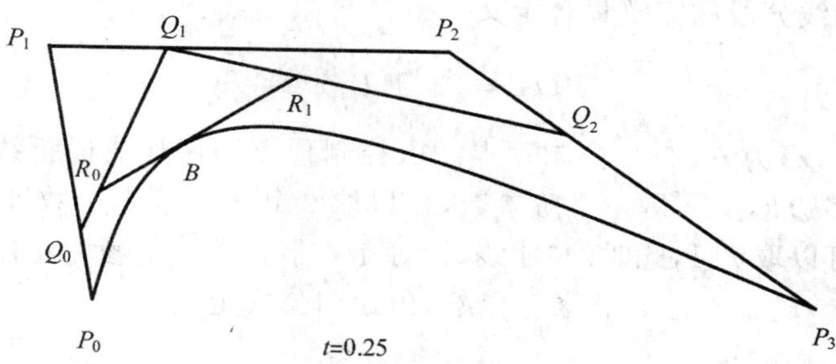

图 12-4 三次贝济埃曲线的结构

(4) n 阶贝济埃曲线一般形式

n 阶贝济埃曲线可如下推断。给定点 P_0、P_1、…、P_n，其贝济埃曲线即

$$B(t) = \sum_{i=0}^{n}\binom{n}{i}P_i(1-t)^{n-i}t^i = P_0(1-t)^n + \binom{n}{1}P_1(1-t)^{n-1}t + \cdots + P_nt^n, \qquad t \in [0,1]$$

上式可用如下递归表达：用 $B_{P_0P_1\cdots P_n}$ 表示由点 P_0、P_1、…、P_n 所决定的贝济埃曲线。则

$$B(t)=B_{P_0P_1\cdots P_n}(t)=(1-t)B_{P_0P_1\cdots P_{n-1}}(t)+tB_{P_1P_2\cdots P_n}(t)$$

一般形式 n 阶的贝济埃曲线，即双 $n-1$ 阶贝济埃曲线之间的插值。其中关于参数曲线描述，即另一种表达形式有

$$B(t) = \sum_{i=0}^{n} P_i b_{i,n}(t), \qquad t \in [0,1]$$

其中，多项式为 $b_{i,n}(t) = \binom{n}{i} t^i (1-t)^{n-i}, i=0,\cdots,n$ 又称为 n 阶的伯恩斯坦基底多项式，定义 $0^0=1$。

注释：点 P_i 称为贝济埃曲线的控制点。多边形以带有曲线段的贝济埃点连接而成，起始于 P_0 并以 P_n 终止，称为贝济埃多边形或控制多边形。贝济埃多边形的凸包(convex hull)包含有贝济埃曲线。

贝济埃曲线性质和特点：一条贝济埃曲线是一个多项式，多项式的次数总是比控制点个数少 1；曲线遵循控制多边形的外形，被约束在控制点的凸包内；第 1 个控制点和最后一个控制点是曲线段的端点，移动控制点会改变切向量的大小和方向，曲线端点处的切向量与控制点多边形的第一条和最后一条边相重合；控制点并不实行局部控制，移动任意一个控制点都会或多或少地影响整个曲线。

12.1.3 *B* 样条曲线曲面算法设计

B 样条曲线算法设计，使用 B 样条曲线可以克服两个与贝济埃曲线有关的缺点，即非局部性以及曲线的次数和控制点个数之间的关联。非局部性：任何一个控制点位置的变化对整条曲线都有影响，曲线不能作局部修改。控制多边形的顶点个数决定了曲线的阶数，即 $n+1$个顶点的控制多边形必然会产生 n 次曲线，而且当 n 较大时，控制多边形对曲线的控制将会减弱。

B 样条方法保留了贝济埃曲线的优点，克服了其由于整体表示带来的不具备局部性质的缺点，具有表示与设计自由型曲线曲面的强大功能。一条 B 样条曲线是由任意数目曲线段组成的，用 t 把曲线分段的完整集合定义一条 B 样条曲线：

$$P(t) = \sum_{i=0}^{n} P_i B_{i,m}(t)$$

其中，$P_i(i=0,1,\cdots,n)$为 $n+1$ 个控制顶点。由控制顶点顺序连成的折线称为 B 样条控制多边形，简称控制多边形。m 是一个阶参数，可以取 2 到控制顶点个数 $n+1$ 之间的任一整数。实际上，m 也可以取为 1，此时的“曲线”恰好是控制点本身。参数 t 的选取取决于 B 样条节点矢量的选取。$B_{i,m}(t)$是 B 样条基函数，由递归公式定义为

$$B_{i,1}(t) = \begin{cases} 1 & t_i \leqslant t < t_{i+1} \\ 0 & 其他 \end{cases}$$

$$B_{i,m}(t) = \frac{t-t_i}{t_{i+m-1}-t_i} B_{i,m-1}(t) + \frac{t_{i+m}-t}{t_{i+m}-t_{i+1}} B_{i+1,m-1}(t)$$

由于 $B_{i,m}(t)$的各项分母可能为 0，所以这里规定 0/0=0。m 是曲线的阶参数，$(m-1)$是 B 样条曲线的次数，曲线在连接点处具有$(m-2)$阶连续性。t_i 是节点值，$\boldsymbol{T}=(t_0,t_1,\cdots,t_n+m)$构成了 $m-1$ 次 B 样条函数的节点矢量，其中的节点是非减序列，所生成的 B 样条曲线定义在从节点值 t_m-1 到节点值 t_n+1 的区间上，而每个基函数定义在 t 的取值范围内的 t_i 到 t_i+m 的子区间上。由公式可知，仅仅给定控制点和参数 m 不足以完全表达 B 样条曲线，还需要给定节点矢量来获得基函数。

B 样条曲面是 B 样条曲线的扩展，其表达式为

$$P(u,v) = \sum_{i_1=0}^{n_1}\sum_{i_2=0}^{n_2} P_{i_1,i_2} B_{i_1,m_1}(u) B_{i_2,m_2}(v)$$

其中，P_{i_1,i_2} 称为控制顶点，所有的$(n_1+1)\times(n_2+1)$个控制顶点组成的空间网格称为控制网格，也称特征网格。$B_{i_1,m_1}(u)$ 和 $B_{i_2,m_2}(v)$是定义在 u,v 参数轴上的节点矢量 $\boldsymbol{U}=(u_0,u_1,\cdots,u_{n_1+m_1})$和 $\boldsymbol{V}=(v_0,v_1,\cdots,v_{n_2+m_2})$的 B 样条基函数。与 B 样条曲线类似，当节点矢量 $\boldsymbol{U},\boldsymbol{V}$ 沿 u,v 轴均匀等距分布时，称 $p(u,v)$为均匀 B 样条曲面。否则称为非均匀 B 样条曲面。

B 样条曲面具有与 B 样条曲线相同的局部支柱性、凸包性、连续性和几何不变性等性质。与 Bezier 曲面相比，B 样条曲面极为自然地解决了曲面片之间的连接问题。

(1) 有理样条曲线曲面

有理参数多项式有两条重要的优点：①有理参数多项式具有几何和透视投影变换不变性，如要产生一条经过透视投影变换的空间曲线；对于用无理多项式表示的曲线，第一步需生成曲线的离散点，第二步对这些离散点作透视投影变换，得到要求的曲线。对于用有理多项式表示的曲线，第一步对定义曲线的控制点作透视投影变换，第二步是用变换后的控制点生成要求的曲线。显然后者比前者的工作量小许多。②用有理参数多项式可精确地表示圆锥曲线、二次曲面，进而可统一几何造型算法。

(2) NURBS 曲线曲面的定义

NURBS 曲线是一个分段的有理参数多项式函数，表达式为：

$$P(t) = \frac{\sum_{i=0}^{n} w_i P_i B_{i,m}(t)}{\sum_{i=0}^{n} w_i B_{i,m}(t)}$$

其中，P_i 为控制顶点，参数 w_i 是控制点的权因子，对于一个特定的控制点 P_i，其权因子 w_i 越大，曲线越靠近该控制点。当所有的权因子都为 1 的时候，得到非有理 B 样条曲线，因为此时方程中的分母为 1(基函数之和)。$B_{i,m}(t)$是定义在节点矢量 $\boldsymbol{T}=(t_0,t_1,\cdots,t_{n+m})$上的 B 样条基函数。

类似地，NURBS 曲面可以由下面的有理参数多项式函数表示：

$$P(u,v) = \frac{\sum_{i_1=0}^{n_1}\sum_{i_2=0}^{n_2} w_{i_1,i_2} P_{i_1,i_2} B_{i_1,m_1}(u) B_{i_2,m_2}(v)}{\sum_{i_1=0}^{n_1=0}\sum_{k_2=0}^{n_2=0} w_{i_1,i_2} B_{i_1,m_1}(u) B_{i_2,m_2}(v)}$$

其中，P_{i_1,i_2} 为控制顶点，所有的$(n_1+1)\times(n_2+1)$个控制顶点组成控制网格。$B_{i_1,m_1}(u)$和 $B_{i_2,m_2}(v)$是定义在 u、v 参数轴上的节点矢量 $\boldsymbol{U}=(u_0,u_1,\cdots,u_{n_1+m_1})$和 $\boldsymbol{V}=(v_0,v_1,\cdots,u_{n_2+m_2})$的 B 样条基函数。

(3) 有理基函数的性质

NURBS 曲线也可用有理基函数的形式表示：

$$P(t) = \sum_{i=0}^{n} P_i R_{i,m}(t)$$

$$R_{i,m}(t) = \frac{w_i B_{i,m}(t)}{\sum_{j=0}^{n} w_j B_{j,m}(t)}$$

其中，$R_{i,m}(t)$称为有理基函数，它具有如下一些性质。

① 普遍性：如果令全部权因子均为 1，则 $R_{i,m}(t)$ 退化为 $B_{i,m}(t)$；如果节点矢量仅由两端的 m 重节点构成，则 $R_{i,m}(t)$ 退化为 Bernstein 基函数。由此可知，有理基函数将 Bezier 样条、B 样条和有理样条有效地统一起来，具有普遍性。

② 局部性：$R_{i,m}(t)$ 在 t_i 到 t_{i+m} 的子区间中取正值，在其他地方为零。

③ 可微性：在节点区间内，当分母不为 0 时，$R_{i,m}(t)$ 是无限次连续可微的。在节点处，若节点的重复出现次数为 J，则 $R_{i,m}(t)$ 为 $m-J-2$ 阶可微，即在节点处具有与 B 样条曲线同样的连续阶。

④ 权因子：如果某个权因子 $w_i=0$，则 $R_{i,m}(t)=0$，相应的控制顶点对曲线根本没有影响。若 $w_i=\infty$，则 $R_{i,m}(t)=1$，说明权因子越大，曲线越靠近相应的控制顶点。

⑤ 凸包性。

（4）曲线曲面的离散生成

① Horner 规则。Horner 规则是最简单和最直观的规则，该规则通过逐次分解因子来减少计算量。下面以三次样条为例进行说明，三次样条的参数多项式为：

$$x(t) = a_x t^3 + b_x t^2 + c_x t + d_x$$

$$y(t) = a_y t^3 + b_y t^2 + c_y t + d_y$$

$$z(t) = a_z t^3 + b_z t^2 + c_z t + d_z$$

对于参数 t 的某个特定值，Horner 规则用下列分解因子的方法来求多项式的值（以 x 坐标为例）：

$$x(t) = [(a_x t + b_x)t + c_x]t + d_x$$

每个 x 坐标值的计算需进行 3 次加法和 3 次乘法。于是，沿三次样条曲线按参数 t 的增量求每个 $p(t)$ 的值需要进行 9 次加法和 9 次乘法。类似地，沿 n 次样条曲线按参数 t 的增量求每个 $p(t)$ 的值需进行 cn 次加法和 cn 次乘法（c 为某一常数），计算复杂度为 $O(n)$ 次乘法。

② 向前差分计算。向前差分（Forward Difference）计算是求解多项式函数值最快的方法。它采用了增量算法的思想，利用前次计算出的函数值以及当前的函数值增量来求出当前的函数值，以 x 坐标值为例：

$$x_{i+1} = x_i + \Delta x_i$$

这里，每步的增量称为向前差分。

12.2 X3D 高级建模分析

X3D 高级建模语法分析涵盖复杂的曲线和曲面设计。主要包括 2D 曲线、3D 曲线以及复杂曲面等，利用 X3D 虚拟现实技术中的 Shape 节点由 Appearance 节点和几何节点构成，Appearance 子节点定义了物体造型的外观，包括纹理映像、纹理坐标变换以及外观的材料节点；Geometry 子节点定义了三维立体空间物体的曲线、曲面节点几何造型，如 NurbsCurve 节点、NurbsCurve2D 节点、NurbsOrientationInterpolator 节点、NurbsPatchSurface 节点、NurbsPositionInterpolator 节点、NurbsSet 节点、NurbsSurfaceInterpolator 节点、NurbsSweptSurface 节点、NurbsSwungSurface 节点、NurbsTextureCoordinate 节点以及 NurbsTrimmedSurface 节点等。

12.3 Nurbs曲线项目案例设计

Nurbs曲线项目案例设计利用X3D空间曲线节点开发设计三维立体造型，包括控制点的设置、曲线的顺序、曲线的权重、网格细分程度以及曲线是否封闭等。

12.3.1 曲线项目开发设计

X3D曲线项目开发设计利用背景节点、视点节点、坐标变换节点以及几何体节点等，创建一个X3D三维空间曲线造型。X3D三维空间曲线开发设计由简单的曲线、螺旋曲线等构成，创建一个逼真的X3D三维空间立体曲线造型，使X3D三维空间曲线造型型设计更加生动和鲜活。X3D三维空间曲线项目设计层次结构图，如图12-5所示。

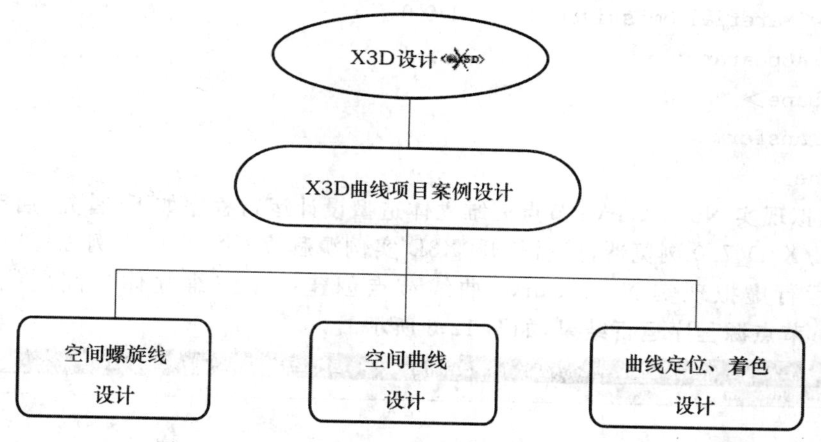

图12-5 X3D三维空间曲线项目设计层次结构图

12.3.2 曲线项目源代码

X3D虚拟现实技术NurbsCurve(曲线/曲面)节点是利用虚拟现实程序设计语言X3D进行设计、编码和调试。利用现代软件开发思想，采用结构化、组件化和模块化的设计思想，使软件开发设计层次清晰、结构合理。利用虚拟现实语言的各种节点创建生动、逼真的三维立体组合造型。使用X3D内核节点、背景节点、导航节点、视角节点、模型节点以及NurbsCurve节点进行设计和开发。

【实例12-1】 利用背景节点、导航节点、视角节点、Shape节点、Appearance子节点和Material节点以及NurbsCurve节点在三维立体空间背景下，创建一个复杂三维立体曲线造型。虚拟现实NurbsCurve节点三维立体场景设计X3D文件px3d12-1.x3d源程序展示如下：

```
<Scene>
  <Background skyColor="0.98 0.98 0.98"/>
  <NavigationInfo type="&quot;EXAMINE&quot; &quot;ANY&quot;"/>
  <Viewpoint description="NurbsCurve" position="5 5 15"/>
```

```
<Shape>
  <NurbsCurve DEF="nc" containerField="geometry"
     controlPoint="4 6 0, 7 12 0, 11 8 0, 1.5 0 0, 4 6 0,7 12 2, 11 8 2, 1.5 0 2,"
order="7" tessellation="100"/>
  <Appearance>
    <Material emissiveColor="1 0 0"/>
  </Appearance>
</Shape>
<Transform translation="-5 0 0">
<Shape>
  <NurbsCurve DEF="nc" containerField="geometry"
     controlPoint="4 6 0, 7 12 0, 11 6 0, 15 2 0, 20 6 0" order="4" tessellation="80"/>
  <Appearance>
    <Material emissiveColor="1 0 0"/>
  </Appearance>
</Shape>
</Transform>
</Scene>
```

X3D 虚拟现实 NurbsCurve 节点三维立体造型设计运行程序如下，首先，启动“BS_Contact_VRML/X3D_7.0 浏览器，然后打开“X3D 实例源程序/第 12 章实例源程序/px3d12-1.x3d”，即可运行虚拟现实 NurbsCurve 曲线节点创建一个三维立体空间曲线场景造型。NurbsCurve 节点源程序运行结果，如图 12-6 所示。

图 12-6　NurbsCurve 节点效果图

12.4 X3D曲面项目案例设计

X3D曲面项目案例设计利用曲面公式、原理以及算法对三维空间曲面进行开发与设计，利用Nurbs节点U、V方向的参数形成曲面网格的行和列，创建各种不同造型的曲面。通过法线决定Nurbs曲面的正反，使用“UV右手定则”来确定Nurbs曲面表面的法线。开发设计表面更加光滑、明亮、通透的X3D三维立体曲面造型。

12.4.1 X3D曲面项目开发设计

X3D三维立体曲面造型项目开发设计利用曲面节点、背景节点、视点节点、坐标变换节点以及几何体节点等，创建一个X3D的三维立体曲面造型。X3D三维立体曲面造型设计是根据曲面上控制点矩阵、曲面顺序、权重以及封闭情况，创建一个逼真、鲜活的X3D三维立体造型。X3D三维立体曲面造型项目设计层次结构图，如图12-7所示。

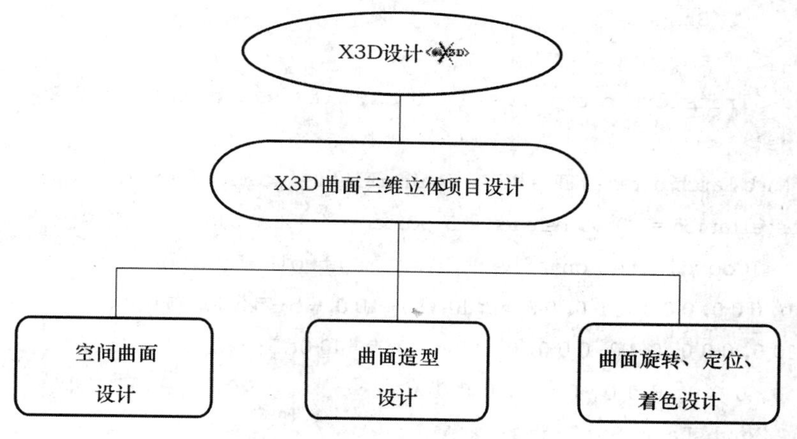

图12-7 X3D空间曲面项目设计层次结构图

12.4.2 X3D曲面项目源代码

X3D曲面项目源代码利用虚拟现实技术进行设计、编码和调试。利用现代软件开发思想，采用结构化、组件化和模块化的设计思想，使软件开发设计层次清晰、结构合理。利用虚拟现实语言的各种节点创建生动、逼真的三维立体曲面场景造型。使用X3D核心节点、背景节点、坐标变换节点、视点节点、Nurbs节点实现立体空间曲面场景造型，给X3D程序设计带来更大的方便。

【实例12-2】 利用背景节点、Nurbs节点、Transform节点、视点节点以及导航节点等在三维立体空间背景下，创建一个Nurbs曲面三维立体场景造型。虚拟现实曲面节点三维立体场景设计X3D文件px3d12-2.x3d源程序展示如下：

```
<Scene>
    <Viewpoint description='animatedPlane' position='3 2 40'/>
    <Background skyColor="0.98 0.98 0.98"/>
    <Transform rotation='0 0 1 0'>
        <Shape>
            <NurbsPatchSurface DEF='NS' containerField='geometry' solid='false' uDimension='5' uOrder='4' uTessellation='20' vDimension='5' vOrder='4' vTessellation='40'>
                <Coordinate containerField='controlPoint' point='
            0 0 0, 0 0 0, 0 0 0, 0 0 0, 0 0 0&#10;-5-10 0,-5-5 2.5,-5 0 15,-5 5 2.5,-5 10 0&#10;
            0-10 0, 0 0 0, 0 0 0, 0 0 0, 0 10 0&#10;5-10 0, 5-5 2.5, 5 0 15, 5 5 2.5, 5 10 0&#10;
            0 0 0, 0 0 0, 0 0 0, 0 0 0, 0 0 0'/>
            </NurbsPatchSurface>
            <Appearance>
                <Material diffuseColor='0 1 1'/>
            </Appearance>
        </Shape>
    </Transform>
    <Transform rotation='1 0 0 -1.5' translation="0 0 0">
  <Shape>
      <NurbsPatchSurface DEF='NS' containerField='geometry' solid='false' uDimension='5' uOrder='4' uTessellation='20' vDimension='5' vOrder='4' vTessellation='40'>
          <Coordinate containerField='controlPoint' point='
      0 0 0, 0 0 0, 0 0 0, 0 0 0, 0 0 0&#10;-5-10 0,-5-5 2.5,-5 0 15,-5 5 2.5,-5 10 0&#10;
      0-10 0, 0 0 0, 0 0 0, 0 0 0, 0 10 0&#10;5-10 0, 5-5 2.5, 5 0 15, 5 5 2.5, 5 10 0&#10;
      0 0 0, 0 0 0, 0 0 0, 0 0 0, 0 0 0'/>
      </NurbsPatchSurface>
      <Appearance>
          <Material diffuseColor='0 1 1'/>
      </Appearance>
    </Shape>
  </Transform>
</Scene>
```

在 X3D 曲面节点设计中，在 Scene 根节点下添加 Background 节点、Nurbs 节点、Transform 和 Shape 节点，背景节点的颜色取白色，以突出三维立体曲面造型的显示效果。利用视点节点、坐标变换节点、曲面节点创建曲面三维立体场景和造型，提高空间三维立体曲面造型的效果。

X3D 虚拟现实曲面节点三维立体造型设计运行程序如下，首先，启动 BS Contact VRML/X3D 7.0 浏览器，然后打开"X3D 实例源程序/第 12 章实例源程序/px3d12-2. x3d"，

即可运行虚拟现实 Nurbs 节点创建的三维立体空间场景造型。Nurbs 节点源程序运行结果，如图 12-8 所示。

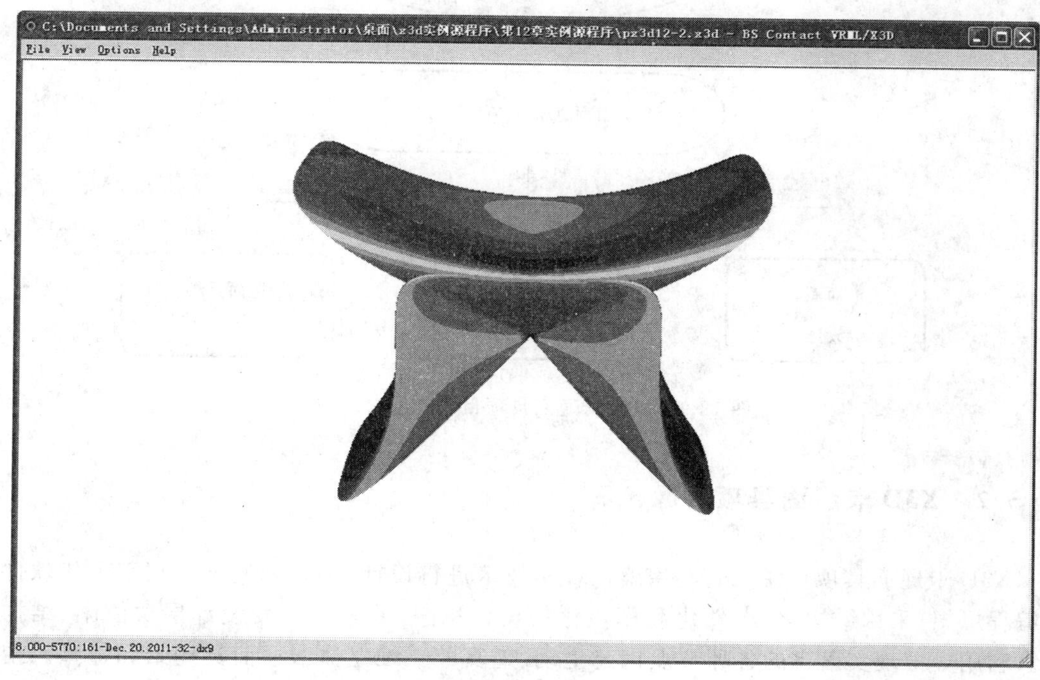

图 12-8 Nurbs 节点效果图

12.5 X3D 卡通面具项目案例设计

X3D 卡通面具项目案例设计利用曲面公式、原理以及设计理念对三维空间曲面进行开发与设计，利用软件工程的思想开发设计 X3D 卡通面具，采用结构化、组件化和模块化以及面向对象设计方法，使用 Nurbs 节点开发设计 X3D 卡通面具，针对曲面的控制点、曲面顺序、权重、网格细分程度进行深入剖析和设计。使 X3D 卡通面具三维立体造型更加逼真、光滑圆润和生动。

12.5.1 X3D 卡通面具项目开发设计

X3D 卡通面具造型项目开发设计利用复杂曲面节点、背景节点、模型节点、视点节点、坐标变换节点以及几何体节点等，创建一个 X3D 卡通面具造型。X3D 卡通面具造型设计是结合曲面节点的特色开发设计，创建一个逼真、鲜活的 X3D 卡通面具造型。X3D 卡通面具造型项目设计层次结构图，如图 12-9 所示。

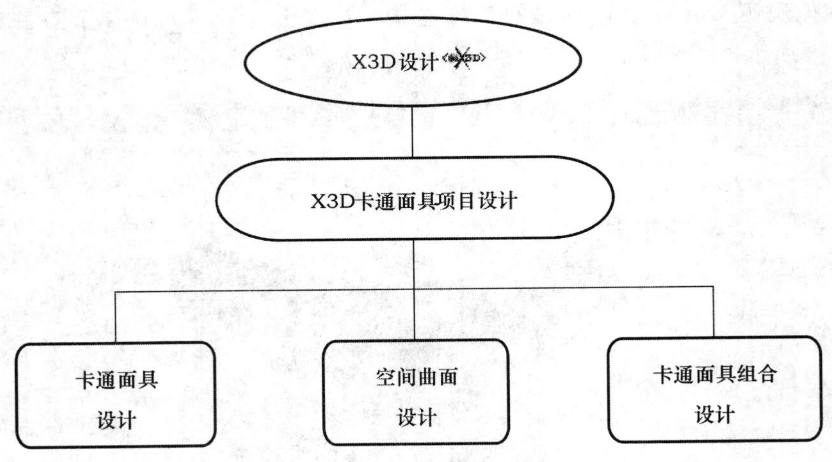

图 12-9　X3D 卡通面具项目设计层次结构图

12.5.2　X3D 卡通面具项目源代码

X3D 卡通面具项目源代码利用虚拟现实技术进行设计、编码和调试。利用现代软件开发编程思想,采用结构化、组件化和模块化的设计思想,使软件开发设计层次清晰、结构合理。利用虚拟现实语言的各种节点创建生动、逼真的三维立体卡通面具场景和造型。使用 X3D 核心节点、背景节点、坐标变换节点、视点节点、Nurbs 节点实现立体空间曲面场景造型,给 X3D 程序设计带来更大的方便。

【实例 12-3】 利用 Transform、背景节点、Nurbs 节点、视点节点、几何节点以及导航节点等在三维立体空间背景下,创建一个三维立体卡通面具场景造型。虚拟现实卡通面具三维立体场景设计 X3D 文件 px3d12-3. x3d 源程序展示如下:

```
<Scene>
    <Viewpoint description='animatedPlane' position='3 2 40'/>
    <Background skyColor="0.98 0.98 0.98"/>
    <Transform rotation='1 0 0 -1.5'>
      <Shape>
        <NurbsPatchSurface DEF='NS' containerField='geometry' solid='false' uDimension='5' uOrder='4' uTessellation='50' vDimension='5' vOrder='4' vTessellation='50'>
        <Coordinate containerField='controlPoint'
              point='-10 0 0, 0 0 0, -10 0 0, 0 0 0, -10 0 0&#10;-5 -10 0, -5 -5 2.5, -5 0 15, -5 5 2.5, -5 10 0&#10;0 0 0, 0 0 0, 0 0 0, 0 0 0, 0 0 0&#10;6 -10 0, 5 -5 2.5, 5 0 10, 5 5 2.5, 6 10 0&#10;9 -10 0, 10 -5 0, 10 0 0, 10 5 0, 9 10 0'/>
      </NurbsPatchSurface>
      <Appearance>
        <Material diffuseColor='0 1 1'/>
      </Appearance>
```

```
        </Shape>
      </Transform>
      <Transform translation="3 2 4" scale="0.5 0.5 0.6">
        <Shape>
        <Appearance>
          <Material  diffuseColor="1 0 0"/>
        </Appearance>
            <Sphere radius="1.5" />
          </Shape>
        </Transform>
          <Transform translation="3 2 -4" scale="0.5 0.5 0.6">
          <Shape>
          <Appearance>
           <Material  diffuseColor="1 0 0"/>
          </Appearance>
            <Sphere radius="1.5"/>
          </Shape>
        </Transform>
        <Transform DEF="Tran" rotation='1 0 0 -1.571' translation="2 0 0">
          <Shape>
          <NurbsPatchSurface DEF='NS' containerField='geometry' solid='false' uDimen-
sion='5' uOrder='4' uTessellation='40' vDimension='5' vOrder='4' vTessellation='40'>
              <Coordinate containerField='controlPoint' point='
          0 0 0, 0 0 0, 0 0 0, 0 0 0, 0 0 0&#10;-5-10 0,-5-5 2.5,-5 0 15,-5 5 2.5,-5 10 0&#10;
          0-10 0, 0 0 0, 0 0 0, 0 0 0, 0 10 0&#10;5-10 0, 5-5 2.5, 5 0 15, 5 5 2.5, 5 10 0&#10;
          0 0 0, 0 0 0, 0 0 0, 0 0 0, 0 0 0'/>
            </NurbsPatchSurface>
            <Appearance>
              <Material diffuseColor='0.5 0.5 0.5 '/>
            </Appearance>
          </Shape>
        </Transform>
        <Transform  rotation='1 0 0 0' translation="-12 -2 0" scale="0.5 0.5 0.5">
        <Transform USE="Tran"/>
        </Transform>
    </Scene>
```

在X3D卡通面具曲面节点设计中，在Scene根节点下添加Background节点、自定义节点、Nurbs节点、Transform节点和Shape节点，背景节点的颜色取白色，以突出三维立体卡通面具造型的显示效果。利用模型节点、曲面节点创建曲面三维立体场景和造型，提高空间三维立体卡通面具曲面造型的效果。X3D 虚拟现实卡通面具曲面节点三维立体造型设计运行程序如下，首先，启动 BS Contact VRML/X3D 7.0 浏览器，然后打开“X3D 实例源程序/第 12 章实例源程序/px3d12-3.x3d”，即可运行虚拟现实 Nurbs 节点创建的三维立体空间场景造型。X3D 卡通面具曲面节点源程序运行结果，如图 12-10 所示。

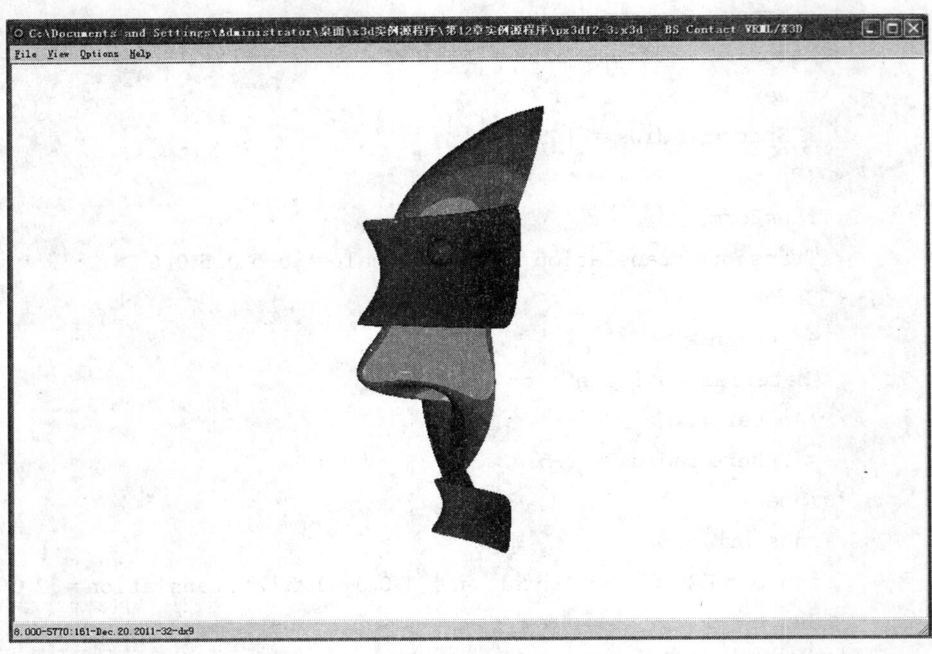

图 12-10　X3D 卡通面具曲面节点效果图

第13章 X3D影视动画与自定义节点设计

X3D影视多媒体动画设计利用X3D虚拟现实程序的影视播放媒体、立体声音节点以及动态智能感知节点在虚拟现实空间创建独特的影视多媒体动画设计场景。在虚拟现实三维立体空间播放影视节目、超大屏幕环幕电影、环绕立体声、MP3、MP4等节目，进行各种影视媒体三维立体动画设计，体验虚拟世界带给人们的无穷魅力。

虚拟现实X3D影视多媒体动画设计涵盖了立体音响效果场景设计、X3D影视多媒体场景设计、家庭影院场景设计以及超大屏幕环幕电影场景开发设计。利用几何节点、复杂节点、多媒体节点以及动态智能感知节点等，开发和设计X3D影视多媒体以及动画场景，使浏览者真正体验身临其境的动态交互感受。

13.1 X3D影视动画原理分析

首先要了解电影是如何在屏幕中播放出动画效果的，电影的放映原理是把一定时序摄制的景物各运动阶段的静止画面连续映现出来，借助人的视觉暂留，在人的视觉中造成再现景物运动影像的效果。

电影是现代文明的一部分，电影是人类史上的重要发明，它借助了照相化学、光学、机械学、电子学等多门学科的知识和原理，电影最重要的原理是“视觉暂留”。

科学实验证明人眼在某个视像消失后，仍可使景像在视网膜上滞留0.1～0.4秒。电影胶片以每秒24帧画面匀速转动，一系列静态画面就会因视觉暂留作用而造成一种连续的视觉印象，产生逼真的动感及动画效果。

13.1.1 影视动画原理分析

电影是利用人眼的“视觉暂留”原理，使用摄像机、照相以及录音设备，把外部世界的影像及声音摄录在胶片或存储介质上。通过放映将活动影像以及声音播放到银幕上，表现一个生动鲜活文化艺术内容的技术。电影是一种以现代科技成果为技术，运用创造视觉形象和镜头拼接的表现手法，在银幕上塑造艺术的、动画的以及声音结合的逼真的具体形象，以反映社会生活的现代艺术。电影能准确地“展现”现实世界，给人以逼真感、动态感、亲近感，犹如身临其境。电影的这种特性满足对现实生活的渴望和追求。

影视三维动画涉及影视特效创意、前期拍摄、影视3D动画、特效后期合成、影视剧特效动画等。随着计算机在影视领域的延伸和制作软件的增加，三维数字影像技术扩展了影视拍摄的局限性，在视觉效果上弥补了拍摄的不足，在一定程度上计算机制作的费用远比实拍所产生的费用要低得多，同时为剧组因预算费用、外景地天气、季节变化而节省时间。制作影视特效动画的计算机设备硬件均为3D数字工作站。制作人员专业有计算机、影视、美术、电影、音乐等。影视三维动画从简单的影视特效到复杂的影视三维场景都能表现得淋漓尽致。

三维动画是近年来随着计算机软硬件技术的发展而产生的一种新兴技术。三维动画软件在计算机中首先建立一个虚拟的世界，设计师在这个虚拟的三维世界中按照要表现的对象的形状尺寸建立模型及场景，再根据要求设定模型的运动轨迹、虚拟摄影机的运动和其他动画参数，最后按要求为模型赋上特定材质，并打上灯光。当这一切完成后就可以让计算机自动运算，生成最后的画面。三维动画技术模拟真实物体的方式使其成为一个有用的工具。由于其精确性、真实性和无限的可操作性，目前被广泛应用于医学、教育、军事、娱乐等诸多领域。

13.1.2 声音原理剖析

声音是由物体振动产生的，正在发声的物体叫声源。声音以声波的形式传播，声音只是声波通过固体或液体、气体传播形成的运动。声波振动内耳的听小骨，这些振动被转化为微小的电子脑波，它就是我们觉察到的声音。内耳采用的原理与麦克风捕获声波或扬声器的发音一样，它是移动的机械部分与气压波之间的关系。自然，在声波音调低、移动缓慢并足够大时，我们实际上可以“感觉”到气压波振动身体，因此我们用混合的身体部分觉察到声音。

声音没有质量，不是物体，只是一个名称，声音是一种纵波，波是能量的传递形式，它有能量，所以能产生效果，但是它不同于光(电磁波)，光有质量有能量有动量，声音在物理上只有压力，没有质量。

声音特性：涵盖音量、音调、音色、音乐以及噪声等都是声音的范畴。

① 音量：人主观上感觉声音的大小，由“振幅”(Amplitude)和人离声源的距离决定，振幅越大响度越大，人和声源的距离越小，响度越大。单位：分贝(dB)。

② 音调：声音的高低由“频率”决定，频率越高音调越高。频率单位：赫兹(Hz)，频率是每秒经过一给定点的声波数量。例如，人耳听觉范围20～20 000 Hz，20 Hz以下称为次声波，20 000 Hz以上称为超声波。

③ 音色：又称音品，波形决定了声音的音色，声音因不同物体材料的特性而具有不同特性，音色本身是一种抽象的东西，但波形是把这个抽象直观地表现。音色不同，波形则不同。典型的音色波形有方波、锯齿波、正弦波、脉冲波等。不同的音色，通过波形，是完全可以分辨的。

④ 音乐：物体规则振动发出的声音称为乐音，由有组织的乐音来表达人们思想、感情，反映现实生活的一种艺术就是音乐。音乐分为声乐和器乐两大部门。

⑤ 噪声：从物理学的角度看，由发声体作无规则振动时发出的声音就是噪声；从环境保护角度看，凡是干扰人们正常工作、学习和休息的声音，以及对人们要听的声音起干扰作用

的声音就是噪声。

13.2 X3D影视动画分析

X3D影视动画语法分析针对MovieTexture影视纹理语法节点、AudioClip(音响剪辑)节点、Sound(声音)节点进行详细分析,对影视动画的原理、方法以及设计思想进行深入剖析。并结合实际项目案例进行开发与设计,使读者能够真正掌握影视动画项目的开发过程。

13.3 X3D影视播放项目案例设计

X3D影视播放项目案例设计是对多媒体播放室进行设计、装饰、布局和仿真。X3D影视播放三维立体场景开发设计,主要对影视多媒体室、多媒体设备、场景环境进行仿真设计。运用软件项目开发技术和计算机前沿软件开发技术X3D对影视播放三维立体场景进行开发和设计。利用虚拟现实技术中各种基本节点、复杂节点、三维立体空间造型节点、多媒体节点以及智能动态感知节点,实现X3D影视播放三维立体场景设计、动画制作、影音合成等,使虚拟现实三维立体设计、多媒体、计算机网络以及人工智能完美结合,感受虚拟世界带来的独特魅力、动态交互以及身临其境的沉浸感受。

X3D影视多媒体播放利用虚拟现实技术三维立体空间播放电影、电视并产生三维立体效果。利用MovieTexture节点主要是用于播放电影,也可以使用MovieTexture节点来创建伴音,作为Sound节点source域指定所需的声音文件,如播放电影时的电影声音。

X3D虚拟现实MovieTexture节点创建一个三维立体播放“电影”效果,包括电视柜、组合音响、大屏幕液晶电视以及影视媒体环境场景等,使X3D影视播放多媒体三维立体场景和造型有更加逼真、生动和鲜活的效果。

13.3.1 X3D影视播放项目案例开发设计

X3D影视播放多媒体场景设计是按照软件工程开发思想,利用传统瀑布模型、原型法模型以及现代渐进式模型进行开发、设计和编码。利用X3D虚拟现实程序设计语言对三维立体场景的独特设计,实现虚拟现实三维立体场景和造型设计,使虚拟现实开发和设计更具有逼真的三维立体效果。

X3D影视播放多媒体场景设计是利用软件工程思想开发设计,采用渐进式软件开发模式对虚拟现实X3D影视播放多媒体场景进行开发、设计、编码、调试和运行。虚拟现实X3D影视多媒体场景设计按照需求分析、设计和编码过程,循序渐进不断完善软件的项目开发。

虚拟现实X3D影视播放多媒体场景设计由大屏幕液晶电视机、电视柜、组合音响、DVD播放机以及背景空间设计等组成,创建X3D影视播放多媒体场景和造型。采用模块化、组件化以及面向对象的设计思想,开发设计层次清晰、结构合理的虚拟现实X3D影视播放多媒体场景。虚拟现实X3D影视播放多媒体场景设计层次结构,如图13-1所示。

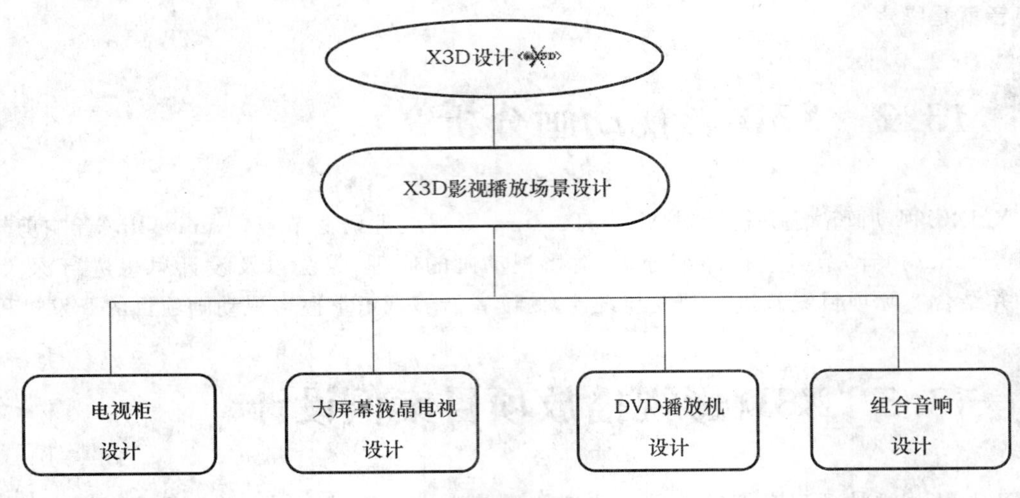

图 13-1　X3D 影视播放场景设计层次结构图

13.3.2　X3D 影视播放项目案例源代码

X3D 影视播放场景设计是利用 X3D 虚拟现实技术对三维立体场景进行设计、编码和调试，以实现在 X3D 虚拟现实三维立体空间播放电影、电视节目等。采用结构化、组件化、模块化以及面向对象的开发思想，设计出层次清晰、结构合理的影视多媒体三维立体场景。利用虚拟现实的各种节点创建生动、鲜活、逼真的影视播放多媒体三维立体场景。利用几何节点、复杂节点创建大屏幕电视和组合音响场景和造型，使用多媒体节点实现影视多媒体播放。使用背景节点构造一个空间背景场景，利用内联节点实现子程序调用，实现模块化和组件化设计，利用 X3D 影视多媒体节点设计影视播放和动画设计效果。

利用 X3D-Edit 专用编辑器或记事本编辑器直接编写 .x3d 源程序，在正确安装 X3D-Edit 专用编辑器的前提下，启动 X3D-Edit 专用编辑器进行编程。利用 X3D 基本几何节点、背景节点、复杂节点以及动态感知节点等编写 X3D 源程序。

【实例 13-1】 X3D 影视播放三维立体场景造型设计 px3d13-1. x3d 源程序，利用 X3D 几何节点、复杂节点以及多媒体节点进行开发与设计，使用 X3D 背景节点、面节点、纹理节点以及多媒体节点等设计编写，源程序展示如下。

X3D 影视播放三维立体场景造型设计源程序 px3d13-1. x3d 主程序

```
<Scene>
    <Background DEF="_Background" skyAngle='1.536,2.021' skyColor='1 1 1,0.98 0.98
            0.98,0.2 0.6 0.2'>
      </Background>
    <Viewpoint DEF="_Viewpoint" jump='false' orientation='0 1 0 -1.571' position='0 -2
            -42.5' description="View1">
    </Viewpoint>
    <Viewpoint DEF="_Viewpoint_1" jump='false' orientation='0 1 0 -0.2' position='0 0 -5'
            description="View2">
```

```
        </Viewpoint>
        <Viewpoint DEF="_Viewpoint_2" jump='false' orientation='0 1 0 -1.571' position='1 0
                -52.5' description="view3">
        </Viewpoint>
        <!--***********************-->
        <Transform rotation='0 1 0 -1.571' scale='0.01 0.01 0.01' translation='28.5 -3.2
                  -58.5'>
            <Inline url= "lyinxiang.x3d"/>
        </Transform>
        <Transform rotation='0 1 0 -1.571' scale='0.01 0.01 0.01' translation='28.5 -3.2
                  -31.5'>
            <Inline url="lyinxiang.x3d"/>
         </Transform>
         <Transform rotation='0 1 0 -1.571' scale='2.45 2.1 2.45' translation='27.95 0.15
                  -41.62'>
            <Inline url="pmovie-1.x3d"/>
         </Transform>
         <Transform rotation='0 1 0 -1.57' scale='0.25 0.25 0.25' translation='25.5 -3.7 -42.5'>
            <Inline url="tvyj.x3d"/>
         </Transform>
         <Transform rotation='0 1 0 -1.571' scale='0.01 0.01 0.01' translation='27.4 -7 -49.52'>
            <Inline url="dianshigui-1.x3d"/>
         </Transform>
         <Transform rotation='0 1 0 -1.571' scale='0.25 0.25 0.25' translation='23.4 -5.7
                  -42.52'>
            <Inline url="DVDji.x3d"/>
         </Transform>
    </Scene>
```

X3D影视播放三维立体场景造型设计，在主程序中利用内联节点实现子程序调用，在子程序中使用组节点、模型节点、面节点以及多媒体节点设计一个影视播放多媒体播放场景，在X3D虚拟现实三维立体空间播放电影、电视节目，虚拟现实X3D影视播放多媒体播放源程序pmovie-1.x3d子程序：

```
    <Scene>
        <Viewpoint description='Mandelbrot zoom video by San Diego Supercomputer Center'
              position='0 0 8'/>
        <NavigationInfo type='"WALK" "EXAMINE" "ANY"'/>
        <Group>
        <!--Shape  -->
            <Shape>
               <Appearance>
```

```
            <MovieTexture DEF='TV' loop='true' repeatS='false' repeatT='false' url='tv.mpg'/>
          </Appearance>
          <IndexedFaceSet coordIndex='0 1 2 3'>
            <Coordinate point='-2.35 -1.5 1.01 1.65 -1.5 1.01 1.65 1.5 1.01 -2.35 1.5 1.01'/>
            <TextureCoordinate point='0 0 1 0 1 1 0 1'/>
          </IndexedFaceSet>
        </Shape>
        <Sound maxBack='100' maxFront='100' minBack='30' minFront='30'>
          <MovieTexture USE='TV' containerField='source'/>
        </Sound>
        <TouchSensor DEF='Touch' description='Touch TV to begin playing'/>
      </Group>
      <ROUTE fromField='touchTime' fromNode='Touch' toField='set_startTime' toNode='TV'/>
    </Scene>
```

X3D 影视多媒体三维立体场景造型设计运行程序如下，首先，启动 BS Contact VRML-X3D 7.2 浏览器，然后打开“X3D 源程序实例/第 13 章源程序实例/px3d13-1/px3d13-1.x3d”，即可运行虚拟现实 X3D 影视播放多媒体三维立体场景造型，如图 13-2 所示。

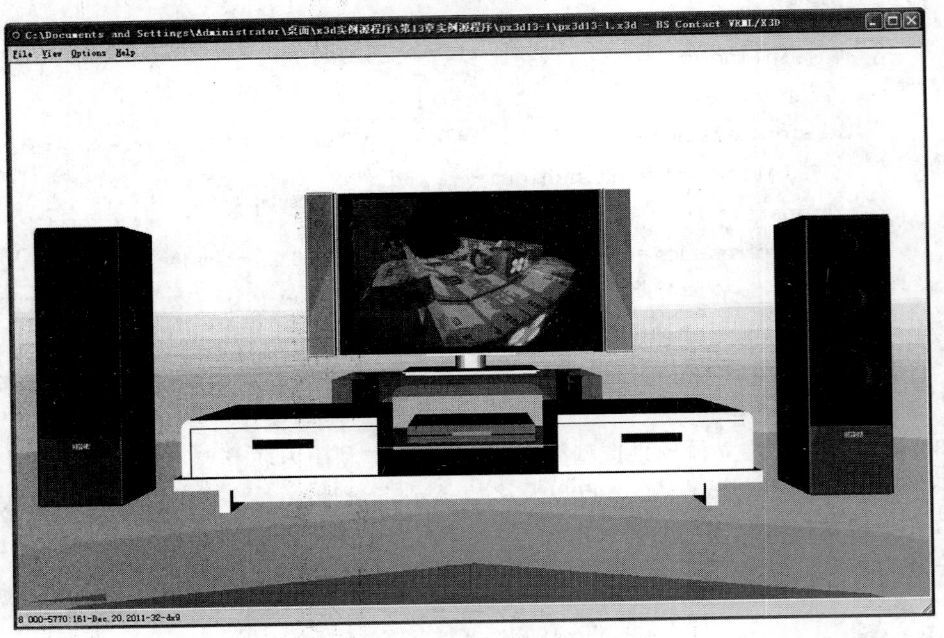

图 13-2　X3D 影视播放多媒体三维立体场景效果图

13.4　X3D 环绕立体声项目案例设计

X3D 环绕立体声项目案例设计是对环绕立体声进行开发、设计、布局和仿真。X3D 环

绕立体声响场景开发设计，主要对立体音响、音响设备、组合音响、环境场景进行仿真。运用软件项目开发技术和计算机前沿软件开发 X3D 虚拟现实技术，对 X3D 环绕立体声响场景进行开发和设计。利用虚拟现实技术 X3D 中各种基本节点、复杂节点、三维立体空间造型节点、多媒体节点以及智能动态感知节点，实现 X3D 环绕立体声多媒体设计、动画制作、立体声音合成等，使虚拟现实三维立体设计、多媒体立体声、计算机网络以及人工智能完美结合，感受虚拟世界带来的独特魅力、动态交互以及身临其境的沉浸感受。

声音是人们在现实生活中用来传递信息的最重要的手段，要想发出声音首先需要一个声源。在 X3D 立体声效果场景设计中，指定一个声源需要设置这个声源的空间位置、声音的发射方向、声音的高低与强弱等。

在 X3D 环绕立体声效果场景设计中，用户可以领略具有 X3D 环绕立体感的听觉效果，在 X3D 立体音响效果场景中可以添加声音，X3D 立体音场景播放的不是简单的 2D 声音，而是有用户自己的声源，播放虚拟现实 X3D 环绕立体声效果，把虚拟和现实融为一体，使整个 X3D 立体声世界更加具有真实感，更加生动逼真、栩栩如生。

13.4.1 X3D 环绕立体声项目案例开发设计

X3D 环绕立体声项目案例开发设计是按照软件工程开发思想，利用传统瀑布模型、原型法模型以及现代渐进式模型进行开发、设计和编码。利用 X3D 虚拟现实程序设计语言对三维立体场景的独特设计，实现虚拟现实三维立体场景和造型设计，使虚拟现实开发和设计更具逼真的三维立体效果。

X3D 立体音响场景设计是利用软件工程思想开发设计，采用渐进式软件开发模式对虚拟现实 X3D 影视多媒体场景进行开发、设计、编码、调试和运行。虚拟现实 X3D 影视多媒体场景设计按照需求分析、设计和编码过程，循序渐进不断完善软件的项目开发。

虚拟现实 X3D 环绕立体声场景设计由组合音响、组合音箱以及背景空间设计等组成，创建 X3D 环绕立体声场景和造型。采用模块化、组件化以及面向对象的设计思想，开发设计层次清晰、结构合理的虚拟现实 X3D 环绕立体声场景。虚拟现实 X3D 环绕立体声场景设计层次结构，如图 13-3 所示。

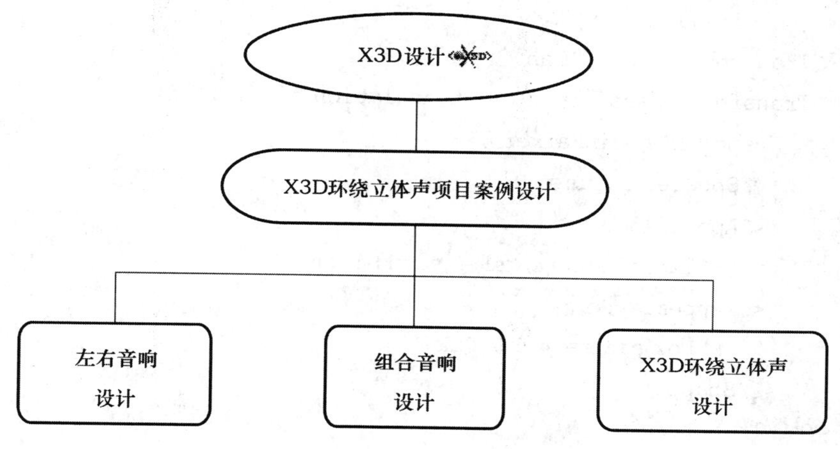

图 13-3　X3D 环绕立体声场景设计层次结构图

13.4.2 X3D 环绕立体声项目案例源代码

X3D 环绕立体声场景设计是利用 X3D 虚拟现实技术对三维立体场景进行设计、编码和调试。采用结构化、组件化、模块化以及面向对象的开发思想，设计出层次清晰、结构合理的影视多媒体三维立体场景。利用虚拟现实的各种节点创建生动、鲜活、逼真的环绕立体声三维立体场景。

利用几何节点、复杂节点创建立体音响组合台和立体组合音响场景及造型，使用多媒体节点实现环绕立体声媒体播放。使用背景节点构造一个空间背景场景，利用内联节点实现子程序调用，实现模块化和组件化设计。利用 X3D 多媒体节点设计三维立体音响和动画设计效果。利用 X3D-Edit 专用编辑器或记事本编辑器直接编写 .x3d 源程序，在正确安装 X3D-Edit 专用编辑器前提下，启动 X3D-Edit 专用编辑器进行编程。利用 X3D 基本几何节点、背景节点、复杂节点以及动态感知节点等编写 X3D 源程序。

【实例 13-2】 X3D 环绕立体声三维立体场景造型设计 px3d13-2.x3d 源程序，利用 X3D 几何节点、复杂节点以及多媒体节点进行开发与设计编写源程序，使用 X3D 背景节点、面节点、纹理节点以及多媒体节点等设计编写，px3d13-2.x3d 主程序源程序展示如下：

```
<Scene>
    <! -- Scene graph nodes are added here -- >
    <Background skyColor="1 1 1"/>
    <Viewpoint description='Viewpoint-1' position='2 1 10'/>
    <Viewpoint description='Viewpoint-2' orientation='0 1 0 0.57' position='5-1 5'/>
    <NavigationInfo type='"WALK" "EXAMINE" "ANY"'/>
    <Group>
     <Sound direction='0 0-1' maxBack='20' minBack='10'  minFront='50' maxFront='80'>
       <AudioClip description='will' loop='true'  url='"soundred1.wav"  '/>
     </Sound>

     <! -- sound 1 - 2 -- >
     <Transform  DEF="Tran" >
     <Transform   scale='1 1 1' translation=' - 1 0 0'>
       <Shape DEF='MinMarker'>
          <Sphere radius='0.25'/>
          <Appearance>
             <ImageTexture url="sound-1.png"/>
          </Appearance>
             <Box size='4 4 0.001'/>
        </Shape>
      </Transform>
     <Transform   scale='1 1 1' translation='5 0 0'>
```

```
        <Shape DEF = 'MinMarker'>
         <Sphere radius = '0.25'/>
         <Appearance>
            <ImageTexture url = "sound-2.png"/>
         </Appearance>
           <Box size = '4 4 0.001'/>
       </Shape>
      </Transform>
      </Transform>
    <Transform  scale = '1.8 1.8 1.8' translation = ' - 1 5 - 25' >
          <Transform USE = "Tran"/>
    </Transform>
    <Transform  scale = '2 2 2' translation = ' - 1 25 - 80' >
          <Transform USE = "Tran"/>
    </Transform>
   </Group>
 </Scene>
```

X3D 环绕立体声三维立体场景造型设计运行程序如下，首先，启动 BS Contact VRML-X3D 7.2 浏览器，然后打开"X3D 源程序实例/第 13 章源程序实例/px3d13-2/px3d13-2.x3d"，即可运行虚拟现实 X3D 环绕立体声三维立体场景造型，如图 13-4 所示。

图 13-4　X3D 环绕立体声三维立体场景效果图

13.5 X3D旋转海豚项目案例设计

X3D旋转海豚项目案例设计利用自定义节点、坐标变换节点、内联节点、动画设计节点构建一个三维立体动态旋转海豚造型，利用X3D虚拟现实技术在三维立体空间创建一个生动鲜活的旋转海豚艺术效果。采用软件工程的思想对三维卡通造型项目进行开发与设计，由总体设计、详细设计、编码测试以及运行维护等环节组成。使用坐标变换节点、背景节点、视点节点、模型节点、自定义节点、动画游戏节点、外观节点以及材料节点等开发与设计。

13.5.1 X3D旋转海豚项目案例开发设计

X3D旋转海豚项目案例设计利用坐标变换节点、模型节点以及面节点创建三维立体海豚造型和花木造型，利用自定义节点实现动画设计效果。X3D旋转海豚卡通造型开发设计由海豚头部、海豚身躯、海豚鳍、海豚尾鳍等构成，花木由枝干、叶子和花朵等三维立体造型组成，动画采用自定义节点进行设计，使X3D旋转海豚项目案例设计更加生动、真实和可爱。X3D旋转海豚三维动画设计层次结构，如图13-5所示。

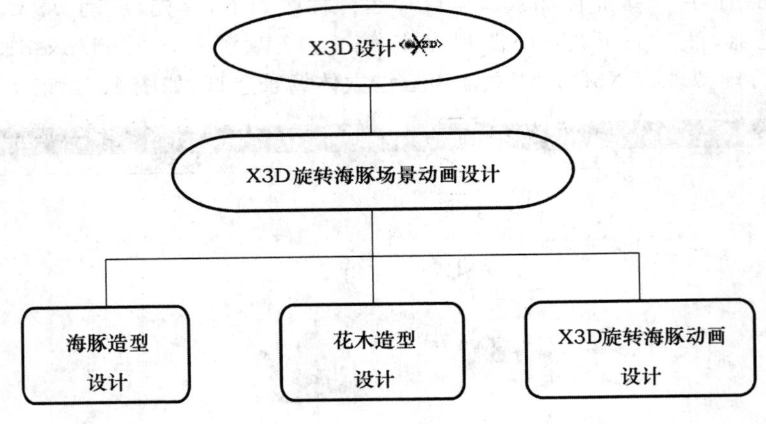

图13-5　X3D旋转海豚三维动画设计层次结构图

13.5.2 X3D旋转海豚项目案例源代码

X3D旋转海豚项目案例设计利用X3D自定义节点实现动画设计使软件项目开发与设计，更加方便、灵活，使用坐标变换节点、模型节点、面节点等开发设计三维立体海豚和花木造型，开发设计出更加生动、鲜活、逼真的X3D虚拟现实旋转海豚动画场景。在自定义节点中，可由用户定义一些域、入事件和出事件等，创建生动、逼真的三维立体动画自定义节点。使用X3D节点、背景节点以及自定义节点进行设计和开发。

【实例13-3】 X3D旋转海豚项目案例设计使用自定义节点创建动画效果。当用户运行X3D旋转海豚项目场景和造型时，造型根据设计需要产生动画效果。自定义节点场景设计

X3D 文件 px3d13-3. x3d“源代码”展示如下：

```
<Scene>
    <Background skyColor="0.98,0.98 ,0.98"/>
    <Viewpoint
        description="Click on blue crossbar to activate second SpinGroup"
        orientation="1 0 0 -0.52" position="0 18 30"/>
    <NavigationInfo type="&quot;EXAMINE&quot; &quot;ANY&quot;"/>
   <ProtoDeclare name="SpinGroup">
      <ProtoInterface>
        <field accessType="inputOutput" name="children" type="MFNode"/>
        <field accessType="inputOutput" name="cycleInterval"
          type="SFTime" value="1"/>
        <field accessType="inputOutput" name="loop" type="SFBool" value="false"/>
        <field accessType="inputOutput" name="startTime" type="SFTime" value="0"/>
        <field accessType="inputOutput" name="stopTime" type="SFTime" value="0"/>
      </ProtoInterface>
      <ProtoBody>
       <Transform DEF="SpinGroupTransform">
         <IS>
           <connect nodeField="children" protoField="children"/>
         </IS>
      </Transform>
      <TimeSensor DEF="SpinGroupClock">
         <IS>
          <connect nodeField="cycleInterval" protoField="cycleInterval"/>
          <connect nodeField="loop" protoField="loop"/>
          <connect nodeField="startTime" protoField="startTime"/>
          <connect nodeField="stopTime" protoField="stopTime"/>
         </IS>
        </TimeSensor>
        <OrientationInterpolator DEF="Spinner" key="0, 0.5, 1" keyValue="0 1 0 0, 0 1 0 3.14,
                0 1 0 6.28"/>
        <ROUTE fromField="fraction_changed" fromNode="SpinGroupClock"
           toField="set_fraction" toNode="Spinner"/>
        <ROUTE fromField="value_changed" fromNode="Spinner"
           toField="set_rotation" toNode="SpinGroupTransform"/>
        </ProtoBody>
      </ProtoDeclare>
      <!--Create an instance-->
        <ProtoInstance name="SpinGroup">
        <fieldValue name="cycleInterval" value="8"/>
        <fieldValue name="loop" value="true"/>
        <fieldValue name="children">
```

```
<Transform rotation="0 0 1 0" translation="0 0 0" scale="12 12 12">
  <Inline url="px3d13-3-1.x3d"/>
 </Transform>
<ProtoInstance DEF="SecondSpinGroup" name="SpinGroup">
 <fieldValue name="cycleInterval" value="4"/>
 <fieldValue name="loop" value="true"/><!--stopTime > startTime
  ensures that initial state is stopped--><fieldValue
    name="stopTime" value="1"/>
  <fieldValue name="children">
   <TouchSensor DEF="ActivateSecondSpinGroup" description="Activate second SpinGroup
          by clicking blue bar"/>
    <Transform rotation="0 1 0 3.141" translation="15-0.005 0" scale="0.02 0.02 0.02">
         <Inline url="px3d13-3-2.x3d"/>
    </Transform>
  </fieldValue>
 </ProtoInstance>
 </fieldValue>
</ProtoInstance>
<ROUTE fromField="touchTime" fromNode="ActivateSecondSpinGroup"
 toField="startTime" toNode="SecondSpinGroup"/>
</Scene>
```

在 X3D 自定义节点源文件中的 Scene 根节点下添加 Background 节点和 Shape 节点，背景节点的颜色取银白色，以突出造型显示的 X3D 旋转动画效果。X3D 旋转海豚项目案例动画场景程序运行如下，首先，启动 Xj3d-browser 浏览器，然后在 Xj3d2.0 浏览器中，单击"Open"按钮，选择"X3D 案例源代码/第 13 章案例源代码/px3d13-3.x3d"路径，即可运行虚拟现实 X3D 旋转海豚动画项目场景，运行后的场景效果如图 13-6 所示。

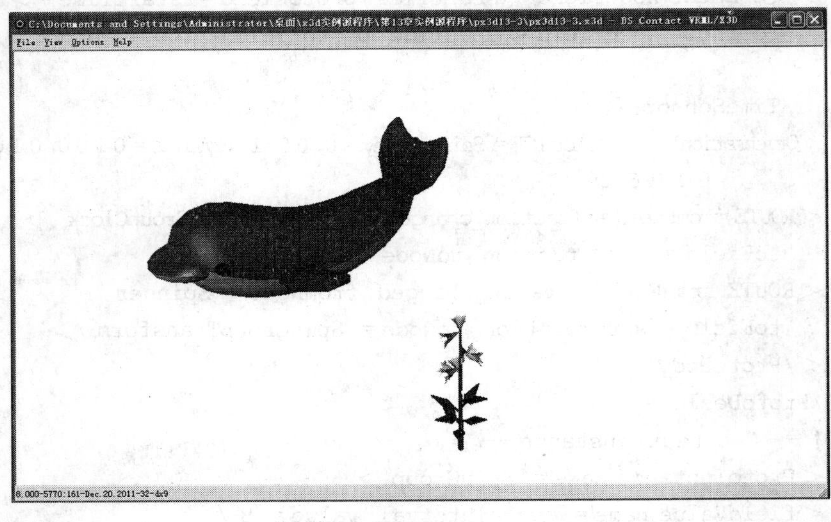

图 13-6　X3D 旋转海豚项目案例实现的动画效果图

第14章 X3D事件工具脚本与CAD设计

X3D 事件工具与脚本组件涵盖事件工具组件以及脚本节点设计等。事件工具组件节点设计，该组件的名称是“EventUtilities”，当在 COMPONENT 语句中引用这个组件时需要使用“Event Utilities component”（事件工具组件）这个名称，这其中包括触发器（Trigger）和过滤器（Sequencer）节点类型，通过这些节点，不需要使用 Script {} 节点就可以为一般的交互应用提供较多功能，如转换功能、序列化操作功能。

X3D 脚本组件涵盖 Script（脚本）节点、IMPORT（引入外部文件）节点、EXPORT（输出）节点、ROUTE（路由）节点等。X3D 与各种语言工具进行接口以实现软件开发通用性、兼容性以及平台无关性。X3D 主要通过 Script 节点接口、IMPORT 节点、EXPORT 节点与外部程序发生联系。使软件项目开发更加方便、灵活、快捷，提高软件项目开发的效率。

14.1 X3D 事件工具脚本与 CAD 分析

14.1.1 事件工具脚本分析

X3D 文件中的事件也称为存储/访问类型，即每个节点一般都有两种事件：一个“入事件”和一个“出事件”。在大多数情况下，事件只有一个要改变域值的请求：“入事件”请求节点改变自己某个域的值，而“出事件”则是请求别的节点改变它的某个域值。

脚本语言（Script language）是一种编程控制语言，脚本通常以文本格式保存，只在被调用时进行解释或编译。脚本语言是为了缩短传统的编写、编译、链接、运行过程而创建的计算机编程语言。此命名起源于一个脚本“screenplay”，每次运行都会使对话框逐字重复。早期的脚本语言经常被称为批量处理语言或工作控制语言。一个脚本通常是解释运行而非编译。脚本语言通常都有简单、易学、易用的特性，目的就是希望能让程序员快速完成程序的编写工作。而宏语言则可视为脚本语言的分支，两者也有实质上的相同之处。

但是脚本编程速度更快，且脚本文件明显小于如同类 C 和 Java 程序文件，这种灵活性是以执行效率为代价的。通常脚本解释执行的速度可能很慢，且运行时更耗内存。在很多案例中，如编写一些数十行的小脚本，它所带来的编写优势就远远超过了运行时的劣势，尤其是在当前程序员工资趋高和硬件成本趋低时。然而，在脚本和传统编程语言之间的界限越来越模糊，尤其是在一系列新语言及其集成大量出现时。在一些脚本语言中，有经验的程序员可以进行大量优化工作。在大多现代系统中通常有多种合适的脚本语言可以选择，所以推荐使用多种语言(包括C语言或汇编语言)编写一种脚本。

X3D文件中的脚本是一套程序，是与其他高级语言或数据库的接口。在X3D文件中可以使用Script节点利用Java或Javascript语言编写的程序脚本来扩充X3D的功能。脚本通常被用做一个事件级联的一部分而执行，脚本可以接受事件，处理事件中的信息，还可以产生基于处理结果的输出事件。

事件在Script节点中不能包含内置事件，但对于整个Script节点的输入/输出事件可定义任意多个事件。一个Script节点包含一个称为script的程序，这个程序是以Javascript或Java写的。脚本可以接受事件，处理事件中的信息，还可以产生基于处理结果的输出事件。当一个Script节点接受一个输入事件时，它将事件的值和时间戳传给与输入事件同名的函数或方法。函数可以通过赋值给与事件同名的变量发送事件。一个输出事件与调用发出输出事件函数的输入事件有相同的时间戳。当一个脚本给另一个节点发出多个具有相同时间戳的事件时，另一个节点的类型将决定处理事件的顺序。

14.1.2 CAD分析

计算机辅助设计(Computer Aided Design，CAD)指利用计算机及其图形设备帮助设计人员进行设计工作。在设计中用计算机对不同方案进行大量的计算、分析和比较，以决定最优方案，各种设计信息不论是数字的、文字的或图形的，都能存放在计算机的内存或外存里，并能快速地检索。设计人员通常用草图开始设计，将草图变为工作图的繁重工作可以交给计算机完成，由计算机自动产生的设计结果可以快速作出图形，使设计人员及时对设计作出判断和修改。利用计算机可以进行与图形的编辑、放大、缩小、平移和旋转等有关的图形数据处理工作。X3D虚拟现实技术中的CAD组件是通过CAD数据转换以一种开放格式，开发设计X3D虚拟现实三维立体场景。

14.2 X3D事件工具脚本和CAD分析

X3D事件工具组件由3个部分构成：给定类型的单个域(Single Field，SF)事件的变化(Mutating)，由其他类型事件导致的给定类型的SF事件的触发(Triggering)，沿时间线产生SF事件的序列化(Sequencing)(作为离散值发生器)。这些节点结合ROUTE路由可以建立复杂交互行为，而不需要使用脚本节点。这在某些对交互有重要影响的Profiles中很有用，如这些Profiles中不一定支持Script节点。X3D事件工具节点在变换层级中的位置不会影响其运作效果。如果一个BooleanSequencer节点为一个Switch节点的子节点，即使whichChoice设置为−1(忽略此子节点)，BooleanSequencer也会继续按指定的方式运作(接收和发送事件)。BooleanFilter节点可以作为Transform节点的子节点，或与其他节点平行使用。

X3D Script节点分析设计通过描述一个由用户自定义制作的检测器和插补器，这些检

测器和插补器需要一些有关域、事件出口和事件入口的列表以及处理这些操作时所须做的事情。所以该节点定义了一个包含程序脚本节点的域(注意不能定义 exposeField)、事件出口和事件入口及描述了用户自定义制作的检测器和插补器所做的事情。节点可以出现在文件的顶层,或者作为成组节点的子节点。在 Script 节点中,可由用户定义一些域、入事件和出事件等,所以 Script 节点的结构与前面介绍的 X3D 节点有所不同。Script 节点让场景可以有程序化的行为,用 field(域)标签定义脚本的界面,脚本的代码使用一个子 CDATA 节点或使用一个 url field(不推荐)。可选脚本语言支持:ECMAScript/JavaScript 或经由 URL 到一个 myNode. class 类文件的 Java 语言。

X3D 文件设计中 CAD 组件节点由 CADAssembly 节点、CADFace 节点、CADLayer 节点、CADPart 节点等组成。在 X3D 三维立体程序设计中增加了 CAD 节点与 X3D 文件相结合进行软件项目的开发与设计,可以极大地提高软件项目的开发效率和质量。

14.3 X3D 机场项目案例设计

X3D 机场项目案例设计利用事件、脚本以及路由的设计理念对三维空间机场动画效果场景进行开发与设计,利用软件工程的思想开发设计 X3D 机场场景和造型,采用结构化、组件化和模块化以及面向对象设计方法,使用面节点开发设计 X3D 飞机造型,利用事件脚本节点现实飞行设计,使 X3D 机场三维立体场景和造型更加逼真、生动和鲜活。

14.3.1 X3D 机场项目案例开发设计

X3D 机场项目开发设计利用背景节点、模型节点、视点节点、事件脚本节点、坐标变换节点以及几何体节点等,创建一个 X3D 机场飞机起飞场景。X3D 机场飞机起飞场景和造型设计是利用坐标变换节点、模型节点以及复杂节点设计一个飞机造型,结合脚本节点实现飞机起飞动画效果,使用声音节点烘托飞机起飞时的音响效果,创建一个逼真的机场飞机起飞真实场景效果。X3D 机场项目案例设计层次结构图,如图 14-1 所示。

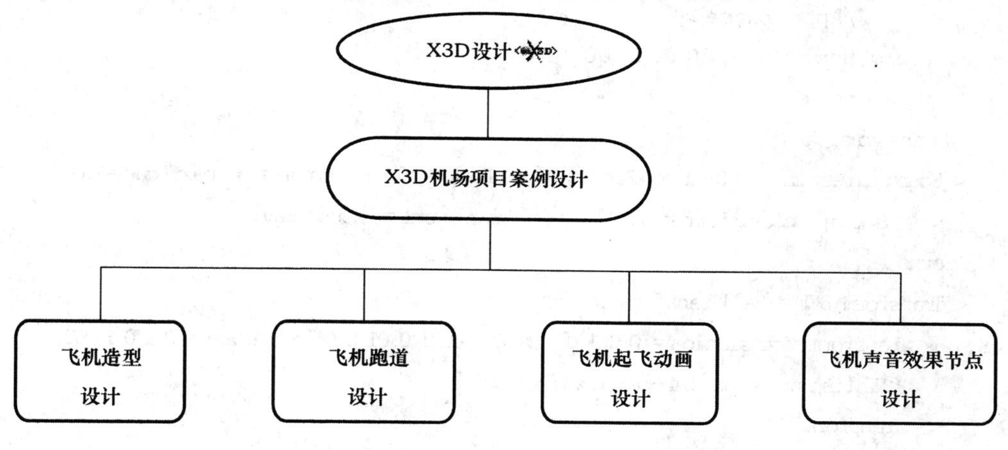

图 14-1 X3D 机场项目案例设计层次结构图

14.3.2 X3D 机场项目案例源代码

X3D 机场项目案例设计利用 Script 节点可以实现更加方便、灵活的软件项目开发与设计，使用 Script 节点与其他程序设计语言进行接口，设计出更加生动、鲜活、逼真的 X3D 虚拟现实机场飞机起飞动画场景。在 Script 节点中，可由用户定义一些域、入事件和出事件等，Script 节点二维平面造型设计利用虚拟现实程序设计语言 X3D 进行设计、编码和调试。利用现代软件开发的编程思想，采用绝对编程、自动测试、简单设计以及先测试后设计开发理念。融合结构化、组件化和模块化的设计思想，使软件开发设计层次清晰、结构合理。利用虚拟现实语言的各种节点创建生动、逼真的三维立体动画 Script 节点。使用 X3D 内核节点、背景节点以及 Script 节点进行设计和开发。

【实例 14-1】 X3D 机场项目案例设计使用 Script 节点创建机场飞机起飞航行的生动动画效果场景。当用户运行 X3D 立体空间的飞机场景和造型时，飞机将从机场起飞飞往天空。

在 X3D 三维立体空间场景环境下，利用内联节点将飞机造型连接到场景中，利用 Script 节点使飞机脱离跑道飞向天空。X3D 机场项目案例设计 X3D 文件 px3d10-1. x3d 源代码展示如下：

```
<Scene>
    <Viewpoint description="sliding ball" orientation="1 0 0 -0.2" position="0.5 0.5 1.5"/>
    <NavigationInfo
      type="&quot;EXAMINE&quot; &quot;ANY&quot;"/>
    <Background skyColor="0.98,0.98 ,0.98"/>
  <Group>
    <Transform rotation="0 1 0 1.571" scale="1 1 1" translation="0 -15   -50">
      <Shape>
        <Appearance>
          <ImageTexture url="road1.png"/>
        </Appearance>
        <Box size="20 0.01 60"/>
      </Shape>
  </Transform>
   <Sound direction='0 0 -1' maxBack='20' minBack='10'  minFront='80' maxFront='100'>
     <AudioClip description='will' loop='true'  url='"sound.wav"  '/>
  </Sound>
   <Transform DEF="BallTransform">
     <Transform translation="0 0.1 0" scale="0.01 0.01 0.01" rotation="0 1 0 1.571">
       <Inline url="px3d14-1-1.x3d"/>
     </Transform>
   </Transform>
```

```
<TimeSensor DEF="Clock" cycleInterval="4" loop="true"/>
<Script DEF="MoverUsingExternalScriptFile"
    url="&quot;Figure30.1ScriptSlidingBall.js&quot;&#10;&quot;http://www.x3d.com/Fig-
    ure30.1ScriptSlidingBall.js&quot;">
  <field accessType="inputOnly" name="set_fraction" type="SFFloat"/>
  <field accessType="outputOnly" name="value_changed" type="SFVec3f"/>
</Script>
<Script DEF="MoverUsingUrlScript">
  <field accessType="inputOnly" name="set_fraction" type="SFFloat"/>
<field accessType="outputOnly" name="value_changed" type="SFVec3f"/><![CDATA[ecmascript:
// Move a shape in a straight path
function set_fraction( fraction, eventTime ) {
    value_changed[0] = fraction;        // X component
    value_changed[1] = fraction;        // Y component
    value_changed[2] = 0.0;             // Z component
}]]></Script>
    <Script DEF="MoverUsingContainedScript">
    <field accessType="inputOnly" name="set_fraction" type="SFFloat"/>
<field accessType="outputOnly" name="value_changed" type="SFVec3f"/>
<![CDATA[ecmascript:
// Move a shape in a straight path
function set_fraction( fraction, eventTime ) {
    value_changed[0] = fraction;        // X component
    value_changed[1] = fraction;        // Y component
    value_changed[2] = 0.0;             // Z component
}]]></Script>
  </Group><!--Any one of the three Mover script alternatives can drive
    the ball - modify both ROUTEs to test --><ROUTE
    fromField="fraction_changed" fromNode="Clock"
    toField="set_fraction" toNode="MoverUsingContainedScript"/>
  <ROUTE fromField="value_changed"
    fromNode="MoverUsingContainedScript" toField="set_translation" toNode="BallTransform"/>
</Scene>
```

X3D 机场项目案例设计如下，在 X3D 虚拟现实技术文件中的 Scene 根节点下添加 Background 节点和 Shape 节点，背景节点的颜色取银白色，以突出“飞机”造型飞行的显示效果，并伴有隆隆的轰鸣声。X3D 虚拟现实 Script 节点动画场景程序运行如下，首先，启动 Xj3d-browser 浏览器，然后在 Xj3d2.0 浏览器中，单击“Open”按钮，选择“X3D 案例源代码/第 14 章案例源代码/px3d14-1.x3d”路径，即可运行虚拟现实 X3D 机场项目案例设计动画场景程序，运行后的场景效果如图 14-2 所示。

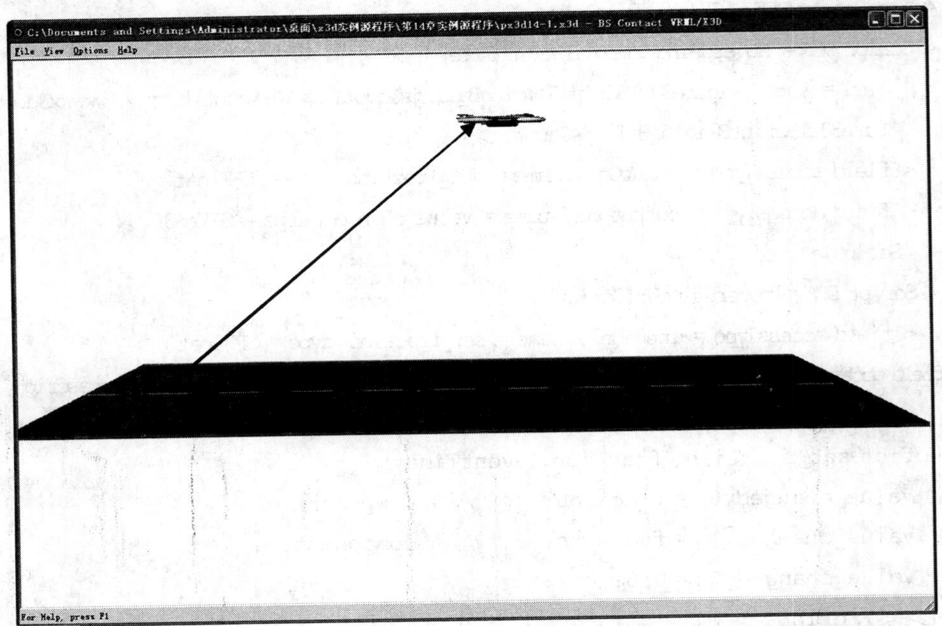

图 14-2　X3D 机场项目飞机飞行的动画效果图

14.4　X3D 茶具项目案例设计

茶是中华民族之饮，发于神农，闻于鲁周公，兴于唐朝，盛于宋代。中国茶文化糅合了中国儒、道、佛诸派思想独成一体，是中国文化中的一朵奇葩，芬芳而甘醇。

X3D 茶具项目案例设计根据我国茶文化特色，开发设计一套三维立体茶具，有茶盘、茶壶、茶碗等器皿。运用 X3D 虚拟现实技术把中国古老茶文化展示给世人，把“虚拟”和“现实”世界有机结合。

14.4.1　X3D 茶具项目开发设计

X3D 茶具项目案例设计是按照软件工程开发思想，利用传统瀑布模型、原型法模型以及现代渐进式模型进行开发、设计和编码。利用 X3D 虚拟现实技术创建三维立体茶具场景和造型，开发和设计更加逼真的茶壶、茶碗和茶盘三维立体场景效果。

X3D 茶具项目案例设计是利用软件工程思想开发设计，采用渐进式软件开发模式对虚拟现实 X3D 茶具项目进行开发、设计、编码、调试和运行。X3D 茶具项目案例设计按照需求分析、总体设计、详细设计和编码过程，循序渐进不断完善软件的项目开发。

X3D 茶具项目案例设计由背景、茶壶、茶碗以及茶盘等三维造型设计组成，体现中国茶文化特色。采用模块化、组件化以及面向对象的设计思想，开发设计层次清晰、结构合理的虚拟现实 X3D 茶具项目案例。X3D 茶具项目案例设计层次结构，如图 14-3 所示。

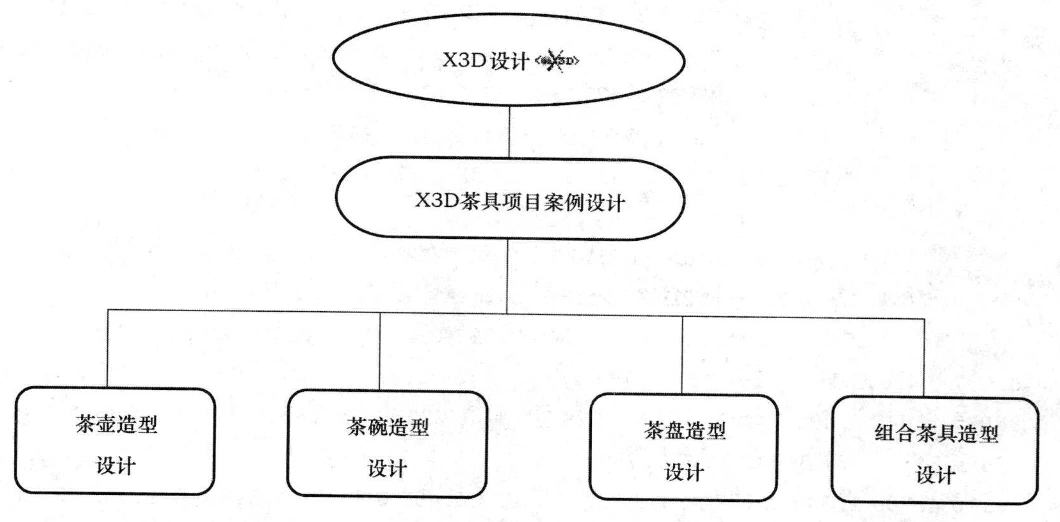

图 14-3 X3D 茶具项目案例设计层次结构图

14.4.2 X3D 茶具源代码

X3D 茶具项目案例设计，在 X3D 设计中利用 CAD 组件可以实现更加方便、灵活的三维立体造型和场景的开发与设计，使用 CAD 组件开发设计出更加生动、鲜活、逼真的 X3D 虚拟现实动画场景。在 CAD 组件节点设计中，使用 X3D 节点、面节点、坐标变换节点、背景节点以及 CAD 组件节点进行设计和开发。

【实例 14-2】 X3D 茶具项目案例设计，在 X3D 设计中利用 CAD 组件节点创建三维立体场景。CAD 组件节点场景设计 X3D 文件 px3d14-2.x3d 源代码展示如下：

```
<Scene>
    <! -- Scene graph nodes are added here -- >
    <Background skyColor="1 1 1"/>
  <Viewpoint description='Hello CAD teapot'  position=' 0 5 35'/>
  <Transform translation="2.2 -2 0" rotation='0 1 0 3.141'>
  <CADAssembly>
    <CADPart name='Body'>
      <CADFace>
        <Shape containerField='shape'>
          <Appearance DEF='APP01'>
            <Material diffuseColor='0.8 0.6 0.5'/>
          </Appearance>
                        <IndexedFaceSet ccw='true' coordIndex='0 5 6 -1 6 1 0 -1
          1 6 7 -1 7 2 1 -1 2 7 8 -1 8 3 2 -1 3 8 9 -1 9 4 3 -1 5 10 11 -1 11 6 5 -1 6
          11 12 -1 12 7 6 -1 7 12 13 -1 13 8 7 -1 8 13 14 -1 14 9 8 -1 10 15 16 -1 16
          11 10 -1 11 16 17 -1 17 12 11 -1 12 17 18 -1 18 13 12 -1 13 18 19 -1 19 14
```

```
13 -1 15 20 21 -1 21 16 15 -1 16 21 22 -1 22 17 16 -1 17 22 23 -1 23 18 17 -
1 18 23 24 -1 24 19 18 -1 20 25 26 -1 26 21 20 -1 21 26 27 -1 27 22 21 -1 22
27 28 -1 28 23 22 -1 23 28 29 -1 29 24 23 -1 25 30 31 -1 31 26 25 -1 26 31
32 -1 32 27 26 -1 27 32 33 -1 33 28 27 -1 28 33 34 -1 34 29 28 -1 30 35 36 -
1 36 31 30 -1 31 36 37 -1 37 32 31 -1 32 37 38 -1
                    ⋮
  -1 208 254 207 -1 254 208 209 -1 209 255 254 -1 255 209 210 -1 210 256 255 -1
256 210 211 -1 211 211 256 -1' creaseAngle='0.5' solid='true'>
      <Coordinate point='4.548 7.797 0 4.485 8.037 0 4.558 8.116 0 4.708
8.037 0 4.873 7.797 0 4.196 7.797 1.785 4.137 8.037 1.76 4.205 8.116 1.789 4.343
8.037 1.848 4.495 7.797 1.913 3.229 7.797 3.229 3.184 8.037 3.184 3.236 8.116 3.
236 3.343 8.037 3.343 3.46 7.797 3.46 1.785 7.797 4.196 1.76 8.037 4.137 1.789
8.116 4.205 1.848 8.037 4.343 1.913 7.797 4.495 0 7.797 4.548 0 8.037 4.485 0 8.
116 4.558 0 8.037 4.708 0 7.797 4.873 -1.908 7.797 4.196 -1.812 8.037 4.137
                 ⋮
    72 0 0.04188 -2.714 1.869 0.3084 -4.393 1.638 0.1523 -3.849 1.065 0.
04188 -2.504 3.381 0.3084 -3.381 2.962 0.1523 -2.962 1.927 0.04188 -1.927
4.393 0.3084 -1.869 3.849 0.1523 -1.638 2.504 0.04188 -1.065'/>
        </IndexedFaceSet>
      </Shape>
    </CADFace>
  </CADPart>
  <CADPart name='Spout'>
    <CADFace>
      <Shape containerField='shape'>
        <Appearance USE='APP01'/>
        <IndexedFaceSet ccw='true' coordIndex='0 5 6 -1 6 1 0 -1 1 6 7 -1
7 2 1 -1 2 7 8 -1 8 3 2 -1 3 8 9 -1 9 4 3 -1 5 10 11 -1 11 6 5 -1 6 11 12 -1 12 7 6 -
1 7 12 13 -1 13 8 7 -1 8 13 14 -1 14 9 8 -1 10 15 16 -1 16 11 10 -1 11 16 17 -1 17
12 11 -1 12 17 18 -1 18 13 12 -1 13 18 19 -1 19 14 13 -1 15 20 21 -1 21 16 15 -1 16
21 22 -1 22 17 16 -1 17 22 23 -1 23 18 17 -1 18 23 24 -1 24 19 18 -1 20 25 26 -1 26
21 20 -1 21 26 27 -1 27 22 21 -1 22 27 28 -1 28 23
                    ⋮
    39 68 -1 68 64 34 -1 64 68 69 -1 69 65 64 -1 65 69 70 -1 70 66 65 -1 66 70 71
  -1 71 67 66 -1 39 4 40 -1 40 68 39 -1 68 40 41 -1 41 69 68 -1 69 41 42 -1 42 70 69
  -1 70 42 43 -1 43 71 70 -1' creaseAngle='0.5' solid='true'>
        <Coordinate point='5.523 4.629 0 7.081 4.987 0 7.756 5.848 0 8.
127 6.891 0 8.771 7.797 0 5.523 4.211 1.206 7.2 4.677 1.089 7.908 5.667 0.8314 8.
312 6.825 0.5739 9.076 7.797 0.4568 5.523 3.289 1.608 7.462 3.994 1.452 8.243 5.
```

```
269 1.109 8.72 6.681 0.7652 9.746 7.797 0.6091 5.523
                                    ⋮
        10.19 7.797 0.2741 11.09 7.977 0 11.14 8.048 0 10.89 7.994 0 10.4
    7.797 0 10.77 7.97 - 0.4283 10.83 8.037 - 0.3655 10.63 7.984 - 0.3027
    10.19 7.797 - 0.2741 10.05 7.955 - 0.571 10.16 8.014 - 0.4873 10.06 7.
    964 - 0.4035 9.746 7.797 - 0.3655 9.331 7.94 - 0.4283 9.483 7.99 - 0.3655
    9.488 7.943 - 0.3027 9.299 7.797 - 0.2741'/>
   </IndexedFaceSet>
  </Shape>
 </CADFace>
</CADPart>
<CADPart name = 'Handle'>
 <CADFace>
  <Shape containerField = 'shape'>
   <Appearance USE = 'APP01'/>
   <IndexedFaceSet ccw = 'true' coordIndex = '0 5 6 - 1 6 1 0 - 1 1 6 7 - 1 7 2 1
- 1 2 7 8 - 1 8 3 2 - 1 3 8 9 - 1 9 4 3 - 1 5 10 11 - 1 11 6 5 - 1 6 11 12 - 1 12 7 6 - 1 7
12 13 - 1 13 8 7 - 1 8 13 14 - 1 14 9 8 - 1 10 15 16 - 1 16 11 10 - 1 11 16 17 - 1 17 12 11
- 1 12 17 18 - 1 18 13 12 - 1 13 18 19 - 1 19 14 13 - 1 15 20 21 - 1 21 16 15 - 1 16 21
22 - 1 22 17 16 - 1 17 22 23 - 1 23 18 17
                                    ⋮
        - 1 29 34 64 - 1 64 60 29 - 1 60 64 65 - 1 65 61 60 - 1 61 65 66 - 1 66 62 61 - 1 62 66 67
    - 1 67 63 62 - 1 34 39 68 - 1 68 64 34 - 1 64 68 69 - 1 69 65 64 - 1 65 69 70 - 1 70 66 65 - 1
    66 70 71 - 1 71 67 66 - 1 39 4 40 - 1 40 68 39 - 1 68 40 41 - 1 41 69 68 - 1 69 41 42 - 1 42 70
    69 - 1 70 42 43 - 1 43 71 70 - 1' creaseAngle = '0.5' solid = 'true'>
  <Coordinate point = '- 5.198 6.578 0 - 6.715 6.567 0 - 7.837 6.487 0 - 8.533 6.27 0 - 8.771
5.848 0 - 5.147 6.693 0.5482 - 6.761 6.679 0.5482 - 7.945 6.587 0.5482 - 8.675 6.336 0.5482 - 8.924 5.
848 0.5482 - 5.035 6.944 0.7309 - 6.86 6.927 0.7309 - 8.182 6.807 0.7309 - 8.987 6.481 0.7309
                                    ⋮
        - 7.759 2.815 0 - 6.172 1.949 0 - 9.392 4.84 - 0.5482 - 8.774 3.859 -
    0.5482 - 7.724 2.936 - 0.5482 - 6.223 2.101 - 0.5482 - 9.087 4.98 - 0.
    7309 - 8.558 4.073 - 0.7309 - 7.648 3.201 - 0.7309 - 6.335 2.436 - 0.7309
    - 8.783 5.121 - 0.5482 - 8.342 4.288 - 0.5482 - 7.572 3.466 - 0.5482 - 6.
    446 2.771 - 0.5482'/>
   </IndexedFaceSet>
  </Shape>
 </CADFace>
</CADPart>
<CADPart name = 'Lid'>
```

```
<CADFace>
  <Shape containerField='shape'>
    <Appearance USE='APP01'/>
    <IndexedFaceSet ccw='true' coordIndex='0 0 5 -1 5 1 0 -1 1 5 6 -1 6 2 1 -1 2 6 7 -1 7 3
2 -1 3 7 8 -1 8 4 3 -1 0 0 9 -1 9 5 0 -1 5 9 10 -1 10 6 5 -1 6 10 11 -1 11 7 6 -1 7 11 12 -1 12 8 7
-1 0 0 13 -1 13 9 0 -1 9 13 14 -1 14 10 9 -1 10 14 15 -1 15 11 10 -1 11 15 16 -1 16 12 11 -1 0 0
17 -1 17 13 0 -1 13 17 18 -1 18 14 13 -1 14 18 19 -1 19 15 14 -1 15 19 20 -1
                ⋮
            064 125 -1 125 121 60 -1 121 125 126 -1 126 122 121 -1 122 126 127 -1 127 123 122 -
        1 123 127 128 -1 128 124 123 -1 64 4 65 -1 65 125 64 -1 125 65 66 -1 66 126 125 -1 126 66 67
        -1 67 127 126 -1 127 67 68 -1 68 128 127 -1' creaseAngle='0.5' solid='true'>
    <Coordinate DEF='Teapot01-COORD' point='0 10.23 0 1.107 10.07 0 1.056
9.685 0 0.6396 9.205 0 0.6497 8.771 0 1.021 10.07 0.4355 0.9743 9.685 0.4154 0.
5901 9.205 0.2514 0.5994 8.771 0.255 0.7867 10.07 0.7867 0.7505 9.685 0.7505 0.
4544 9.205 0.4544 0.4613 8.771 0.4613 0.4355 10.07 1.021 0.4154 9.685 0.9743 0.
2514 9.205 0.5901 0.255 8.771 0.5994 0 10.07 1.107 0 9.685
                ⋮
                72 1.474 8.086 -3.465 1.658 7.797 -3.896 1.052 8.482 -1.052 1.903 8.284
              -1.903 2.667 8.086 -2.667 2.998 7.797 -2.998 1.367 8.482 -0.5818 2.472 8.
              284 -1.052 3.465 8.086 -1.474 3.896 7.797 -1.658'/>
          </IndexedFaceSet>
        </Shape>
      </CADFace>
    </CADPart>
  </CADAssembly>
</Transform>
<Transform translation="2.2 -2 0" rotation='0 1 0 3.141' scale='1.5 1.5 1.5'>
      <Inline url="plate.x3d"/>
</Transform>
<Transform translation="2.2 1 10" rotation='0 1 0 0' scale='0.1 0.1 0.1'>
      <Inline url="bowl.x3d"/>
</Transform>
<Transform translation="-12.2 1 -2" rotation='0 1 0 0' scale='0.1 0.1 0.1'>
      <Inline url="bowl.x3d"/>
</Transform>
<Transform translation="-5.2 1 10" rotation='0 1 0 0' scale='0.1 0.1 0.1'>
      <Inline url="bowl.x3d"/>
</Transform>
<Transform translation="8.2 1 5" rotation='0 1 0 0' scale='0.1 0.1 0.1'>
```

```
        <Inline url="bowl.x3d"/>
    </Transform>
    <Transform translation="-10.2 1 5" rotation='0 1 0 0' scale='0.1 0.1 0.1'>
        <Inline url="bowl.x3d"/>
    </Transform>
</Scene>
```

X3D茶具项目案例设计如下，在X3D文件设计中CAD组件节点源文件中的Scene根节点下添加Background节点和Shape节点，背景节点的颜色取银白色，以突出造型的显示动画效果。X3D虚拟现实CAD组件节点场景程序运行如下，首先，启动Xj3d-browser浏览器，然后在Xj3d2.0浏览器中，单击“Open”按钮，选择“X3D案例源代码/第16章案例源代码/px3d16-1.x3d”路径，即可运行X3D茶具项目案例设计场景程序，运行后的场景效果如图14-4所示。

图14-4 X3D茶具项目案例设计场景效果图

第15章 X3D虚拟人信息地理设计

15.1 X3D虚拟人信息地理分析设计

15.1.1 虚拟人分析

虚拟人(Visual Human)是通过数字技术模拟真实的人体器官而合成的三维模型。这种模型不仅具有人体外形以及肝脏、心脏、肾脏等各个器官的外貌,而且具备各器官的新陈代谢机能,能较为真实地显示出人体的正常生理状态和出现的各种变化。

科学家所做的工作就是先要选取一具尸体,将尸体冷冻用精密切削刀将尸体横向切削成0.2 mm薄片,并利用数码相机和扫描仪对已切片的切面进行拍照、分析,之后将数据输入计算机,最后由计算机合成三维的立体人类生理结构数字模型。随后科学家将把数据、生物物理和其他模型以及高级计算法整合成一个研究环境,然后在这种环境中观察人体对外界刺激的反应。不过这位“虚拟人”没有感觉和思想,但它们的生物数据和人相同,可以开展无法在自然人身上进行的一系列诊断与治疗研究。

15.1.2 X3D虚拟人运动分析

X3D虚拟人运动设计原理是从虚拟人在三维立体空间的运动学和动力学的特性出发,将虚拟人的各肢体进行抽象,简化为简单的刚性几何实体,关节抽象为一个球体,通过肢体连动杆实现运动设计。为描述人体骨架模型中各关节之间的相对位置和姿态的变化,定义了3类坐标系:世界坐标系、虚拟人体基坐标系和各关节的局部坐标系。

(1) 人体运动系统分析

人体的运动结构由骨骼、骨连接及骨肌肉通过运动关节实现人体行为运动。骨骼外附着肌肉和皮肤,可跟随骨骼一起运动。人体行为动作不是由骨骼自身的变化引起,而是由连接在关节上的骨骼肌肉驱动引发肢体位置和方向的变化。身体的各部分在大脑中枢神经系统的统一协调控制下进行运动,从而使骨骼的相对位置发生变化产生位移。人体主要活动常用的是人体9个肢体部分,包括:手、脚、前臂、上臂、大腿、小腿、躯干、头和颈。把人体高

度抽象形成骨架模型，表示为一组关节和肢体的集合。将人体简化为 17 个关节，37 个自由度，把人体关节统一视为球形关节，在具体应用中加以约束，使之限制在合理的行为运动范围内。

虚拟三维人体运动设计中，考虑人体运动学和动力学原理和特征，虚拟人行为运动关键在于关节和肢体的运动，而运动依靠坐标定位实现位置移动。描述虚拟人行为运动定义 3 个坐标系：世界坐标系，即笛卡儿坐标系、虚拟人体基坐标系和各关节的局部坐标系。X3D 虚拟现实人体运动设计原理，如图 15-1 所示。

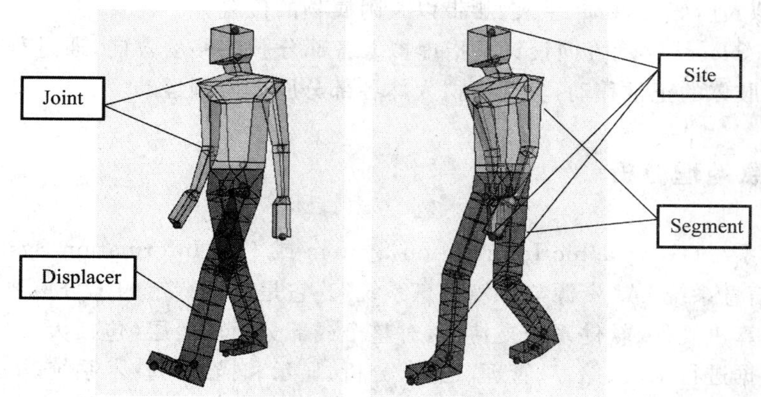

图 15-1　X3D 虚拟现实人运动设计原理图

(2) 虚拟人坐标系的设定

取虚拟人腰部关节为人体质点，在此处设置虚拟人体基坐标系，设水平面与额状面的交线为 X 轴，额状面与矢状面的交线为 Z 轴，水平面与矢状面的交线为 Y 轴，使之与世界坐标系各轴的方向保持一致。各关节的局部坐标系，取关节轴线方向为 Z 正方向，取上一关节和该关节的连线方向为 X 轴正方向，然后按照右手法则确定 Y 轴正方向。另外，规定各肢体绕每个坐标轴转动时，从该轴的正方向看，逆时针方向为正，顺时针方向为负；并设定虚拟人体的起始姿态为直立姿态，所有的动作角度均为相对于初始姿态的角度。

虚拟人运动节点设计主要包括：HAnimHumanoid 节点作为整个虚拟人运动对象的容器、HAnimSegment 肢体各部分、HAnimJoint 身体关节、HAnimSite 动力学及位置、HAnimDisplacer 肢体移动方向等。X3D 虚拟人运动设计节点层次图，如图 15-2 所示。

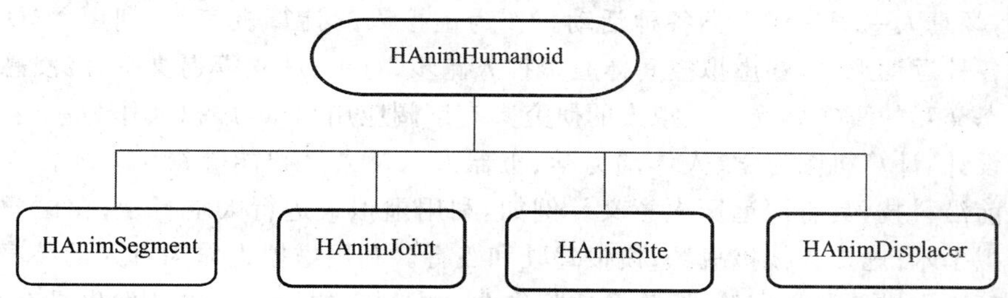

图 15-2　X3D 虚拟人运动设计节点层次图

(3) HAnimHumanoid 人运动对象设计

虚拟人设计中的人运动对象的容器，主要用来存储涉及的 HAnimJoint、HAnimSegment、Viewpoint 节点,以及其他一些信息。

HAnimSegment 身体各部分设计是指虚拟人身体各个部分设计,主要针对人体的躯干、四肢体、头颅以及颈部等人体肢体部分进行设计。

HAnimJoint 身体中关节设计是指虚拟人身体中各个部分关节设计,主要对人体的肢体连接部分进行设计,根据身体中肢体各个部分运动的自由度的不同,设计虚拟人肢体相应的运动形态。

HAnimSite 位置设计是指根据反向动力学系统原理设计虚拟人身体中各个肢体的运动位置,以及虚拟人所佩带首饰、手表、腰带以及附属物的位置。

HAnimDisplacer 移动方向设计是指虚拟人各部分肢体移动方向,通过程序控制身体每一个部分实现肢体的正常移动,实现虚拟人体各部分肢体协调运动。

15.1.3 信息地理分析

地理信息系统(Geographic Information System 或 Geo-Information System,GIS)有时又称为"地学信息系统"或"资源与环境信息系统"。它是一种特定的十分重要的空间信息系统。它是在计算机硬件、软件系统支持下,对整个或部分地球表层(包括大气层)空间中的有关地理分布数据进行采集、储存、管理、运算、分析、显示和描述的技术系统。

地理信息系统既是管理和分析空间数据的应用工程技术,又是跨越地球科学、信息科学和空间科学的应用基础学科。其技术系统由计算机硬件、软件和相关的方法过程所组成,用以支持空间数据的采集、管理、处理、分析、建模和显示,以便解决复杂的规划和管理问题。

地理信息系统处理、管理的对象是多种地理空间实体数据及其关系,包括空间定位数据、图形数据、遥感图像数据、属性数据等,用于分析和处理在一定地理区域内分布的各种现象和过程,解决复杂的规划、决策和管理问题。

15.2 X3D 虚拟人运动项目案例设计

X3D 虚拟人运动设计是利用虚拟现实技术对三维立体虚拟空间场景、人物及造型进行设计开发,主要针对虚拟人的建模、运动行为进行开发与设计。虚拟人是由计算机生成三维实体模型,像真人一样完成人类各种活动。作为虚拟人的计算机表示,利用 X3D 虚拟现实技术实现各种运动形式,在虚拟空间体验虚拟人跑步、行走、站立等逼真感、沉浸感以及身临其境的动态交互的真实感受。虚拟人的研究具有广阔应用前景,虚拟人作为一门新兴学科,涉及动画设计、计算机图形学、人体动力学、机器人以及人工智能等领域。虚拟人的研究是计算机的前沿科技,具有深远历史意义。例如,利用虚拟人进行太空行走;在医学上代替真人接受模拟手术;虚拟人模拟战场;模拟驾驶和飞行。利用虚拟人作为真人的替身在人类无法达到的环境中进行科学实验、探险及危险作业。虚拟人的设计可以开发出具有真实感、运动控制能力的逼真虚拟人。

15.2.1 X3D虚拟人运动项目案例开发设计

X3D虚拟人的研究具有广阔应用前景，虚拟人作为一门新兴学科，涉及动画设计、计算机图形学、人体动力学、机器人以及人工智能等领域。虚拟人的研究是计算机的前沿科技，具有深远历史意义。首先，对虚拟人进行建模；然后，对虚拟人进行各种运动设计。虚拟现实人运动设计是利用虚拟现实技术对三维立体虚拟立体空间场景、人物及造型进行设计开发，是对虚拟人的建模、运动行为的设计开发。虚拟人是由计算机生成三维实体模型，像真人一样完成人类各种活动，利用虚拟现实技术实现各种运动形式。作为虚拟人的计算机表示，在虚拟空间体验虚拟人运动的逼真感和沉浸感。

X3D虚拟人运动设计是利用虚拟人运动学、动力学原理，将虚拟人行走分为两个部分。首先设计虚拟人行走运动，其次设计虚拟人行走的路径，完成整个虚拟人行走全过程。在虚拟蓝天白云三维立体空间中虚拟人在休闲漫步、呼吸自然清新的空气、感受大自然壮丽景色。虚拟人行走场景设计包括：休闲广场设计、虚拟人设计、虚拟人运动设计、绿地设计、路灯设计、雕像设计、路面设计等，创建逼真的、生动的、可交互的、自由行走的虚拟人三维立体空间场景。采用模块化、组件化以及面向对象的设计思想，层次清晰、结构合理的虚拟人行走运动三维立体场景设计。X3D虚拟人运动场景设计层次结构，如图15-3所示。

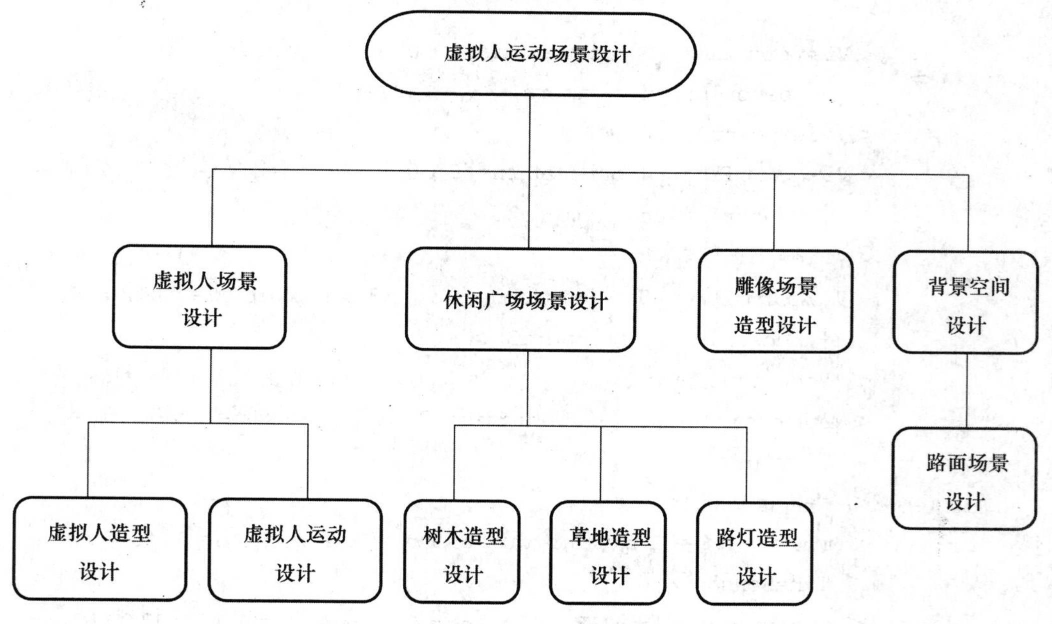

图15-3 X3D虚拟人运动设计层次结构图

虚拟人行走运动设计原理是将虚拟人的各肢体进行抽象，简化为简单的刚性几何实体，关节抽象为一个球体，通过肢体连动杆实现运动设计。首先，对人体各个肢体进行建模，如头颅、躯干、四肢以及手脚等，然后根据人体运动学原理和HAnimHumanoid、HAnimJoint、HAnimSegment、Viewpoint等节点数据结构设计虚拟人行走运动。

15.2.2 X3D 虚拟人运动项目案例源代码

虚拟人运动场景设计利用 X3D 几何节点、复杂节点、动态智能感知节点等开发设计休闲广场、虚拟人造型、虚拟人运动设计、路面、绿地设计、路灯设计、雕像设计等。虚拟人运动设计主程序，在一个休闲广场上设计几个虚拟人，在蓝天白云背景下悠闲地散步，享受大自然赋予的新鲜空气和美景。

【实例 15-1】 X3D 虚拟人运动场景设计，利用 X3D 视点节点、几何节点、纹理节点、复杂节点进行开发与设计编写源程序，使用 X3D 背景节点、Box 节点、面节点、动态智能感知节点以及内联节点等设计编写，源程序展示如下。

(1) X3D 虚拟人运动场景设计源程序 px3d15-1. x3d 主程序：

```
<Scene>
        <DirectionalLight DEF ="_1" ambientIntensity ='1' color ='1 1 1' direction ='0 -1 0'
            intensity ='0' on ='true' global ='true'>
        </DirectionalLight>
        <Background DEF ="_2" skyAngle ='1.309,1.571,1.571' skyColor ='1 1 1,0.2 0.2 1,1 1 1,1
                1 1'>
        </Background>
        <Viewpoint DEF ="_3" orientation ='0 1 0 -0.785' position ='22 2 2'
            description ="camera1">
        </Viewpoint>
        <Viewpoint DEF ="_4" orientation ='0 1 0 -2.571' position ='22 2 -20'
            description ="camera2">
        </Viewpoint>
        <Viewpoint DEF ="_5" orientation ='0 1 0 -3.841' position ='112 2 -88'
            description ="camera3">
        </Viewpoint>
        <NavigationInfo DEF ="_6" avatarSize ='0.5,1,6' headlight ='true' speed ='1'
            type ='"WALK","ANY"'>
        </NavigationInfo>
        <TimeSensor DEF ="T1" cycleInterval ='80' loop ='true' startTime ='0' stopTime ='-1'>
        </TimeSensor>
        <PositionInterpolator DEF ="PI_1" key ='0,1' keyValue ='1 4 22,112 0 -88'>
        </PositionInterpolator>
        <Viewpoint DEF ="VP_1" orientation ='0 1 0 -0.785' position ='97.975 0.505405 -74.1014'
            description ="AutoNavigation -1">
        </Viewpoint>
        <Group DEF ="_7">
            <Background skyColor ='0.2 0.3 0.6'>
```

```
    </Background>
    <Transform DEF="man1" rotation='0 1 0 2.30' scale='1.5 1.5 1.5' translation='27
            0 -5'>
        <Inline DEF="_8" url="./walk/walk.x3d" bboxCenter='-0.0113494 0.880689
        0.043156' bboxSize='0.52406 1.74603 0.651141'>
        </Inline>
    </Transform>
    <TimeSensor DEF="Time" cycleInterval='88' loop='true'>
    </TimeSensor>
    <PositionInterpolator DEF="walk1" key='0,0.2,0.4,0.5,0.6' keyValue='27 0 -5,56
        0 -35,112 0 -88,56 -100 -35,27 0 -5'>
    </PositionInterpolator>
</Group>
<Group DEF="_9">
    <Background skyColor='0.2 0.3 0.6'>
    </Background>
    <Transform DEF="man2" rotation='0 1 0 2.30' scale='1.5 1.5 1.5' translation='30
        0 -5'>
        <Inline DEF="_10" url="./walk/walk.x3d" bboxCenter='-0.0113494 0.880689
            0.043156' bboxSize='0.52406 1.74603 0.651141'>
        </Inline>
    </Transform>
    <TimeSensor DEF="Time_1" cycleInterval='98' loop='true'>
    </TimeSensor>
    <PositionInterpolator DEF="walk2" key='0.6,0.7,0.8,0.9,1' keyValue='30 0 -5,60
            0 -35,118 0 -88,56 -100 -35,30 0 -5'>
    </PositionInterpolator>
</Group>
<Transform rotation='0 1 0 -0.785' scale='1.5 1.5 1.4' translation='52 -0.03 4'>
    <Inline DEF="_11" url="pguiha-005.x3d" bboxCenter='-0.0137992 1.35195
        -8.20235' bboxSize='24.6124 2.7039 21.1093'>
    </Inline>
</Transform>
<Transform rotation='0 1 0 -0.785' scale='1 1 1' translation='80 -0.1 -40'>
    <Inline DEF="_12" url="prxd1-2.x3d" bboxCenter='0 0 0' bboxSize='150 0.1 150'>
    </Inline>
</Transform>
<Transform rotation='0 1 0 -0.785' scale='1.5 1.5 1.5' translation='78 0 -22'>
    <Inline DEF="_13" url="pguiha-005.x3d" bboxCenter='-0.0137992 1.35195
```

```
            -8.20235' bboxSize='24.6124 2.7039 21.1093'>
        </Inline>
    </Transform>
    <Transform rotation='0 1 0 -0.785' scale='1.51 1.5 1.5' translation='105 0 -48.5'>
        <Inline DEF="_14" url="pguiha-005.x3d" bboxCenter='-0.0137992 1.35195
            -8.20235' bboxSize='24.6124 2.7039 21.1093'>
        </Inline>
    </Transform>
    <Transform rotation='0 1 0 -3.926' scale='1.78 1.5 1.5' translation='31 0 -51'>
        <Inline DEF="_15" url="pguiha-005.x3d" bboxCenter='-0.0137992 1.35195
            -8.20235' bboxSize='24.6124 2.7039 21.1093'>
        </Inline>
    </Transform>
    <Transform rotation='0 1 0 -3.926' scale='1.78 1.5 1.5' translation='57.5 0 -77.5'>
        <Inline DEF="_16" url="pguiha-005.x3d" bboxCenter='-0.0137992 1.35195
            -8.20235' bboxSize='24.6124 2.7039 21.1093'>
        </Inline>
    </Transform>
    <Transform rotation='0 1 0 -3.926' scale='1.78 1.5 1.5' translation='84 0 -104'>
        <Inline DEF="_17" url="pguiha-005.x3d" bboxCenter='-0.0137992 1.35195
            -8.20235' bboxSize='24.6124 2.7039 21.1093'>
        </Inline>
    </Transform>
    <Transform rotation='0 1 0 -2.356' scale='1.8 1.8 1.8' translation='83.5 2 -35'>
        <Inline DEF="_18" url="diaoxiang1.x3d" bboxCenter='0 0.525 0' bboxSize='1.5
            3.05 2.48982'>
        </Inline>
    </Transform>
    <ROUTE fromNode="T1" fromField="fraction_changed" toNode="PI_1"
        toField="set_fraction"/>
    <ROUTE fromNode="PI_1" fromField="value_changed" toNode="VP_1"
        toField="set_position"/>
    <ROUTE fromNode="Time" fromField="fraction_changed" toNode="walk1"
        toField="set_fraction"/>
    <ROUTE fromNode="walk1" fromField="value_changed" toNode="man1"
        toField="set_translation"/>
    <ROUTE fromNode="Time_1" fromField="fraction_changed" toNode="walk2"
        toField="set_fraction"/>
    <ROUTE fromNode="walk2" fromField="value_changed" toNode="man2"
        toField="set_translation"/>
```

```
</Scene>
```

（2）X3D 虚拟人运动场景造型设计，在主程序中利用内联节点实现子程序调用，在子程序中使用复杂节点和造型外观材料节点创建休闲广场和绿化场景和造型，虚拟现实 X3D 休闲广场、绿化和树木造型源程序 pguihua-005. x3d 子程序：

```
<Scene>
        <NavigationInfo DEF="_1" type='"EXAMINE","ANY"'>
        </NavigationInfo>
        <Transform DEF="wan90" rotation='0 1 0 -1.781' translation='10 0 0'>
            <Shape>
                <Appearance>
                    <Material diffuseColor='0.5 0.55 0.5'>
                    </Material>
                </Appearance>
                <Extrusion containerField="geometry" convex='false' creaseAngle='0.785'
                        crossSection='0 0,0 0.2,1 0.2,1 0' solid='false' spine='1 0
                  0,0.92 0 -0.38,0.71 0 -0.71,0.38 0 -0.92,0 0 -1,-0.38 0 -0.92'>
                </Extrusion>
            </Shape>
        </Transform>
        <Transform DEF="Heng1" rotation='0 1 0 -1.571' translation='0 0.1 1.48'>
            <Shape DEF="_2">
                <Appearance>
                    <Material diffuseColor='0.5 0.55 0.5'>
                    </Material>
                </Appearance>
                <Box containerField="geometry" DEF="_3" size='1 0.2 19.58'>
                </Box>
            </Shape>
        </Transform>
        <Transform DEF="Sh1" translation='11.47 0.1 -8.18'>
            <Shape>
                <Appearance>
                    <Material diffuseColor='0.5 0.55 0.5'>
                    </Material>
                </Appearance>
                <Box containerField="geometry" size='1 0.2 16'>
                </Box>
            </Shape>
        </Transform>
        <Transform rotation='0 1 0 -1.581' translation='-9.85 0 -10'>
```

```
        <Transform USE = "wan90"/>
    </Transform>
    <Transform rotation = '0 0 0 0' translation = ' - 22.9 0 - 0.045'>
        <Transform USE = "Sh1"/>
    </Transform>
    <Transform rotation = '0 1 0 - 3.142' translation = '0.05 0 - 16.4'>
        <Transform USE = "wan90"/>
    </Transform>
    <Transform rotation = '0 1 0 - 0.002' translation = '0 0 - 19.35'>
        <Transform USE = "Heng1"/>
    </Transform>
    <Transform rotation = '0 1 0 - 4.6813' translation = '10.3 0 - 6.35'>
        <Transform USE = "wan90"/>
    </Transform>
    <Transform rotation = '1 0 0 0' translation = '0 0.1 - 8'>
        <Shape>
            <Appearance>
                <ImageTexture url = '"image/grass3.jpg"'>
                </ImageTexture>
                <TextureTransform containerField = "textureTransform" scale = '6 6'>
                </TextureTransform>
            </Appearance>
            <IndexedFaceSet coordIndex = '0,1,2,3,0, - 1' solid = 'true'>
                <Coordinate point = '11 0 9,11 0 - 9.5, - 11 0 - 9.5, - 11 0 9'>
                </Coordinate>
            </IndexedFaceSet>
        </Shape>
    </Transform>
    <Transform scale = '0.5 0.55 0.5' translation = '10 0.8 0'>
        <Inline DEF = "_4" url = '"ptree1.x3d"' bboxCenter = '0 0 0' bboxSize = '2 2.8
            0.00138107'>
        </Inline>
    </Transform>
    <Transform scale = '0.5 0.55 0.5' translation = '5 0.8 0'>
        <Inline DEF = "_5" url = '"ptree1.x3d"' bboxCenter = '0 0 0' bboxSize = '2 2.8
            0.00138107'>
        </Inline>
    </Transform>
    <Transform scale = '0.5 0.55 0.5' translation = '0 0.8 0'>
        <Inline DEF = "_6" url = '"ptree1.x3d"' bboxCenter = '0 0 0' bboxSize = '2 2.8
```

```
            0.00138107'>
        </Inline>
    </Transform>
    <Transform scale='0.5 0.55 0.5' translation='-5 0.8 0'>
        <Inline DEF="_7" url=""ptree1.x3d"" bboxCenter='0 0 0' bboxSize='2 2.8
            0.00138107'>
        </Inline>
    </Transform>
    <Transform scale='0.5 0.55 0.5' translation='-10 0.8 0'>
        <Inline DEF="_8" url=""ptree1.x3d"" bboxCenter='0 0 0' bboxSize='2 2.8
            0.00138107'>
        </Inline>
    </Transform>
    <Transform scale='0.5 0.55 0.5' translation='10 0.8 -16.5'>
        <Inline DEF="_9" url=""ptree1.x3d"" bboxCenter='0 0 0' bboxSize='2 2.8
            0.00138107'>
        </Inline>
    </Transform>
    <Transform scale='0.5 0.55 0.5' translation='5 0.8 -16.5'>
        <Inline DEF="_10" url=""ptree1.x3d"" bboxCenter='0 0 0' bboxSize='2 2.8
            0.00138107'>
        </Inline>
    </Transform>
    <Transform scale='0.5 0.55 0.5' translation='0 0.8 -16.5'>
        <Inline DEF="_11" url=""ptree1.x3d"" bboxCenter='0 0 0' bboxSize='2 2.8
            0.00138107'>
        </Inline>
    </Transform>
    <Transform scale='0.5 0.55 0.5' translation='-5 0.8 -16.5'>
        <Inline DEF="_12" url=""ptree1.x3d"" bboxCenter='0 0 0' bboxSize='2 2.8
            0.00138107'>
        </Inline>
    </Transform>
    <Transform scale='0.5 0.55 0.5' translation='-10 0.8 -16.5'>
        <Inline DEF="_13" url=""ptree1.x3d"" bboxCenter='0 0 0' bboxSize='2 2.8
            0.00138107'>
        </Inline>
    </Transform>
    <Transform DEF="_14" scale='0.8 0.6 0.8' translation='-10 0.6 -15'>
        <Inline DEF="_15" url="pludeng.x3d" bboxCenter='0.0108965 1.36217 0.0981806'
```

```
            bboxSize = '1.43021 4.28865 0.414959'>
        </Inline>
    </Transform>
    <Transform scale = '0.8 0.6 0.6' translation = '-10 0.6 -12'>
        <Inline DEF = "_16" url = "pludeng.x3d" bboxCenter = '0.0108965 1.36217 0.0981806'
            bboxSize = '1.43021 4.28865 0.414959'>
        </Inline>
    </Transform>
    <Transform scale = '0.8 0.6 0.6' translation = '-10 0.6 -5'>
        <Inline DEF = "_17" url = "pludeng.x3d" bboxCenter = '0.0108965 1.36217 0.0981806'
            bboxSize = '1.43021 4.28865 0.414959'>
        </Inline>
    </Transform>
    <Transform scale = '0.8 0.6 0.6' translation = '-10 0.6 -2'>
        <Inline DEF = "_18" url = "pludeng.x3d" bboxCenter = '0.0108965 1.36217 0.0981806'
            bboxSize = '1.43021 4.28865 0.414959'>
        </Inline>
    </Transform>
</Scene>
```

X3D 虚拟人行走运动设计效果。虚拟人能够模仿人类行走的姿态在虚拟空间自由地漫步行走，在蓝天背景下的休闲广场上悠闲地散步。虚拟人运动行走场景造型设计运行程序如下，首先，启动 BS Contact VRML-X3D 7.2 浏览器，然后打开“X3D 源程序实例/第 15 章源程序实例/px3d15－1/px3d15-1. x3d”，即可运行 X3D 虚拟人运动行走场景造型，如图 15-4 所示。

图 15-4　X3D 虚拟人运动行走场景效果图

15.3 X3D 信息地理项目案例设计

X3D 信息地理项目案例设计利用信息地理节点、坐标变换节点、模型节点、视点节点构建一个三维立体信息地理系统造型，利用 X3D 虚拟现实技术在三维立体空间创建一个生动、逼真的信息地理效果。采用软件工程的思想对三维信息地理系统项目进行开发与设计，由总体设计、详细设计、编码测试以及运行维护等环节组成。使用灯光效果节点、坐标变换节点、背景节点、视点节点、模型节点、外观节点以及材料节点等进行开发与设计。

15.3.1 X3D 信息地理项目案例开发设计

X3D 信息地理项目案例设计利用坐标变换节点、模型节点以及信息地理节点创建三维立体信息地理场景和造型。X3D 信息地理场景造型设计由信息地理系统的山脉、海洋等构成。X3D 信息地理项目开发设计层次结构，如图 15-5 所示。

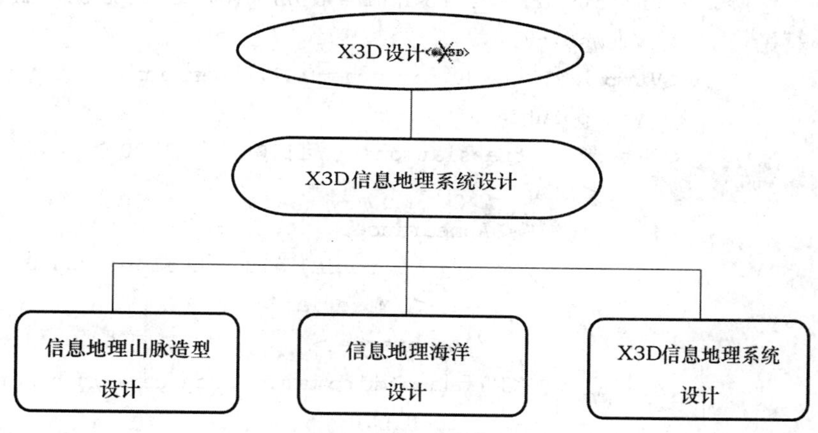

图 15-5 X3D 信息地理系统设计层次结构图

15.3.2 X3D 信息地理项目案例源代码

X3D 信息地理项目案例设计利用 X3D 信息地理节点实现信息地理系统的山脉造型和海洋造型设计，使信息地理三维立体造型更加逼真、生动和鲜活。在信息地理节点中，利用 ElevationGrid 设计信息地理系统中的三维立体山脉造型和海洋造型等。

【实例 15-2】 X3D 信息地理项目案例设计使用信息地理节点创建真实信息地理山脉。当用户运行 X3D 信息地理项目场景和造型时，会看到一个逼真的信息地理场景造型。X3D 信息地理项目场景造型设计 px3d13-3. x3d 源代码展示如下：

```
<Scene>
        <Background DEF = "_1" skyColor = '1 1 1'>
        </Background>
```

```
<Group DEF = "_2">
    <DirectionalLight DEF = "_3" direction = '1 - 1 1'>
    </DirectionalLight>
    <DirectionalLight DEF = "_4" direction = '0 - 1 1'>
    </DirectionalLight>
    <DirectionalLight DEF = "_5" direction = ' - 1 - 1 - 1'>
    </DirectionalLight>
    <NavigationInfo DEF = "_6" headlight = 'true'>
    </NavigationInfo>
    <Viewpoint DEF = "_7" position = '0 1952 35100' description = "Far Away">
    </Viewpoint>
    <Viewpoint DEF = "_8" orientation = ' - 1 0 0 1.570795' position = '0 35100
          0'
          description = "Overhead">
    </Viewpoint>
    <Viewpoint DEF = "_9" position = '0 976 11700' description = "On the Edge">
    </Viewpoint>
    <Viewpoint DEF = "_10" position = '0 976 0' description = "In the Middle">
    </Viewpoint>
    <Transform translation = ' - 11700 0 - 11700'>
          <Shape>
                <Appearance>
                      <Material diffuseColor = '0 1 0.5'>
                      </Material>
                </Appearance>
                <ElevationGrid containerField = "geometry" height = '82,19,0,0,
                      0,0,0,0,
                      0,0,0,0,
                      0,0,0,0,
                      0,0,0,0,
                      23,139,180,52,
                      126,304,311,163,
                      93,111,176,279,
                      388,300,131,243,
                      ⋮
                      120,73,148,181,
                      200,211,286,248,
                      262,293,289,301,
                      256,165,60,120,
                      121,69,91,43
                      'creaseAngle = '3' xDimension = ' 120' xSpacing = '195'
```

```
zDimension = ' 120' zSpacing = '195'>
                <Color containerField="color" color='0.002 0.167 0,0
                  0.116
                  0,0 0.02 0.8,0 0.02 0.8,
                  0 0.02 0.8,0 0.02 0.8,0 0.02 0.8,0 0.02 0.8,
                  ⋮
                  0.005 0.315 0,0.006 0.34 0,0.006 0.337 0,0.006 0.347
                  0,
                  0.005 0.31 0,0.003 0.235 0,0.001 0.149 0,0.002 0.198
                  0,
                  0.002 0.199 0,0.001 0.157 0,0.002 0.175 0,0.001 0.135
                  '>
                </Color>
              </ElevationGrid>
            </Shape>
          </Transform>
        </Group>
      </Scene>
```

X3D信息地理项目案例设计如下，在X3D Scene根节点下添加Background节点和Shape节点，背景节点的颜色取银白色，以突出造型的显示X3D信息地理场景效果。X3D信息地理项目案例场景运行如下，首先，启动Xj3d-browser浏览器，然后在Xj3d2.0浏览器中，单击"Open"按钮，选择"X3D案例源代码/第15章案例源代码/px3d15-2.x3d"路径，即可运行虚拟现实X3D信息地理项目场景，运行后的场景效果如图15-6所示。

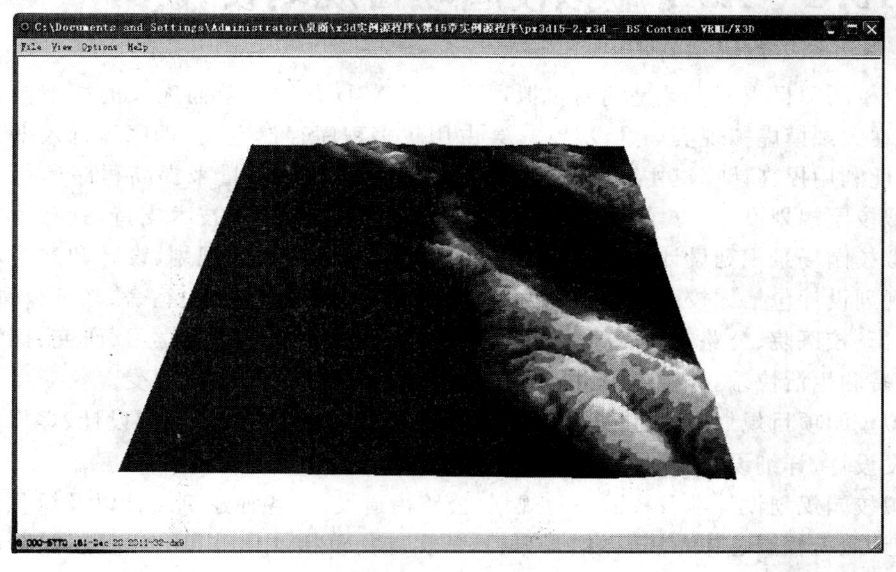

图15-6 X3D信息地理项目案例设计效果图

第16章 X3D虚拟现实综合项目案例

X3D虚拟现实综合项目案例开发与设计是运用软件工程思想开发虚拟校园项目进行规划、开发与设计，利用第二代网络程序设计语言X3D作为开发工具和平台，创建三维立体虚拟校园场景，使虚拟现实综合实例的开发与设计更加真实、生动感人，实现人和自然景观完美结合。虚拟校园项目开发包括虚拟校园规划设计、虚拟校园建筑场景设计、虚拟校园景观布局以及公路和绿化设计等，如校园规划设计、公路分布、绿化设计、行政楼、教学楼、实验楼、学生宿舍、教师公寓、学校超市、商业街、校医院设计等。为城市虚拟校园建设和规划提供一个虚拟现实三维立体平台，展示虚拟现实城市虚拟校园建筑规划设计。虚拟校园建设是为民造福的百年大计，需要有敏锐的洞察力和战略思想，利用虚拟现实技术，用最少投入换回最大的效益。在虚拟现实空间开发城市虚拟校园建筑规划设计，更直观、更能具体感受虚拟现实世界的无穷魅力，真正体验身临其境的感受。

16.1 X3D虚拟校园项目规划设计

虚拟校园项目规划设计是利用虚拟现实语言X3D开发复杂而庞大的城市校园工程建设设计，在大规模虚拟现实场景设计中，会占用较多程序存储空间，程序运行效率受到一定影响，为此利用提高计算机主频的速度，提高内存和显存的容量来提高程序运行速度和效率。虚拟校园规划设计为虚拟校园工程建设提供有效的低成本技术支持，具有远大发展前景。虚拟校园场景规划设计创建出逼真三维立体城市虚拟校园规划、设计和建筑场景。虚拟校园规划设计包括如校园规划设计、行政楼、教学楼、实验楼、学生宿舍、教师公寓、学校超市、商业街、校医院、公路布局、绿化设计等，在虚拟校园中可以感受学习、研究、探索、娱乐、购物、消费和生活快乐，体验虚拟世界给人们带来的身临其境的真实感受。

虚拟校园项目规划设计是一个复杂的系统工程，涵盖虚拟校园规划设计、虚拟校园项目总体开发设计、详细设计、编码、测试以及运行维护等。

虚拟校园规划设计涉及校园土地规划、公路街道设计、各种建筑设计以及绿化设计等组成，该设计涵盖校园总体布局、详细分布、具体实施。包括：中心广场、学校正门、行政楼、游泳馆、校门前广场、商业街、体育场、教学楼、实验楼、湖心公园、学生宿舍、教师公寓、教师家园、工业中心、图书馆、后勤集团、食堂、学校超市、公路布局以及绿化设计等。

虚拟校园建筑规划设计是由校园土地规划、公路街道设计、建筑设计以及绿化设计组

成。首先根据用户需求画出总体规划图，然后根据总体规划图绘制出计算机软件层次结构图，再根据软件层次结构图画出流程图，最后选用虚拟现实语言进行编码、调试和运行，做出合格软件开发项目产品。

16.2 X3D虚拟校园需求分析

软件工程项目开发中"需求分析"是指对要解决的项目问题进行详细的分析，弄清楚问题的要求，包括需要输入什么数据，要得到什么结果，最后应输出什么。可以说，"需求分析"就是确定所开发软件工程项目要"做什么"。

在软件工程中，需求分析指的是描写虚拟校园系统的开发目的、范围、定义和功能时所要做的所有的工作。需求分析是软件工程中的一个关键过程，在这个过程中系统分析员和软件工程师确定用户的需要，在确定了这些需要后才能够分析和寻求虚拟校园系统的解决方案。

在软件工程的历史中，很长时间里人们一直认为需求分析是整个软件工程中最简单的一个步骤，但在过去十年中越来越多的人认识到它是整个过程中最关键的一个过程。假如在需求分析时分析者们未能正确地认识到用户的需要的话，那么最后的软件实际上不可能达到用户的需要，或者软件无法在规定的时间里完工。

虚拟校园系统需求分析是一项重要的工作，也是最困难的工作。需求分析工作有以下特点。

(1) 用户与开发人员很难进行交流

在软件生存周期中，其他4个阶段都是面向软件的技术问题，只有本阶段是面向用户的。需求分析是对用户的业务活动进行分析，明确在用户的业务环境中软件系统应该"做什么"。但是在开始时，开发人员和用户双方都不能准确地提出系统要"做什么"，软件开发人员不是用户问题领域的专家，不熟悉用户的业务活动和业务环境，又不可能在短期内搞清楚；而用户不熟悉计算机应用的有关问题。由于双方互相不了解对方的工作，又缺乏共同语言，所以在交流时存在着隔阂。

(2) 用户的需求是动态变化的

对于一个大型而复杂的软件系统，用户很难精确、完整地提出它的功能和性能要求。一开始只能提出一个大概、模糊的功能，只有经过长时间的反复认识才逐步明确。有时进入到设计、编程阶段才能明确，更有甚者，到开发后期还在提新的要求。这无疑给软件开发带来困难。

(3) 系统变更的代价呈非线性增长

需求分析是软件开发的基础。假定在该阶段发现一个错误，解决它需要用一小时的时间，到设计、编程、测试和维护阶段解决，则要花2.5倍、5倍、25倍、100倍的时间。因此，对于大型复杂系统而言，首先要进行可行性研究。开发人员对用户的要求及现实环境进行调查、了解，从技术、经济和社会因素3个方面进行研究并论证该软件项目的可行性，根据可行性研究的结果，决定项目的取舍。

X3D虚拟校园系统软件的基本元素为构成虚拟校园及相关功能所必需的各种部分。其需求分析包括校园各种信息的提炼、分析和仔细审查已收集到的需求，以确保所有的风险承担者都明确其含义并找出其中的错误，所有问题都要在需求分析阶段解决。

X3D虚拟校园系统是目前计算机最前沿科技，具有划时代意义，X3D虚拟校园项目的开发能培养一大批虚拟现实技术人才，为我国虚拟现实技术领域做出巨大贡献，推动虚拟现实技术在我国乃至全球的发展。

16.3 X3D 虚拟校园总体设计

X3D 虚拟校园总体规划设计是利用软件工程思想开发设计，采用传统和渐进式软件开发模式对虚拟校园建筑规划进行开发、设计、编码、调试和运行。虚拟校园项目建筑规划设计按照需求分析、总体设计、详细设计、编码和测试运行全过程，循序渐进不断完善软件的项目开发。虚拟校园建筑规划设计由土地规划、公路街道设计、建筑设计以及城市绿化设计等组成，创建逼真 X3D 虚拟校园三维立体建筑规划设计场景。X3D 虚拟校园项目的开发与设计采用模块化、组件化设计思想，层次清晰、结构合理的虚拟校园建筑规划设计。X3D 虚拟校园建筑规划设计层次结构，如图 16-1 所示。

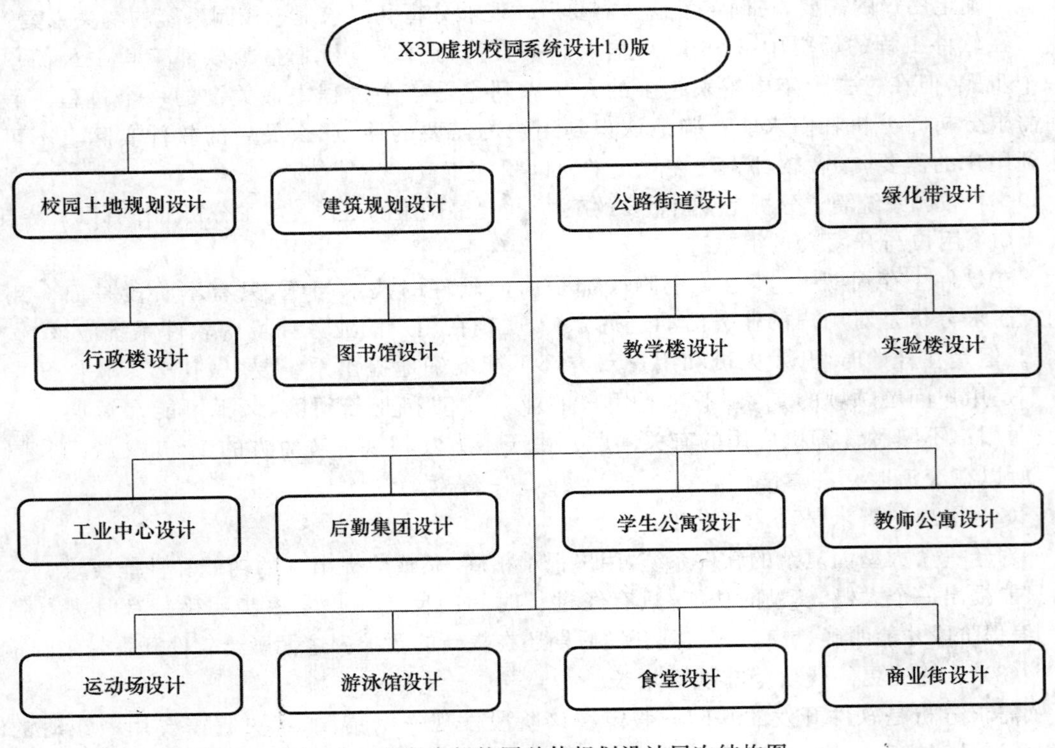

图 16-1　X3D 虚拟校园总体规划设计层次结构图

16.4 X3D 虚拟校园详细设计

X3D 虚拟校园建筑规划设计是由校园土地规划、公路街道设计、建筑设计以及城市绿化设计组成。在总体框架设计思想的基础上，对各个部分进行详细设计，根据需求分析做进一步调整、改进和完善，最终达到用户要求，完成整个虚拟校园建筑规划设计要求。

X3D 虚拟校园建筑规划详细设计利用软件工程渐进式开发模式从需求分析、设计和编

码入手，循序渐进不断完善软件的项目开发。根据虚拟校园建筑设计各个部分分别进行详细设计，例如，行政楼设计、图书馆设计、教学楼设计、实验楼设计、工业中心设计、后勤集团设计、学生公寓设计、教师公寓设计、运动场设计、游泳馆设计、食堂设计以及商业街设计等，下面以“游泳馆子模块详细设计”为例进行阐述。

游泳馆子模块详细设计是利用先进的渐进式软件开发项目模式对虚拟现实游泳馆场景进行开发、设计、编码、调试和运行。虚拟现实游泳馆场景设计由游泳池、场馆设计、波浪设计、更衣室以及检票入口等空间场景构成。利用结构化、模块化以及组件化思想设计和开发。虚拟现实游泳馆场景设计层次结构，如图 16-2 所示。

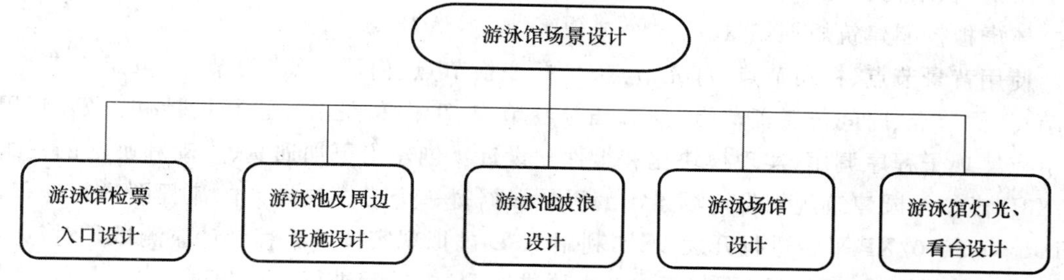

图 16-2　游泳馆子模块详细设计层次结构图

游泳馆子模块详细设计如下，根据子模块设计的具体要求，设计相应的流程图，可以采用流程图、UML 等技术进行开发设计。

X3D 虚拟校园系统中游泳馆场景中软件详细设计是利用软件工程思想开发设计，将游泳馆检票入口设计、游泳池及周边设施设计以及游泳池波浪设计等每个子模块进一步分解细化，确定每一个模块的数据结构、算法、接口数据以及用户界面等详细信息和资料。下面以游泳馆检票入口设计为例说明详细设计过程中模块设计流程图，如图 16-3 所示。

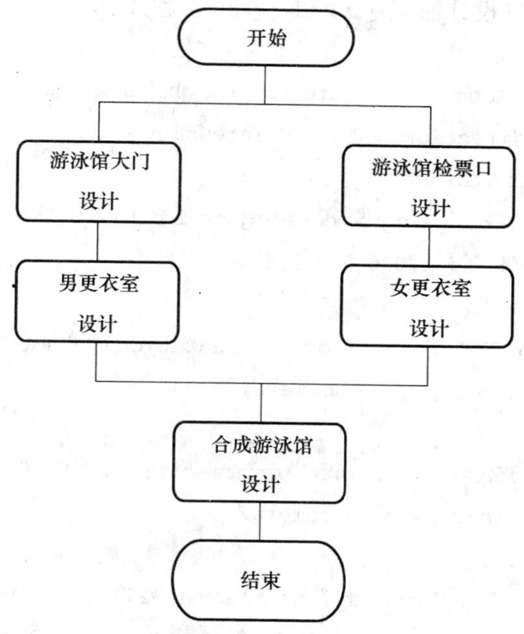

图 16-3　游泳馆检票入口模块设计流程图

16.5 X3D 虚拟校园编码和测试

X3D 虚拟校园建筑规划设计利用虚拟现实程序设计语言 X3D 对虚拟校园三维立体场景进行设计、编码和调试。利用现代软件开发的编程思想,采用绝对编程、自动测试、简单设计以及先测试后设计的开发理念,融合结构化、组件化和模块化的设计思想,使软件开发设计层次清晰、结构合理。利用虚拟现实语言的各种基本节点和复杂节点创建生动、逼真的三维立体虚拟校园建筑规划场景。

使用背景节点、视角节点、灯光节点、坐标变换节点、内联节点、组节点、重定义节点、重用节点、面节点、时间传感器节点、动态插补器节点、事件和路由等进行设计和开发,利用内联节点实现子程序调用,实现模块化和组件化设计。创建出更加逼真、生动和鲜活的三维立体 X3D 虚拟校园建筑规划设计场景。编码是根据每一个子模块设计的流程图进行编程,在 Windows 2000/XP 平台进行开发设计,利用 X3D 虚拟现实技术编程设计。测试是对每一个程序进行单元测试,通过后,再对每一个模块进行测试,最后进行综合测试。

利用 X3D-Edit 专用编辑器或记事本编辑器直接编写 .x3d 源程序,在正确安装 X3D-Edit 专用编辑器前提下,启动 X3D-Edit 专用编辑器进行编程。利用 X3D 基本几何节点、背景节点、复杂节点以及动态感知节点等编写 X3D 源程序。

【实例 16-1】 X3D 虚拟校园建筑设计规划三维立体场景造型设计,利用 X3D 基本节点、背景节点、复杂节点以及内联节点进行开发与设计编写源程序,使用 X3D 背景节点、基本节点、背景节点、坐标变换节点、复杂节点以及内联节点等设计编写,X3D 虚拟校园建筑设计规划三维立体场景造型设计源程序 px3dvr. x3d 主程序:

```
<Scene>
    <DirectionalLight DEF="_DirectionalLight" ambientIntensity='1' color='1 1 1'
            direction='0 -1 0' intensity='0' on='true' global='true'>
    </DirectionalLight>
    <Background DEF="_Background" skyAngle='1.309,1.571,1.571' skyColor='1 1 1,0.2 0.2
            1,1 1 1,0.6 0.6 0.6'>
    </Background>
    <Viewpoint DEF="_Viewpoint" orientation='0 1 0 0' position='1 2 85'
            description="camera1">
    </Viewpoint>
    <Viewpoint DEF="_Viewpoint_1" orientation='1 0 0 -0.571' position='1 25 85'
            description="camera2">
    </Viewpoint>
    <Viewpoint DEF="_Viewpoint_2" orientation='250 -50 -100 -1.3' position='1 250 0'
            description="camera3">
    </Viewpoint>
```

```
<Viewpoint DEF = "_Viewpoint_3" orientation = '0 1 0 0' position = '0 20 50'
        description = "camera4">
</Viewpoint>
<Group DEF = "_Group">
    <Transform scale = '1 1 1' translation = '-7 0 2'>
    DEF = "_Inline" Inline  url = '"phongqi.x3d"' bboxCenter = '0 8.70618 0.188949'
        bboxSize = '7.83206 17.4124 4.03146'></Transform>
<Transform scale = '1 1 1' translation = '0 3.5 2'>
    DEF = "_Inline_1" Inline  url = '"pyetree1.x3d"' bboxCenter = '0.000571728
        2.14577e-006 0.00288534' bboxSize = '7.43508 7.18746 7.43508'>
</Transform>
<Transform scale = '1 1 1' translation = '5 3.5 -1'>
    DEF = "_Inline_2" Inline  url = '"pyetree1.x3d"' bboxCenter = '0.000571728
        2.14577e-006 0.00288534' bboxSize = '7.43508 7.18746 7.43508'>
</Transform>
<Transform scale = '1 1 1' translation = '10 3.5 -6'>
    DEF = "_Inline_3" Inline  url = '"pyetree1.x3d"' bboxCenter = '0.000571728
        2.14577e-006 0.00288534' bboxSize = '7.43508 7.18746 7.43508'>
</Transform>
<Transform scale = '1 1 1' translation = '15 3.5 -11'>
    DEF = "_Inline_4" Inline  url = '"pyetree1.x3d"' bboxCenter = '0.000571728
        2.14577e-006 0.00288534' bboxSize = '7.43508 7.18746 7.43508'>
</Transform>
<Transform scale = '1 1 1' translation = '-15 3.5 2'>
    DEF = "_Inline_5" Inline  url = '"pyetree1.x3d"' bboxCenter = '0.000571728
        2.14577e-006 0.00288534' bboxSize = '7.43508 7.18746 7.43508'>
    </Transform>
<Transform scale = '1 1 1' translation = '-20 3.5 0'>
        DEF = "_Inline_6" Inline  url = '"pyetree1.x3d"'bboxCenter = '0.000571728
        2.14577e-006 0.00288534' bboxSize = '7.43508 7.18746 7.43508'>
        </Transform>
<Transform scale = '1 1 1' translation = '-25 3.5 -6'>
    DEF = "_Inline_7" Inline  url = '"pyetree1.x3d"' bboxCenter = '0.000571728
        2.14577e-006 0.00288534' bboxSize = '7.43508 7.18746 7.43508'>
        </Transform>
<Transform scale = '1 1 1' translation = '-30 3.5 -11'>
    DEF = "_Inline_8" Inline  url = '"pyetree1.x3d"' bboxCenter = '0.000571728
        2.14577e-006 0.00288534' bboxSize = '7.43508 7.18746 7.43508'>
```

```
      </Transform>
<Transform scale='1 1 1' translation='31 3.5 5'>
   DEF="_Inline_9" Inline  url='"pyetree1.x3d"' bboxCenter='0.000571728
         2.14577e-006 0.00288534' bboxSize='7.43508 7.18746 7.43508'>
      </Transform>
<Transform scale='1 1 1' translation='26 3.5 10'>
   DEF="_Inline_10" Inline  url='"pyetree1.x3d"' bboxCenter='0.000571728
         2.14577e-006 0.00288534' bboxSize='7.43508 7.18746 7.43508'>
      </Transform>
<Transform scale='1 1 1' translation='21 3.5 15'>
   DEF="_Inline_11" Inline  url='"pyetree1.x3d"' bboxCenter='0.000571728
         2.14577e-006 0.00288534' bboxSize='7.43508 7.18746 7.43508'>
      </Transform>
<Transform scale='1 1 1' translation='16 3.5 20'>
   DEF="_Inline_12" Inline  url='"pyetree1.x3d"' bboxCenter='0.000571728
         2.14577e-006 0.00288534' bboxSize='7.43508 7.18746 7.43508'>
      </Transform>
                :
<Transform rotation='0 1 0-0.785' scale='1.5 1.5 1.5' translation='78 0-22'>
   DEF="_Inline_53" Inline  url='"pguiha-005.x3d"' bboxCenter='-0.0137997
         0.87-8.20235' bboxSize='24.6124 1.74 21.1093'>
      </Transform>
<Transform rotation='0 1 0-0.785' scale='1 1 1.25' translation='79.5-0.1-64'>
   DEF="_Inline_54" Inline  url='"prxd1-2.x3d"' bboxCenter='0 0 0'
         bboxSize='93 0.1 8'>
      </Transform>
<Transform rotation='0 1 0-0.785' scale='1.51 1.5 1.5' translation='105 0-48.5'>
   DEF="_Inline_55" Inline  url='"pguiha-005.x3d"' bboxCenter='-0.0137997
         0.87-8.20235' bboxSize='24.6124 1.74 21.1093'>
      </Transform>
<Transform rotation='0 1 0-0.785' scale='1.78 1.5 1.5' translation='13.5 0
         -33.5'>
   DEF="_Inline_56" Inline  url='"pguiha-005.x3d"' bboxCenter='-0.0137997
         0.87-8.20235' bboxSize='24.6124 1.74 21.1093'>
      </Transform>
<Transform rotation='0 1 0-0.785' scale='1.78 1.5 1.5' translation='39.8 0
         -59.8'>
   DEF="_Inline_57" Inline  url='"pguiha-005.x3d"' bboxCenter='-0.0137997
```

```
                0.87 - 8.20235' bboxSize = '24.6124 1.74 21.1093'>
                </Transform>
        <Transform rotation = '0 1 0 - 0.785' scale = '1.78 1.5 1.5' translation = '67 0 - 86.9'>
            DEF = "_Inline_58" Inline   url = '"pguiha - 005.x3d"' bboxCenter = ' - 0.0137997
                0.87 - 8.20235' bboxSize = '24.6124 1.74 21.1093'>
                </Transform>
        <Transform DEF = "_Transform_9" rotation = '0 1 0 - 2.356' scale = '5.15 1 1.25'
                translation = '18 - 0.1 - 65'>
            DEF = "_Inline_59" Inline   url = '"proad0.x3d"' bboxCenter = ' - 0.0082674
                - 1.09053e - 006 4.57175' bboxSize = '30 0 7.31399'>
                </Transform>
        <Transform rotation = '0 1 0 0' scale = '1.5 1.5 1.5' translation = '112 0 25'>
            DEF = "_Inline_60" Inline   url = '"guihua - dx/pxiaohu.x3d"' bboxCenter = '59.814
                - 0.45 - 15.2982' bboxSize = '179.372 1.3 70.2276'>
                </Transform>
        <Transform DEF = "_Transform_10" rotation = '0 1 0 1.571' scale = '0.365 1 1.1'
                translation = '74 - 0.1 44.3'>
            DEF = "_Inline_61" Inline   url = '"proad0.x3d"' bboxCenter = ' - 0.0082674
                - 1.09053e - 006 4.57175' bboxSize = '30 0 7.31399'>
                </Transform>
        <Transform DEF = "_Transform_11" rotation = '0 1 0 0.785' scale = '3.5 1 1.2'
                translation = '98 - 0.1 - 20'>
            DEF = "_Inline_62" Inline   url = '"proad0.x3d"' bboxCenter = ' - 0.0082674
                - 1.09053e - 006 4.57175' bboxSize = '30 0 7.31399'>
                </Transform>
        <Transform DEF = "_Transform_12" rotation = '0 1 0 2.356' scale = '9.6 1 1.1'
                translation = '114 - 0.1 - 76.5'>
            DEF = "_Inline_63" Inline   url = '"proad0.x3d"' bboxCenter = ' - 0.0082674
                - 1.09053e - 006 4.57175' bboxSize = '30 0 7.31399'>
                </Transform>
</Group>
<Transform rotation = '0 1 0 0' scale = '1.5 1.5 1.5' translation = '112 0 16.3'>
    DEF = "_Inline_64" Inline   url = '"pguiha - 007.x3d"' bboxCenter = '94.4049 0 - 24.3818'
        bboxSize = '110.19 0.2 53.1248'>
        </Transform>
<Transform DEF = "_Transform_13" scale = '4.1 1 1.1' translation = '279 - 0.1 14.8'>
    DEF = "_Inline_65" Inline   url = '"proad0.x3d"' bboxCenter = ' - 0.0082674
        - 1.09053e - 006 4.57175' bboxSize = '30 0 7.31399'>
```

```
          </Transform>
    <Transform DEF = "_Transform_14" rotation = '0 1 0 1.571' scale = '3.68 1 1'
            translation = '335.2 - 0.1 - 5.4'>
      DEF = "_Inline_66" Inline  url = '"proad0.x3d"' bboxCenter = ' - 0.0082674
            - 1.09053e - 006 4.57175' bboxSize = '30 0 7.31399'>
          </Transform>
      <Transform DEF = "_Transform_15" rotation = '0 1 0 1.571' scale = '2.5 1 1.5'
              translation = '466 - 0.1 27.5'>
          DEF = "_Inline_67" Inline  url = '"proad0.x3d"' bboxCenter = ' - 0.0082674
                - 1.09053e - 006 4.57175' bboxSize = '30 0 7.31399'>
              </Transform>
    <Transform DEF = "_Transform_16" rotation = '0 1 0 - 0.785' scale = '15 1 1.5'
            translation = '340 - 0.1 - 150'>
      DEF = "_Inline_68" Inline  url = '"proad0.x3d"' bboxCenter = ' - 0.0082674
            - 1.09053e - 006 4.57175' bboxSize = '30 0 7.31399'>
          </Transform>
    <Transform rotation = '0 1 0 0' scale = '1.5 1.5 1.5' translation = '243 0 50.1'>
      DEF = "_Inline_69" Inline  url = '"pguiha - 008.x3d"' bboxCenter = '108.365 0 - 42.0475'
          bboxSize = '82.8409 0.2 83.5116'>
          </Transform>
    <Transform rotation = '0 1 0 0' scale = '2 2 2' translation = ' - 55.5 0.03 - 129.5'>
      DEF = "_Inline_70" Inline  url = '"pguiha - 009.x3d"' bboxCenter = ' - 8.24995 0 4.88287'
          bboxSize = '24.5001 0.2 54.7706'>
          </Transform>
    <Transform DEF = "_Transform_17" rotation = '0 1 0 0' scale = '4.35 1 1.35'
            translation = ' - 47.5 - 0.1 - 185.3'>
      DEF = "_Inline_71" Inline  url = '"proad0.x3d"' bboxCenter = ' - 0.0082674
            - 1.09053e - 006 4.57175' bboxSize = '30 0 7.31399'>
          </Transform>
    <Transform DEF = "_Transform_18" rotation = '0 1 0 0.785' scale = '2.1 1 1.05'
            translation = ' - 69.5 - 0.1 - 87.8'>
      DEF = "_Inline_72" Inline  url = '"proad0.x3d"' bboxCenter = ' - 0.0082674
            - 1.09053e - 006 4.57175' bboxSize = '30 0 7.31399'>
          </Transform>
    <Transform DEF = "_Transform_19" rotation = '0 1 0 1.571' scale = '2.4 1 1.1'
            translation = ' - 48.5 - 0.1 - 140'>
      DEF = "_Inline_73" Inline  url = '"proad0.x3d"' bboxCenter = ' - 0.0082674
            - 1.09053e - 006 4.57175' bboxSize = '30 0 7.31399'>
```

```
            </Transform>
    <Transform rotation='0 1 0 0.785' scale='1.5 1.5 1.5' translation='-43 0.03 -60'>
        DEF="_Inline_74" Inline  url='"pguiha-010.x3d"' bboxCenter='-15 0 0.150051'
            bboxSize='11.0002 0.2 40.3021'>
            </Transform>
    <Transform DEF="_Transform_20" rotation='0 1 0 -0.785' scale='2.02 1 1.3'
            translation='-46 -0.1 -56.5'>
        DEF="_Inline_75" Inline  url='"proad0.x3d"' bboxCenter='-0.0082674
            -1.09053e-006 4.57175' bboxSize='30 0 7.31399'>
            </Transform>
    <Transform rotation='0 1 0 0' scale='2 2 2' translation='-4.8 0.03 -129.5'>
        DEF="_Inline_76" Inline  url='"pguiha-011.x3d"' bboxCenter='-13.0993 0
            -0.686089' bboxSize='70.1062 0.2 69.9158'>
            </Transform>
    <Transform rotation='0 1 0 -2.356' scale='1 1 1' translation='-4.5 -0.1 -105'>
        DEF="_Inline_77" Inline  url='"prxd1-1.x3d"' bboxCenter='0 0 0' bboxSize='130
            0.1 8'>
            </Transform>
    <Transform rotation='0 1 0 -0.785' scale='2 2 2' translation='33.5 0.03 -66.8'>
        DEF="_Inline_78" Inline  url='"pguiha-012.x3d"' bboxCenter='-17.5 0 0'
            bboxSize='16.0001 0.2 65.0031'>
            </Transform>
    <Transform rotation='0 1 0 0' scale='2 2 2' translation='205 0.03 -48.8'>
        DEF="_Inline_79" Inline  url='"guihua-dx/pdahu.x3d"' bboxCenter='0.124321
            0.4425 -51' bboxSize='186.998 4.585 155.575'>
            </Transform>
    <Transform rotation='0 1 0 0' scale='2 2 2' translation='200 0.03 -58.4'>
        DEF="_Inline_80" Inline  url='"pguiha-014.x3d"' bboxCenter='-59.9773 0.05
            -121.653' bboxSize='95.1349 0.3 117.708'>
            </Transform>
    <Transform DEF="_Transform_21" rotation='0 1 0 0.785' scale='2.6 1 1.2'
            translation='32.5 -0.1 -212.5'>
        DEF="_Inline_81" Inline  url='"proad0.x3d"' bboxCenter='-0.0082674
            -1.09053e-006 4.57175' bboxSize='30 0 7.31399'>
            </Transform>
    <Transform DEF="_Transform_22" rotation='0 1 0 0.27' scale='2 1 1.3' translation='90
            -0.1 -247.5'>
        DEF="_Inline_82" Inline  url='"proad0.x3d"' bboxCenter='-0.0082674
```

```
        -1.09053e-006 4.57175' bboxSize='30 0 7.31399'>
        </Transform>
<Transform DEF="_Transform_23" rotation='0 1 0 0.785' scale='2.85 1 1.2'
      translation='144.5 -0.1 -283'>
   DEF="_Inline_83" Inline  url="proad0.x3d" bboxCenter='-0.0082674
        -1.09053e-006 4.57175' bboxSize='30 0 7.31399'>
        </Transform>
<Transform rotation='0 1 0 0' scale='2 2 2' translation='190 0.03 -58.4'>
   DEF="_Inline_84" Inline  url="pguiha-015.x3d" bboxCenter='-116.8 0 -121.651'
        bboxSize='69.4002 0.2 117.712'>
        </Transform>
<Transform DEF="_Transform_24" rotation='0 1 0 1.571' scale='3.74 1 1.2'
      translation='-24.2 -0.1 -240'>
   DEF="_Inline_85" Inline  url="proad0.x3d" bboxCenter='-0.0082674
        -1.09053e-006 4.57175' bboxSize='30 0 7.31399'>
        </Transform>
<Transform DEF="_Transform_25" rotation='0 1 0 1.19' scale='4.5 1 1.2' translation='0
      -0.1 -357.3'>
   DEF="_Inline_86" Inline  url="proad0.x3d" bboxCenter='-0.0082674
        -1.09053e-006 4.57175' bboxSize='30 0 7.31399'>
        </Transform>
<Transform rotation='0 1 0 0' scale='2 2 2' translation='390 0.03 -118.48'>
   DEF="_Inline_87" Inline  url="pguiha-016.x3d" bboxCenter='10.25 0 -29.2589'
        bboxSize='280.5 0.2 242.539'>
        </Transform>
<Transform rotation='0 1 0 2.356' scale='0.7 0.7 0.7' translation='-88 0 -22'>
   DEF="_Inline_88" Inline  url="youyongg/pyyg.x3d" bboxCenter='0.045001
        2.57059 0.636614' bboxSize='30.39 5.15971 45.2748'>
        </Transform>
<Transform DEF="_Transform_26" rotation='0 1 0 0' scale='1 1 1' translation='32.4 4
      31'>
   DEF="_Inline_89" Inline  url="student19/pstudent19.x3d" bboxCenter='1.25
        -0.204407 -5.00001' bboxSize='20.9 8.40881 12.8'>
        </Transform>
<Transform rotation='1 0 0 0' scale='0.42 0.42 0.45' translation='41 1 29'>
   DEF="_Inline_90" Inline  url="xingzl/pxingzl.x3d" bboxCenter='-20 9.75054
      10.5' bboxSize='65 22.7153 70'>
        </Transform>
```

```
<Transform rotation='0 1 0 -2.356' scale='1.4 1.4 1.4' translation='52 -0.5 -11'>
    DEF="_Inline_91" Inline  url="'jiao1/pjiao-1.x3d'" bboxCenter='0.00887775
            3.8605 -7.295' bboxSize='10.1605 6.579 17.61'>
            </Transform>
<Transform rotation='0 1 0 -2.356' scale='1.4 1.4 1.4' translation='80 -0.5 -38'>
    DEF="_Inline_92" Inline  url="'jiao2/pjiao-2.x3d'" bboxCenter='0.00887775
            3.8605 -7.295' bboxSize='10.1605 6.579 17.61'>
            </Transform>
<Transform rotation='0 1 0 -2.356' scale='1.4 1.4 1.4' translation='108 -0.5 -65'>
    DEF="_Inline_93" Inline  url="'jiao3/pjiao-3.x3d'" bboxCenter='0.00887775
            3.8605 -7.295' bboxSize='10.1605 6.579 17.61'>
            </Transform>
<Transform rotation='0 1 0 0.785' scale='1.4 1.4 1.4' translation='30 -0.5 -34'>
    DEF="_Inline_94" Inline  url="'shiyan1/pshiyan-1.x3d'" bboxCenter='0.00887775
            3.8605 -7.295' bboxSize='10.1605 6.579 17.61'>
            </Transform>
<Transform rotation='0 1 0 0.785' scale='1.4 1.4 1.4' translation='57 -0.5 -60'>
    DEF="_Inline_95" Inline  url="'shiyan2/pshiyan-2.x3d'" bboxCenter='0.00887775
            3.8605 -7.295' bboxSize='10.1605 6.579 17.61'>
            </Transform>
<Transform rotation='0 1 0 0.785' scale='1.4 1.4 1.4' translation='84 -0.5 -86'>
    DEF="_Inline_96" Inline  url="'shiyan3/pshiyan-3.x3d'" bboxCenter='0.00887775
            3.8605 -7.295' bboxSize='10.1605 6.579 17.61'>
            </Transform>
<Transform DEF="_Transform_27" rotation='0 1 0 -3.926' scale='2 2 2' translation='-55
          0.5 -40'>
    DEF="_Inline_97" Inline  url="'eathouse-1-2/peathouse-1-2.x3d'"
          bboxCenter='1.05002 1.6625 0.248284' bboxSize='14.219 3.375 6.14343'>
          </Transform>
<Transform rotation='0 1 0 0.785' scale='1 1 0.9' translation='-35 1.5 -55'>
    DEF="_Inline_98" Inline  url="'chaosyy/pchaosyy.x3d'" bboxCenter='-0.893453
          0.6 5.70614' bboxSize='8.21309 5.2 28.3012'>
          </Transform>
<Transform DEF="_Transform_28" rotation='0 1 0 -0.2' scale='4 4 4' translation='2 7
          -159.5'>
    DEF="_Inline_99" Inline  url="'eathouse-5/peathouse-5.x3d'"
```

```
            bboxCenter = '2.60206 - 0.79 1.14782' bboxSize = '8.70411 1.98 5.19288'>
            </Transform>
    <Transform DEF = "_Transform_29" rotation = '0 1 0 - 0.78' scale = '0.35 0.35 0.35'
            translation = '129.7 - 0.05 - 108.6'>
        DEF = "_Inline_100" Inline  url = "./zhonggc/pzhonggc.x3d" bboxCenter = '32.3281
            4.54 45.0146' bboxSize = '17.9552 4.32 18.3282'>
            </Transform>
    <Transform rotation = '0 1 0 - 0.785' scale = '0.9 0.9 0.9' translation = '205 12 - 180'>
        DEF = "_Inline_101" Inline  url = "library/plibrary.x3d" bboxCenter = '0 0 - 10.565'
            bboxSize = '8.0902 20 21.31'>
            </Transform>
    <Transform rotation = '0 1 0 - 3.141' scale = '1 1 1' translation = ' - 30 1 - 195'>
        DEF = "_Inline_102" Inline  url = '"jiaosjy/pjiaosjy.x3d"'>
    </Transform>
    <Transform rotation = '0 1 0 0' scale = '1 1 1' translation = ' - 45 1 - 210'>
        DEF = "_Inline_103" Inline  url = '"jiaosjy/pjiaosjy.x3d"'>
    </Transform>
    <Transform rotation = '0 1 0 0' scale = '1 1 1' translation = ' - 65 1 - 210'>
        DEF = "_Inline_104" Inline  url = '"jiaosjy/pjiaosjy.x3d"'>
    </Transform>
    <Transform rotation = '0 1 0 - 3.141' scale = '1 1 1' translation = ' - 30 1 - 235'>
        DEF = "_Inline_105" Inline  url = '"jiaosjy/pjiaosjy.x3d"'>
    </Transform>
    <Transform DEF = "City_car_Scene">
        <Transform rotation = '0 1 0 0.785' translation = '18 0 5'>
            DEF = "Bus" Inline  url = "pcar.x3d" bboxCenter = '0 1.982 0' bboxSize = '3.5924
                3.964 15.36'>
        </Transform>
      </Transform>
   </Scene>
</X3D>
```

X3D 虚拟校园建筑设计规划三维立体场景设计运行程序如下，首先，启动 BS Contact VRML－X3D 7.2 浏览器，然后打开“px3dvrmain. x3d”，即可启动 X3D 虚拟校园建筑设计规划主程序，在 X3D 虚拟校园建筑设计中浏览和漫游，X3D 虚拟校园系统三维立体场景效果，如图 16-4 所示。

图 16-4 X3D 虚拟校园系统三维立体场景效果图

16.6 X3D 虚拟校园运行和维护

X3D 虚拟校园系统在完成需求分析、总体设计、详细设计、编码和测试后，把 X3D 虚拟校园系统交付用户进行运行和维护工作。即 X3D 虚拟校园项目开发的最后一项工作是程序运行和维护工作，在运行和维护虚拟校园软件项目的过程中对发现问题要进行维护和修改，反馈给开发人员为后续版本升级换代作为依据，使 X3D 虚拟校园软件项目开发更加完善。

附录 X3D 节点

X3D 节点和域的详细说明，请参考《X3D 增强现实技术》一书，北京邮电大学出版社，2012 年 5 月出版。该书对 X3D 增强现实技术全部 171 多个节点和域做了全面、系统、详实的阐述和语法解释，并提供了节点语法结构图帮助读者理解、掌握和提高。

(1) Anchor 锚节点
(2) Appearance 物体造型外观节点
(3) Arc2D 弧节点
(4) ArcClose2D 封闭圆弧节点
(5) AudioClip 音响剪辑节点
(6) Background 背景节点
(7) Billboard 广告、警示牌、海报节点
(8) BooleanFilter 布尔过滤器节点
(9) BooleanSequencer 布尔顺序节点
(10) BooleanToggle 布尔触发开关节点
(11) BooleanTrigger 布尔触发器节点
(12) Box 立方体节点
(13) CADAssembly CAD 集合节点
(14) CADFace CAD 面节点
(15) CADLayer CAD 层节点
(16) CADPart CAD 部分(零件)节点
(17) Circle2D 平面圆节点
(18) Collision 碰撞传感器节点
(19) Color 颜色节点
(20) ColorInterpolator 颜色插补器节点
(21) ColorRGBA 颜色节点
(22) component 标签节点
(23) Composed3Dtexture 构成 3D 纹理节点
(24) ComposedCubeMapTexture 构成立方体图像纹理节点
(25) ComposedShader 构成阴影节点
(26) Cone 圆锥体节点
(27) connect 连接节点

(28) Contour2D 轮廓 2D 节点
(29) ContourPolyline2D 轮廓边界线 2D 节点
(30) Coordinate 坐标节点
(31) CoordinateDouble 双精度坐标节点
(32) CoordinateInterPolator 坐标插补器节点
(33) CoordinateInterpolator2D 坐标插补器 2D 节点
(34) Cylinder 圆柱体节点
(35) CylinderSensor 圆柱检测器节点
(36) DirectionLight 定向光源节点
(37) Disk2D 填充圆节点
(38) ElevationGrid 海拔栅格节点
(39) EspduTransform 传输位移节点
(40) EXPORT 输出节点
(41) ExternProtoDeclare 外部协议声明节点
(42) Extrusion 挤出造型节点
(43) field 域
(44) fieldValue 域值
(45) FillProperties 填充物节点
(46) FloatVertexAttribute 浮点数顶点属性节点
(47) Fog 雾节点
(48) FogCoordinate 雾坐标节点
(49) FontStyle 文本外观节点
(50) GeneratedCubeMapTexture 生成立方体图像纹理节点
(51) GeoCoordinate 地理坐标节点
(52) GeoElevationGrid 地理高层网格节点
(53) GeoLocation 地理位置节点
(54) GeoLOD 地理细节层次节点
(55) GeoMetadata 地理元数据节点
(56) GeoOrigin 地理原点节点
(57) GeoPositionInterpolator 地理位置插补器节点
(58) GeoTouchSensor 地理接触检测器节点
(59) GeoViewpoint 地理视点节点
(60) group 编组节点
(61) HAnimDisplacer 移动方向节点
(62) HAnimHumanoid 人性化对象节点
(63) HAnimJoint 身体中关节节点
(64) HAnimSegment 身体各部分节点
(65) HAnimSite 身体位置节点
(66) head 头标签节点

(67) Image3DTexture 图像纹理 3D 节点
(68) ImageCubeMapTexture 立方体图像纹理节点
(69) ImageTexture 图像纹理节点
(70) IMPORT 引入外部文件节点
(71) IndexedFaceSet 索引面节点
(72) IndexedLineSet 索引线节点
(73) IndexedQuadSet 索引多角形节点
(74) IndexedTriangleFanSet 索引三角扇面节点
(75) IndexedTriangleSet 索引三角面节点
(76) IndexedTriangleStripSet 索引三角条带节点
(77) Inline 内联节点
(78) IntegerSequencer 离散值生成器节点
(79) IntegerTrigger 整数转换节点
(80) IS 标签
(81) KeySensor 按键传感器节点
(82) LineProperties 线填充物节点
(83) LineSet 线节点
(84) LoadSensor 通信感知检测器节点
(85) LocalFog 本地雾节点
(86) LOD 细节层次节点
(87) Material 外观材料节点
(88) Matrix3VertexAttribute 矩阵 3X3 顶点属性节点
(89) Matrix4VertexAttribute 矩阵 4X4 顶点属性节点
(90) meta 元数据节点
(91) MetadataDouble 元数据双精度浮点数节点
(92) MetadataFloat 元数据单精度浮点数节点
(93) MetadataInteger 元数据整数节点
(94) MetadataSet 元数据集节点
(95) MetadataString 元数据字符串节点
(96) MovieTexture 影像纹理节点
(97) MultiTexture 多纹理节点
(98) MultiTextureCoordinate 多纹理坐标节点
(99) MultiTextureTransform 多纹理坐标变换节点
(100) NavigationInfor 视点导航信息节点
(101) Normal 法向量节点
(102) NormalInterpolator 法线插补器节点
(103) NurbsCurve 曲线节点
(104) NurbsCurve2D 曲线 2D 节点
(105) NurbsOrientationInterpolator 曲线/曲面朝向插补器节点

(106) NurbsPatchSurface 曲线/曲面表面修补节点
(107) NurbsPositionInterpolator 曲线/曲面位置插补器节点
(108) NurbsSet 曲线/曲面设置节点
(109) NurbsSurfaceInterpolator 曲线/曲面表面插补器节点
(110) NurbsSweptSurface 曲线/曲面表面节点
(111) NurbsSwungSurface 曲线/曲面旋转表面节点
(112) NurbsTextureCoordinate 曲线/曲面纹理坐标节点
(113) NurbsTrimmedSurface 曲线/曲面修整表面节点
(114) OrientationInterpolator 朝向插补器节点
(115) PackagedShader 组合阴影节点
(116) Pixel3DTexture 像素 3D 纹理节点
(117) PixelTexture 像素纹理节点
(118) PlaneSensor 平面检测器节点
(119) PointLight 点光源节点
(120) PointSet 点节点
(121) Polyline2D 工艺线节点
(122) Polypoint2D 工艺点节点
(123) PositionInterpolator 位置插补器节点
(124) PositionInterpolator2D 位置插补器 2D 节点
(125) ProgramShader 程序阴影节点
(126) ProtoBody 节点收集 ProtoDeclare body 的节点
(127) ProtoDeclare 节点是 Prototype(原型)的声明
(128) ProtoInstance 原型实例节点
(129) ProtoInterface 节点收集 ProtoDeclare 的 field 定义。
(130) ProximitySensor 亲近度传感器节点
(131) QuadSet 多角形几何节点
(132) ReceiverPdu 接收节点
(133) Rectangle2D 平面矩形节点
(134) ROUTE 路由节点
(135) ScalarInterpolator 标量插补器节点
(136) Scene 场景节点
(137) Script 脚本节点
(138) ShaderPart 阴影部分节点
(139) ShaderProgram 阴影程序节点
(140) Shape 造型节点
(141) SignalPdu 信号节点
(142) Sound 声音节点
(143) Sphere 球体节点
(144) SphereSensor 球面检测器节点

(145) SpotLight 聚光灯光源节点
(146) StaticGroup 静态组节点
(147) StringSensor 按键传感器节点
(148) Switch 开关节点
(149) Text 文本节点
(150) TextureBackground 纹理背景节点
(151) TextureCoordinate 纹理坐标节点
(152) TextureCoordinate3D 纹理 3D 坐标节点
(153) TextureCoordinate4D 纹理 4D 坐标节点
(154) TextureCoordinateGenerator 纹理坐标生成器节点
(155) TextureMatrixTransform 纹理矩阵坐标节点
(156) TextureTransform 纹理坐标变换节点
(157) TextureTransform3D 纹理坐标 3D 变换节点
(158) TimeSensor 时间传感器节点
(159) TimeTrigger 时间触发器节点
(160) TouchSensor 触摸传感器节点
(161) Transform 坐标变换节点
(162) TransmitterPdu 传送 PDU 信息节点
(163) TriangleFanSet 三角形扇面节点
(164) TriangleSet 三角形节点
(165) TriangleSet2D 三角形 2D 节点
(166) TriangleStripSet 三角形条带节点
(167) Viewpoint 视点节点
(168) VisibilitySensor 能见度传感器节点
(169) WorldInfo 信息化节点
(170) X3D 节点
(171) XvlShell 节点描述了一个 LatticeXVL shell，一个由网格定义的平滑表面